全国高等职业教育规划教材

数控机床电气控制

主　编　王　晓
副主编　廖毅洲　杨洪斌
参　编　吴玲虹　邓永椿　廖连生

机械工业出版社

本书以 FANUC 0i 系统为例，围绕 6 大模块系统地介绍数控机床，内容包括基础知识模块、主轴模块、进给伺服模块、刀库模块、整机模块和 PMC 控制系统。每个模块都围绕机械结构、电气控制系统、PMC 编程方法等知识和技能进行编写。在 PMC 编程应用方面，不仅详细介绍了 PMC 常用基本指令、功能指令，并且从 PMC 应用案例入手，使学生快速掌握 PMC 的编程入门技能。

本书采用“以例代理”的方式编写，力求简明扼要、通俗易懂，可作为高职高专院校机电类专业的教材，也可作为从事数控机床、机电一体化等工作的工程技术人员自学的参考用书，还可以作为培训教材使用。

为配合教学，本书配有电子课件，读者可以登录机械工业出版社教材服务网 www.cmpedu.com 免费注册后下载，或联系编辑索取（QQ：1239258369，电话：010-88379739）。

图书在版编目（CIP）数据

数控机床电气控制 / 王晓主编. —北京：机械工业出版社，2014.1
全国高等职业教育规划教材
ISBN 978-7-111-45208-9

Ⅰ. ①数… Ⅱ. ①王… Ⅲ. ①数控机床－电气控制－高等职业教育－教材 Ⅳ. ①TG659

中国版本图书馆 CIP 数据核字（2013）第 304438 号

机械工业出版社（北京市百万庄大街 22 号　邮政编码 100037）
责任编辑：刘闻雨　章承林
责任印制：李　洋
三河市国英印务有限公司印刷

2014 年 3 月第 1 版 • 第 1 次印刷
184mm×260mm • 13 印张 • 321 千字
0001－3000 册
标准书号：ISBN 978-7-111-45208-9
定价：28.00 元

凡购本书，如有缺页、倒页、脱页，由本社发行部调换

电话服务	网络服务
社服务中心：（010）88361066	教 材 网：http://www.cmpedu.com
销 售 一 部：（010）68326294	机工官网：http://www.cmpbook.com
销 售 二 部：（010）88379649	机工官博：http://weibo.com/cmp1952
读者购书热线：（010）88379203	**封面无防伪标均为盗版**

全国高等职业教育规划教材机电类专业
委员会成员名单

出版说明

根据《教育部关于以就业为导向深化高等职业教育改革的若干意见》中提出的高等职业院校必须把培养学生动手能力、实践能力和可持续发展能力放在突出的地位，促进学生技能的培养，以及教材内容要紧密结合生产实际，并注意及时跟踪先进技术的发展等指导精神，机械工业出版社组织全国近60所高等职业院校的骨干教师对在2001年出版的“面向21世纪高职高专系列教材”进行了全面的修订和增补，并更名为“全国高等职业教育规划教材”。

本系列教材是由高职高专计算机专业、电子技术专业和机电专业教材编委会分别会同各高职高专院校的一线骨干教师，针对相关专业的课程设置，融合教学中的实践经验，同时吸收高等职业教育改革的成果而编写完成的，具有“定位准确、注重能力、内容创新、结构合理和叙述通俗”的编写特色。在几年的教学实践中，本系列教材获得了较高的评价，并有多个品种被评为普通高等教育“十一五”国家级规划教材。在修订和增补过程中，除了保持原有特色外，针对课程的不同性质采取了不同的优化措施。其中，核心基础课的教材在保持扎实的理论基础的同时，增加实训和习题；实践性较强的课程强调理论与实训紧密结合；涉及实用技术的课程则在教材中引入了最新的知识、技术、工艺和方法。同时，根据实际教学的需要对部分课程进行了整合。

归纳起来，本系列教材具有以下特点：

1）围绕培养学生的职业技能这条主线来设计教材的结构、内容和形式。

2）合理安排基础知识和实践知识的比例。基础知识以“必需、够用”为度，强调专业技术应用能力的训练，适当增加实训环节。

3）符合高职学生的学习特点和认知规律。对基本理论和方法的论述要容易理解、清晰简洁，多用图表来表达信息；增加相关技术在生产中的应用实例，引导学生主动学习。

4）教材内容紧随技术和经济的发展而更新，及时将新知识、新技术、新工艺和新案例等引入教材。同时注重吸收最新的教学理念，并积极支持新专业的教材建设。

5）注重立体化教材建设。通过主教材、电子教案、配套素材光盘、实训指导和习题及解答等教学资源的有机结合，提高教学服务水平，为高素质技能型人才的培养创造良好的条件。

由于我国高等职业教育改革和发展的速度很快，加之我们的水平和经验有限，因此在教材的编写和出版过程中难免出现问题和错误。我们恳请使用这套教材的师生及时向我们反馈质量信息，以利于我们今后不断提高教材的出版质量，为广大师生提供更多、更适用的教材。

机械工业出版社

前　言

近年来，随着数控机床在机床市场中的占有率不断提高，其应用范围也越来越广泛，对数控机床的维修、维护人员的需求，显得越来越紧缺。掌握相关数控机床电气控制方面的知识、技能，对数控机床维护和使用有很好的用处。

本书主要突出高职教育的特色，以体现实践技能和职业技能培养为主。在编写的过程中力求突出以下特点：

1）本书以“以例代理”作为编写宗旨，力求简明扼要、通俗易懂；体现基本理论够用为度，不求知识的完整性和系统性；基本知识面广但不深、点到为止，达到“降低理论、够用为度、重在技能、灵活应用”的目标。

2）本书对基本概念、基本理论、知识应用、PMC 编程方法都作了较为详细的介绍，基本技能贯穿全篇，并通过大量的案例和图片加以说明，图文并茂，学生容易理解。

3）本书以 FANUC 0i 系统为例，介绍数控机床的 6 大模块：基础知识模块、主轴模块、进给伺服模块、刀库模块、整机模块和 PMC 控制系统。每个模块都围绕机械结构、电气控制系统、PMC 编程方法等知识和技能进行编写。

4）在 PMC 编程应用方面，不仅详细介绍了 PMC 常用基本指令、功能指令，并且从 PMC 应用案例入手，使学生快速掌握 PMC 的编程入门技能。

本书由闽西职业技术学院王晓任主编，廖毅洲、杨洪斌任副主编，福建省丰力机械制造有限公司邓永椿、福建闽福水泥有限公司廖连生、闽西职业技术学院吴玲虹任参编。具体编写分工如下：王晓编写 1.2 节、2.3 节、3.3 节、4.2 节、6.1 节、6.2 节，廖毅洲编写 2.2 节、3.2 节、5.3 节、5.4 节，杨洪斌编写 2.1 节、3.1 节、4.1 节、5.1 节，吴玲虹编写 5.2 节，邓永椿编写 1.1 节，廖连生编写附录。

本书纳入“福建省高等职业教育教材建设计划”，在编写中得到了福建省教育厅的大力支持。

由于编者的水平有限，加之数控技术发展迅速，书中难免存在一些疏漏和不妥之处，恳请广大读者批评、指正。

编　者

目　录

第 1 章　数控机床基础知识

1.1　数控机床概论

数控机床（CNC）是指应用了数控技术对其加工过程进行自动控制的机床，是数字控制机床（Computer Numerical Control Machine Tools）的简称。国际信息处理联盟第五次技术委员会对数控机床作的定义是：“数控机床是一个装有程序控制系统的机床，该系统能够逻辑地处理具有使用代码或其他编码指令规定的程序。”数控机床是集现代机械制造技术、自动控制技术及计算机信息技术于一体，采用数控装置或计算机来部分或全部地取代一般通用机床在加工零件时的各种动作（如起动、加工顺序、改变切削量、主轴变速、选择刀具、切削液开停以及停车等）的人工控制，是高效率、高精度、高柔性和高自动化的光、机、电一体化的数控设备。

1946 年世界上诞生了第一台电子计算机，这表明人类创造了可增强和部分代替脑力劳动的工具。它与人类在农业、工业社会中创造的那些只是增强体力劳动的工具相比，有了质的飞跃，为人类进入信息社会奠定了基础。1952 年，计算机技术应用到了机床上，在美国诞生了第一台数控机床。近半个多世纪以来，数控系统经历了两个阶段（NC 机床、CNC 机床）和六代的发展。

数控机床的应用不但给传统制造业带来了革命性的变化，使制造业成为工业化的象征，而且随着数控技术的不断发展和应用领域的扩大，它对国计民生的一些重要行业（IT、汽车、轻工、医疗等）的发展也起着越来越重要的作用，因为这些行业所需装备的数字化已是现代发展的大势所趋。

1.1.1　数控机床的组成

数控机床是典型的机电一体化设备，一般由信息载体、数控系统、伺服系统、机床本体、检测反馈装置、辅助功能装置等部分组成，如图 1-1 所示。

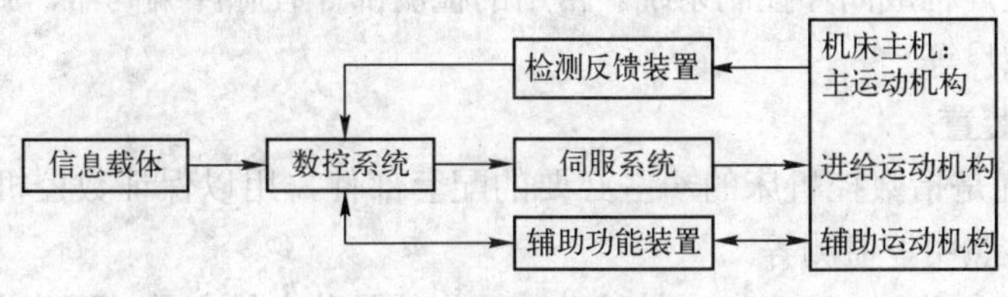

图 1-1　数控机床的组成

1．信息载体

信息载体即控制介质，用于记录数控机床上加工一个零件所必需的各种信息，以控制机床的运动，实现零件的机械加工。常用的载体有磁盘、U 盘等。现代的数控机床通常是通过工厂以太网络连接数控机床和个人计算机（PC）进行相应的信息数据的交换传输。

2．数控系统

数控系统是数字控制系统的简称，英文为 Numerical Control System，根据计算机存储器中存储的控制程序，执行部分或全部数值控制功能，并配有接口电路和伺服驱动装置的专用计算机系统。通过利用数字、文字和符号组成的指令来实现对机床的动作控制，它所控制的通常是位置、角度、速度等机械量和开关量。

数控系统主要由总线、CPU、电源、存储器、操作面板和显示屏、位控单元、可编程序控制器逻辑控制单元以及数据输入/输出接口等组成。最新一代的数控系统还包括一个通信单元，它可完成 CNC、PLC 的内部数据通信和外部高次网络的连接。

数控装置是数控系统的核心，其软件和硬件来控制各种数控功能的实现。

数控系统的硬件由数控装置、输入/输出装置、驱动装置和机床电气逻辑控制装置组成，这四部分之间通过 I/O 接口互连。

CNC 软件分为应用软件和系统软件两种，对于 PC+I/O 系统还必须具备操作系统平台软件。CNC 系统软件是为实现 CNC 系统各项功能所编制的专用软件，也称为控制软件，存放在计算机 EPROM 内存中，一般都包括输入数据处理程序、插补运算程序、速度控制程序、管理程序和诊断程序。

3．伺服系统

伺服系统是数控系统的执行部分，包括驱动机构和机床移动部件，它接收数控装置发来的各种动作指令，驱动受控设备运动。在数控机床上，伺服驱动系统接收来自 CNC 装置（插补装置或插补软件）的进给指令脉冲，经过一定的信号变换及电压、功率放大，再驱动各加工坐标轴按指令脉冲运动，这些轴有的带动工作台，有的带动刀架，通过几个坐标轴的综合联动，使刀具相对于工件产生各种复杂的机械运动，加工出所要求的复杂形状工件。

4．机床本体

机床本体是数控机床的主体，用于完成各种切削加工的机械部分，包括床身、立柱、主轴、进给机构等机械部件。数控机床采用高性能的主轴和进给伺服系统驱动装置，其机械传动链得到了相应的简化。

5．检测反馈装置

检测反馈装置由测量部件和相应的检测电路组成。其作用是检测速度和位移量，并将信息反馈给数控装置，构成闭环控制系统。常用的检测部件有脉冲编码器、旋转变压器、感应同步器、光栅和磁尺等。

6．辅助功能装置

辅助功能装置是指数控机床的一些必要的配套部件，用以保证数控机床的运行，如冷却、排屑、润滑、照明、监测等。

对于数控机床来说，一般意义上的辅助装置指的是除主轴之外（因为主轴也是用 M 代码来控制的）用 M 代码来控制的装置。它包括液压和气动装置、排屑装置、交换工作台、数控转台和数控分度头，还包括刀具及监控检测装置等。

1.1.2 数控机床的分类

数控机床有多种分类方式，其中最主要的有以下几种。

1．按加工方式分

（1）金属切削类数控机床　如数控车床、数控铣床、加工中心、数控磨床、数控镗床等。

（2）金属成形类数控机床　如数控折弯机、数控弯管机、数控回转头压力机等。

（3）数控特种加工机床　数控电火花成形机床、数控线切割机床、数控激光切割机床。

（4）其他类型机床　如数控三坐标测量机等。

2．按数控机床的加工功能分

（1）点位控制数控机床

在加工平面内，从一个位置快速移动到下一个位置，并有较高的定位精度。移动时不加工，移动到位后才进行加工，用于加工孔系（钻、镗、冲）。这类数控机床有数控钻床、数控镗床、三坐标测量机等。

（2）直线控制数控机床

控制刀具或工作台，以适当的速度，沿平行于坐标轴的方向直线移动和加工，速度在一定范围可调，用于加工台阶轴，铣削平面。这类机床有简易数控车床、直线控制的数控铣床等。

（3）轮廓控制数控机床

其控制特点是：连续、按一定联系、协调控制（联动）两个以上坐标轴任何时刻的运动位置、速度和方向，使刀具相对工件按要求的轮廓轨迹运动，也称为连续控制或多坐标联动数控机床。

3．按控制系统分类

（1）开环控制系统数控机床

开环控制系统数控机床采用开环进给伺服系统。典型的开环伺服系统是由功率步进电动机和驱动电源组成的伺服系统。其控制原理是：数控装置根据所要求的进给速度和进给位移，输出一定频率和数量的进给指令脉冲，经驱动电路放大后，每个进给脉冲驱动功率步进电动机旋转一个步距角，再经减速齿轮、丝杠螺母副驱动工作台移动一个当量直线位移（称为脉冲当量）。

（2）闭环控制系统数控机床

闭环控制系统由安装在进给执行部件上的位移检测装置直接检测的实际位移，经反馈电路反馈给数控装置，数控装置将位移指令与实际位移进行比较，根据其差值与指令进给速度的要求，按一定的规律进行转换后，得到进给伺服系统的速度指令。同时，测速元件测量伺服电动机的转速，作为速度反馈信号，它与速度指令信号相比较后，利用其速度误差对伺服电动机的速度进行调节校正，从而控制工作台准确地按指令位移和速度运动。

（3）半闭环控制系统数控机床

若将位置检测装置安装在伺服电动机或传动丝杠的端部，间接测量执行部件的实际位移，并按闭环原理控制，则构成半闭环控制系统。因为控制环路不包含实际需要被控制的执行部件，所以是半闭环。由于不是直接检测实际位移来进行控制的，所以，其精度低于闭环控制，但仍比开环的精度高。而且，半闭环控制系统的稳定性比闭环系统容易获得。现在，大多数数控机床都采用半闭环进给伺服系统。

1.1.3 数控机床的特点和应用范围

1．数控机床的优点

数控机床对零件的加工过程，是严格按照加工程序所规定的参数及动作执行的。它是一种高效能自动或半自动机床，与普通机床相比，具有以下明显优点。

（1）适合于复杂异形零件的加工

数控机床可以完成普通机床难以完成或根本不能加工的复杂零件的加工，因此在宇航、造船、模具等加工业中得到广泛应用。

（2）加工质量稳定可靠

实现计算机控制，排除了人为误差，零件的加工一致性好，质量稳定可靠。

（3）高柔性

当加工对象改变时，一般只需要更改数控程序，体现出很好的适应性，可大大节省生产准备时间。在数控机床的基础上，可以组成具有更高柔性的自动化制造系统——FMS。

（4）高生产率

数控机床本身的精度高、刚性大，可选择有利的加工用量，生产率高，一般为普通机床的 3～5 倍，对于某些复杂零件的加工，生产效率可以提高十几倍甚至几十倍。

（5）劳动条件好

数控机床机床自动化程度高，操作人员劳动强度能够大大降低，且工作环境较好。

（6）有利于管理

采用数控机床有利于向计算机控制与管理生产方面发展，为实现生产过程自动化创造了条件。

2．数控机床的缺点

1）设备初期投资大，使用和维护成本高。

2）生产准备工作复杂。由于整个加工过程采用程序控制，数控加工的前期准备工作较为复杂，包含工艺确定、程序编制等。

3）维修困难。数控机床是典型的机电一体化产品，技术含量高，对维修人员的技术要求很高。

3．数控机床的应用范围

基于以上对数控机床的优缺点的综合分析，适合数控机床加工的应用范围如下。

1）批量小而又多次重复生产的零件。

2）几何形状复杂的零件。

3）贵重零件的加工。

4）需要全部检验的零件。

5）试制件。

对以上零件采用数控加工，可最大限度地发挥出数控加工的优势。

1.1.4 数控机床的发展趋势

随着数控技术和材料科学的发展，近年来数控机床正向着高速化、超精密化、复合化、智能化和绿色化方向发展。

1．高速化

数控机床向高速化方向发展，不仅可以大幅度提高加工效率，降低加工成本，而且还可提高零件的表面加工质量和精度。超高速加工技术对制造业实现高效、优质、低成本生产有广泛的适用性。

欧、美、日各国争相开发应用新一代高速数控机床，加快了机床高速化发展步伐。高速主轴单元（电主轴，转速 15000～100000r/min）、高速且高加/减速度的进给运动部件（快移速度 60～200m/min，切削进给速度高于 60m/min）、高性能数控和伺服系统以及数控工具系统都有了新的突破， 达到了新的技术水平。

2．超精密化

从精密加工发展到超精密加工，是世界各工业强国致力发展的方向。超精密化的精度从微米级到亚微米级，乃至纳米级（＜10nm），且应用范围日趋广泛。超精密加工主要包括超精密切削（车、铣）、超精密磨削、超精密研磨抛光以及超精密特种加工（微细电火花加工、微细电解加工和各种复合加工等）。

随着新材料及新零件的出现，更高精度要求的提出等都需要超精密加工工艺，发展新型超精密加工机床，完善现代超精密加工技术。近 10 多年来，精密级加工中心的加工精度已从±（3～5）μm 提高到了±（1～1.5）μm。

3．复合化

复合化在零部件一体化程度不断提高、数量不断减少的同时，加工的产品形状日益复杂，多轴化控制的机床适合加工形状复杂的工件。另一方面，产品周期的缩短要求加工机床能够随时调整和适应新的变化，满足各种各样产品的加工需求，这就要求一台机床能够处理以往需要几台机床处理的工序。

复合化加工机床突出体现了工件在一次装卡中完成大部分或全部加工工序，从而达到减少机床和夹具、免去工序间的搬运和贮存、提高工件加工精度、缩短加工周期和节约作业面积的目的。复合化加工机床贮已成为机床发展的一个重要方向。

4．智能化

智能化现代数控机床将引进自适应控制技术，根据切削条件的变化，自动调节工作参数，使其在加工过程中始终能保持在最佳工作状态，从而得到较高的加工精度和较小的表面粗糙度值，同时也能提高刀具的使用寿命和设备的生产效率。具有自诊断、自修复功能，在整个工作状态中，系统随时对 CNC 系统本身以及与其相连的各种设备进行自诊断、检查。一旦出现故障时，立即采用停机等措施，并进行故障报警，提示发生故障的部位、原因等。还可以自动使故障模块脱机，而接通备用模块，以确保无人化工作环境的要求。为实现更高的故障诊断要求，其发展趋势是采用人工智能化专家诊断系统。

5．绿色化

为了追求符合环保要求的机床，干式切削和微量润滑剂切削方法因其可大大减少润滑剂的挥发而得到越来越广泛的应用，同时，机床操作者在工作时的环境、位置会被设计得非常舒适。此外，无污染的清洁加工技术也受到极大重视。

综合以上几点，可以看出宏观经济环境将更有利于机床工具行业的发展。随着科技进步、产品升级以及国家重点工程、地方投资项目的不断推进，国民经济各行业对机床工具产品的需求水平将进一步提高，国防现代化对高水平机床的需求将更为迫切。

1.2 FANUC 系统 PMC 基础知识

1.2.1 PMC 概述

通常所说的 PLC，是指用于一般通用设备的自动控制装置，而 PMC 则是专门用于数控机床外围辅助电气部分的自动控制装置，PMC 和 PLC 所实现的功能基本是一致的。PMC 也是以微处理器为中心，可视为继电器、定时器、计数器的集合体。在内部顺序处理中，通过并联或串联常开触点或常闭触点，利用它们的逻辑运算结果来控制线圈的通断。

1．PMC 的定义

PMC 是利用内置在 CNC 的 PC 来执行机床的顺序控制的可编程序机床控制器。

2．PMC 的优点

PMC 的时间响应速度快，控制精度高，可靠性好，结构紧凑，抗干扰能力强，编程方便。

3．PMC 的功能

PMC 在数控机床上实现的功能主要包括：工作方式控制、速度倍率控制、自动运行控制、手动运行控制、主轴控制、机床锁住控制、程序校验控制、硬件超程和急停控制、辅助电动机控制、外部报警和操作信息控制等。

4．PMC 的规格

PMC 的规格见表 1-1。

表 1-1 PMC 的规格

PMC 的类型	FANUC 0iA 系统	FANUC 0iB/iC 系统	
	SA3	SA1	SB7
编程方法	梯形图	梯形图	梯形图
程序级数	2	2	3
第一级程序扫描周期	8ms	8ms	8ms
基本指令执行时间	0.15μs/步	5.0μs/步	0.33μs/步
程序容量			
-梯形图	最大约 12 000 步	最大约 12 000 步	最大约 64 000 步
-符号和注释	1～128KB	1～128KB	≥1KB
-信息显示	8～64KB	8～64KB	≥1KB
基本指令数	14	12	14
功能指令数	66	48	69
内部继电器（R）	1000B	1000B	8500B
外部继电器（E）	无	无	8000B
信息显示请示位（A）	25B	25B	500B
非易失性存储区：			
-数据表（D）	1860B	1860B	10000B
-可变定时器（T）	40 个（80B）	40 个（80B）	250 个（1000B）
固定定时器（T）	100 个	100 个	500 个
-计数器（C）	20 个（80B）	20 个（80B）	100 个（400B）
固定计数器（C）	无	无	100 个（200B）
-保持型继电器（K）	20B	20B	120B
子程序（P）	512	无	2000
标号（L）	999	无	9999
I/O LINK 输入/输出	最大 1024 点/最大 1024 点	最大 1024 点/最大 1024 点	最大 1024 点/最大 1048 点
I/O 卡输入/输出	最大 96 点/最大 72 点	无	无
顺序程序存储器	Flash ROM 128KB	Flash ROM 128KB	Flash ROM 128~768KB

5. PMC 的信号及地址

（1）PMC 接口关系与地址符号

PMC 作为 CNC 与机床（MT）之间的信号传递通路，既要与 CNC 进行信号交换，又要与机床外围开关信号进行信号交换；另外，PMC 本身还存在内部中间继电器（R）、计数器（C）、保持型继电器（K）、数据表（D）和可变定时器（T）。

在编制 PMC 程序时所需的 4 种类型的信号如图 1-2 所示。

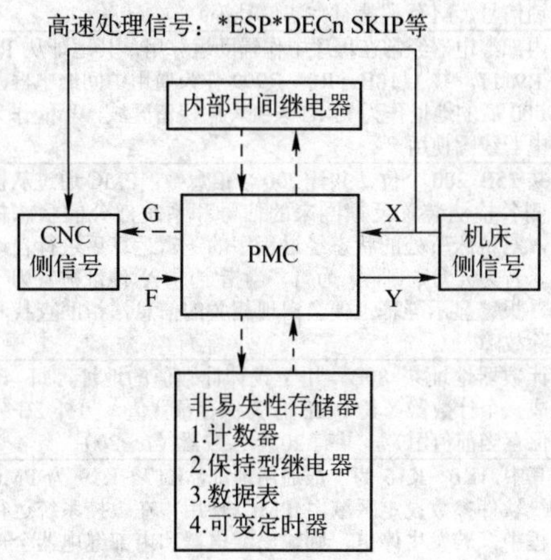

图 1-2 PMC 信号地址

图 1-2 中，实线表示的是与 PMC 相关的输入/输出信号由 I/O 板的接收电路和驱动电路传送的；虚线表示的是与 PMC 相关的输入/输出信号仅在存储器中传送，例如在 RAM 中传送。这些信号的状态都可以在 LCD 上显示。

（2）地址格式

地址用地址号和位号表示，其格式为：

X127. 7
位号0～7
地址号（字母后四位数以内）

在地址号的开头必须指定一个字母，用来表示表 1-2 中所列的信号类型，在功能指令中指定字节单位的地址时，位号可以省略，如 X127。

（3）地址分配

PMC 的地址分配和信号说明见表 1-2。

表 1-2 PMC 的地址分配和信号说明

字母	信号类型	信号的说明	备注
X	由机床输出到 PMC 的信号（MT→PMC）	来自机床侧的输入信号（如极限开关、刀位信号、操作按钮等检测元件）。PMC 接收从机床侧各检测装置反馈的输入信号，在控制程序中进行逻辑运算，其结果作为机床动作的条件及外围设备进行自诊断的依据	I/O LINK：X0～X127 内装 I/O 卡： X1000～X1011（0iA 系统） X0～X11（0iB 系统）
Y	由 PMC 输出到机床的信号（PMC→MT）	由 PMC 输出到机床的信号。在控制程序中输出信号控制机床侧的接触器、信号指示灯动作，满足机床的控制和显示要求	I/O LINK：Y0～Y127 内装 I/O 卡： Y1000～Y1008（0iA 系统） Y0～Y8（0iB 系统）

（续）

字母	信号类型	信号的说明	备注
F	由 CNC 输出到 PMC 的信号（CNC→PMC）	由控制系统 CNC 输入到 PMC 的信号。将伺服电动机和主轴电动机的状态以及请求相关机床动作的信号（移动中信号、位置检测信号、系统准备完信号等）输入到 PMC 中进行逻辑运算，以作为机床动作的条件及自诊断的依据	F0～F255
G	由 PMC 输出到 CNC 的信号（PMC→CNC）	由 PMC 侧输出到控制伺服电动机和主轴电动机的系统部分的信号，对系统部分进行控制和信息反馈（如轴互锁信号，M 代码执行完毕信号等）	G0～G255
R	内部继电器	内部继电器经常在程序中作辅助运算用，其地址从 R0 到 R9117，共 1118B。R0～R999 作为通用中间继电器，R9000 后的地址作为 PMC 系统程序保留区域，不能作为继电器线圈使用	R0～R999
A	信息显示请求信号	共 25B 200 个位，共计 200 个信息数。PMC 通过从机床侧各检测装置反馈回来的信号和系统部分的状态信号，对机床所处的状态经过程序的逻辑运算后进行自诊断。若为异常，则 A 为 1，当指定的 A 地址被置为 1 后，报警显示屏幕上便会出现相关的信息，帮助查找和排除故障	A0～A24（0iA/0iB 系统）
C	计数器	计数器地址共 80B，用于设计计数值的地址，每 4B 组成一个计数器（其中 2B 作为保存预置值，另外 2B 作为保存当前值用），共有 20 个计数器（1～20）	C1～C20
K	保持型继电器	其中，K0～K16 为一般通用地址，K17～K19 为 PMC 系统软件参数设定区域由 PMC 使用。在数控系统运行过程中，若发生停电，则输出继电器和内部继电器全部呈断开状态。当电源再次接通时，输出继电器和内部继电器都不可自动恢复到断电前的状态，所以保持型继电器就用于当需要保存停电前的状态的情况下	0iA 系统：K0～K19 0iB/0iC 系统： K0～K99（用户使用） K900～K919（系统专用）
T	可变定时器	定时器共 80B，用于存储设定时间，每 2B 组成一个定时器，共 40 个，定时器号为 1～40	T01～T40
D	数据表	数据表地址，在 PMC 程序中，某些时候需要读写大量的数字数据，D 就是用来存储这些数据的非易失性存储器	D0～D1859（0iA 系统） D0～D9999（0iB/0iC 系统）
L	标记号	标记地址，用于指定标号跳转（JMPB、JMPC）功能指令中跳转目标标号。在 PMC 中相同的标号可以出现在不同的指令中，只要在主程序和子程序中是唯一的就可以	L1～L999（0iA 系统） L1～L9999（0iB/0iC 系统）
P	子程序	子程序号的标志，用于指定条件调用子程序（CALL）和无条件调用子程序（CALLU）功能指令中调用的目标子程序号。在 PMC 程序中，目标子程序号是唯一的	P1～P512（0iA 系统） P1～P2000（0iB/0iC 系统）

（4）固定地址

有些输入信号不需要通过 PMC 而直接由 CNC 监控。这些信号的输入地址是固定的，CNC 运行时直接引用这些地址信号。FANUC-0i 系统的固定输入地址及信号功能见表 1-3。

表 1-3　FANUC-0i 系统的固定输入地址及信号功能

信号		符号	地址	
			当使用 I/O LINK 时	当使用内装 I/O 卡时
T 系列	X 轴测定位置到达信号	XAE	X4.0	X1004.0
	Z 轴测定位置到达信号	ZAE	X4.1	X1004.1
	刀具补偿测量直接输入功能 B：+X 方向信号	+MIT1	X4.2	X1004.2
	刀具补偿测量直接输入功能 B：−X 方向信号	−MIT1	X4.3	X1004.3
	刀具补偿测量直接输入功能 B：+Z 方向信号	+MIT2	X4.4	X1004.4
	刀具补偿测量直接输入功能 B：−Z 方向信号	−MIT2	X4.5	X1004.5

（续）

信号		符号	地址	
			当使用 I/O LINK 时	当使用内装 I/O 卡时
M 系列	X 轴测定位置到达信号	XAE	X4.0	X1004.0
	Y 轴测定位置到达信号	YAE	X4.1	X1004.1
	Z 轴测定位置到达信号	ZAE	X4.2	X1004.2
公共(T、M)系列	跳跃信号	SKIP	X4.7	X1004.7
	系统急停信号	*ESP	X8.4	X1008.4
	第 1 轴返回参考点减速信号	*DEC1	X9.0	X1009.0
	第 2 轴返回参考点减速信号	*DEC2	X9.1	X1009.1
	第 3 轴返回参考点减速信号	*DEC3	X9.2	X1009.2
	第 4 轴返回参考点减速信号	*DEC4	X9.3	X1009.3

1.2.2 系统 I/O 单元选型及 I/O LINK 地址设定

1. FANUC 系统 I/O 单元的选型

一般 FANUC 系统的 I/O 装置为选择配置，系统选型时，要根据系统的配置和数控机床的具体要求进行 I/O 装置选择。FANUC 系统常用的 I/O 装置见表 1-4。

表 1-4 FANUC 系统常用的 I/O 装置

装置名	说明	手轮连接	信号点数 输入/输出
0i 用 I/O 单元模块	在 0iC 系列上使用的机床 I/O 接口，它和 0iB 系列内置的 I/O 卡具有相同的功能	有	96/64
机床操作面板模块	装在机床操作面板上带有矩阵开关和 LED 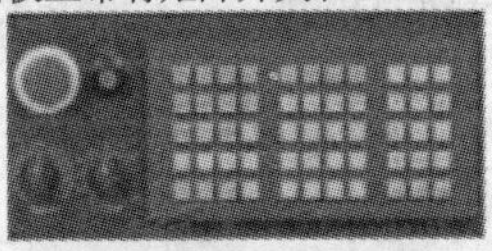	有	96/64
操作盘 I/O 模块	带有机床操作盘接口的装置，0i 系统上常见 	有	48/32
分线盘 I/O 模块	是一种分散型的 I/O 模块，能适应机床强电电路输入/输出信号的任意组合的要求，由基本单元和最大三块扩展单元组成 	有	96/64
FANUC I/O UNIT A/B	是一种模块结构的 I/O 装置，能适应机床强电输入/输出任意组合的要求 	无	最大 256/256

（续）

装 置 名	说 明	手轮连接	信号点数 输入/输出
I/O LINK 轴	使用 B 系列 SVU（带 I/O LINK），可以通过 PMC 外部信号来控制伺服电动机进行定位	无	128/128

2．I/O 单元的 LINK 地址设定和分配

FANUC 系统是以 LINK 串行总线方式通过 I/O 单元与系统通信的。在 LINK 总线上 CNC 是主控端，而 I/O 单元是从控端，多 I/O 单元相对于主控端来说是以组的形式来定义的，相对于主控端最近的为第 1 组，依次类推。一个通道最多可以带 16 组从控端（从第 1 组到第 16 组），最大的输入/输出点数是 1024/1024。图 1-3 所示为 FANUC 系统 I/O 装置 LINK 的连接图。

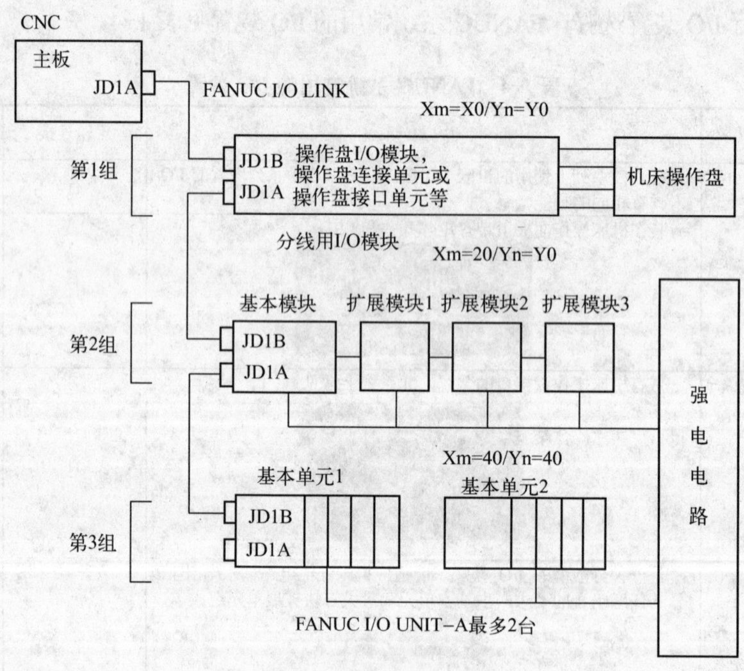

图 1-3　FANUC 系统 I/O 装置 LINK 的连接图

第 1 组连接的 I/O 装置可以是 FANUC 系统标准机床操作面板、外置 I/O 单元（FANUC-0i 系统专用）及机床面板 I/O 模块。如连接 FANUC 系统标准机床操作面板，其 I/O LINK 地址设定为 1 组 0 座 1 槽，具体输入形式是：输入模块地址为 0.0.1.0C02I，0C02I 为 16B 的输入模块；输出模块地址为 0.0.1.0C020，0C020 为 16B 的输出模块。

第 2 组连接的 I/O 装置是数控机床分线盘 I/O 模块，配置了一个基本模块和 3 个扩展模块。基本模块 I/O LINK 地址设定为 2 组 0 座 1 槽，具体输入形式是：输入模块地址为 1.0.1./3，其中/3 为 3B 的输入模块，输出模块地址为 1.0.1./3，其中/3 为 3B 的输出模块；扩展模块 1 的 I/O LINK 地址设定为 2 组 0 座 2 槽，具体输入形式是 1.0.2./3；其他扩展模块地址设定依此类推。

第 3 组连接的 I/O 装置是 FANUC 系统 I/O 单元模块 UNIT-A（两个基本单元），基本单元 1 的 I/O LINK 地址设定为 3 组 0 座 1 槽，输入形式是 1.0.1.6，其中 6 为 6B；基本单元 2 的 I/O LINK 地址设定为 3 组 1 座 1 槽，输入形式是 2.1.1.6。其他单元地址设置依此类推。

在图 1-3 中，系统连接了 3 块 I/O 模块，第 1 块为机床操作面板，第 2 块为分线盘 I/O 模块，第 3 块为 I/O UNIT-A 模块。其物理连接顺序决定了其组号的定义，依次为第 1 组、第 2 组、第 3 组。图 1-4 所示为 I/O 的引脚示意图。

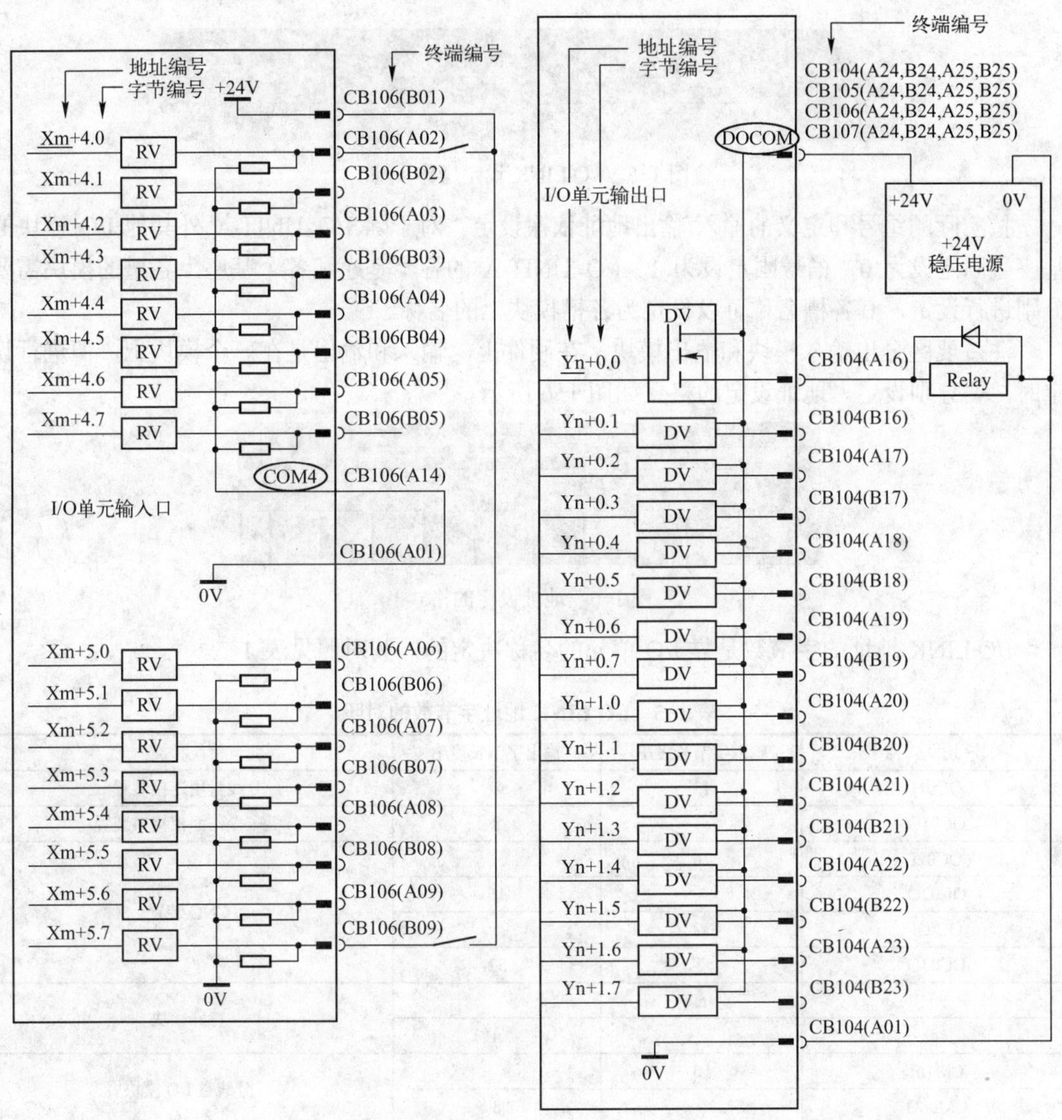

图 1-4 I/O 的引脚示意图

3. PMC 的 I/O 单元地址的软件设定

当数控机床电气线路的硬件连接完后，如何让系统识别各个 I/O 的外部输入信号呢？此时，需要对 I/O 单元进行软件设定（地址分配），即确定每个模块 Xm/Yn 中的 m/n 数值。

I/O LINK 设定操作步骤如图 1-5 所示。

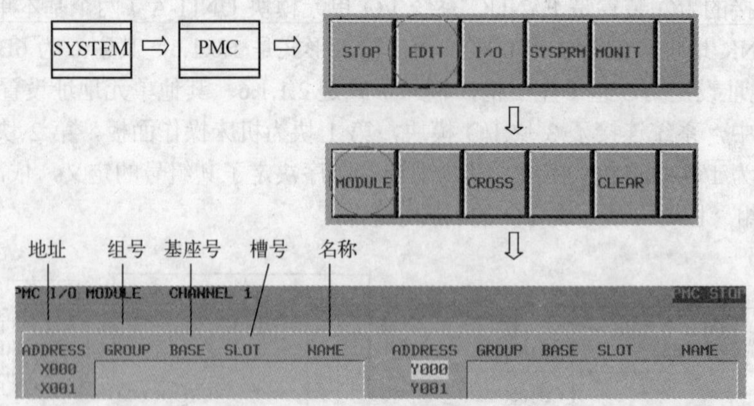

图 1-5　I/O LINK 设定操作步骤

按实际的组号和定义的输入/输出地址依次设定。对于除 I/O UNIT-A 外其他 I/O 模块的基座号固定设为 0，槽号固定设为 1。I/O UNIT-A 的各个基座和各个基座上各槽的模块需要分别进行设定，其各槽名称可以设定为各槽模块上的名称。

注意要区分出输入模块和输出模块。在硬件上，输入和输出是在一个模块上，但进行设定时，要分别设定。地址设定的格式如图 1-6 所示。

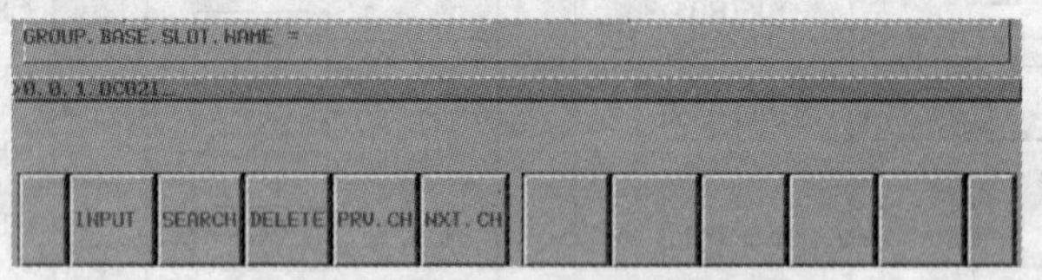

图 1-6　地址设定的格式

I/O LINK 地址的字节数是靠 I/O 单元的名称决定的，其对照见表 1-5。

表 1-5　I/O LINK 地址字节数的对照

模 块 名 称	输入字节长度/B	输出字节长度/B	模块种类
OC01I	12		分线盘用连接装置
OC01O		8	机床操作面板接口装置
OC02I	16		CNC 装置
OC02O		16	
OC03I	32		
OC03O		32	
/n	n		特殊模块
/n		n	
CM16I	16		分线盘 I/O 模块
CM08O		8	
根据模块上的名称设定			I/O UNIT-A
#n	n	n	I/O UNIT-B
FS04A	4	4	POWER MATE 等
FS08A	8	8	

4．PMC 的诊断功能

当设定好 I/O LINK 后，可以通过 PMC 的诊断功能中的状态监控界面来检验设定的信号是否正确，并可以通过此界面强制一些输入/输出信号来配合 PMC 的调试和临时屏蔽一些外部报警。

PMC 诊断操作菜单如图 1-7 所示。

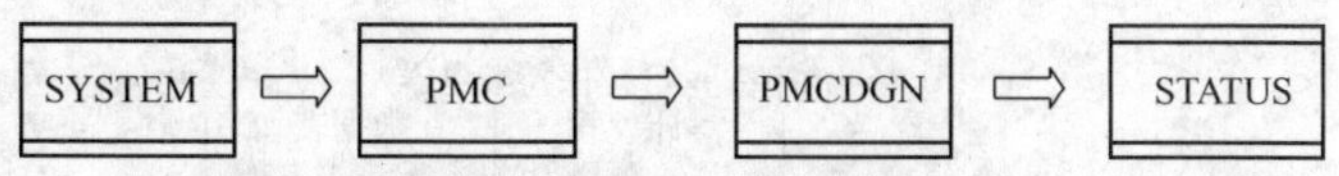

图 1-7　PMC 诊断操作菜单

信号的强制输出操作有以下两种方式（视 PMC 的型号而不同）。

（1）普通强制设定

对于外部的输入信号（X），当没有包括在 I/O LINK 设定范围内时可以采用此方法强制；对于输出信号（Y、R、G 等信号）来说，如果没有和 PMC 扫描状态的竞争（或 PMC 停止扫描），也可以进行此种强制。对于 NC 的输出信号 F，不能进行任何强制操作。

（2）自锁强制设定

操作界面如图 1-8 所示。

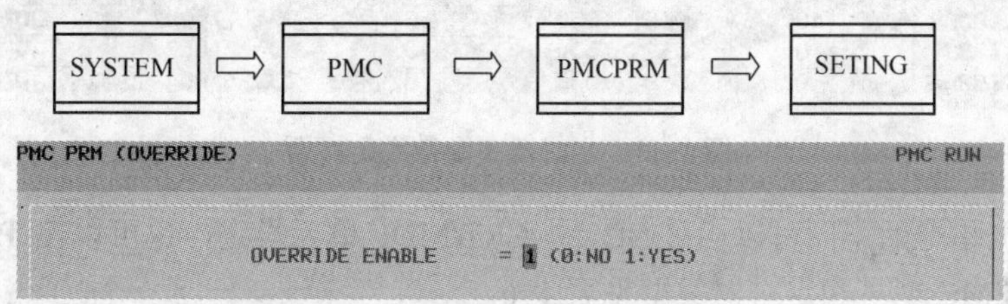

图 1-8　自锁强制设定的操作界面

对于当外部输入信号（X）在 I/O LINK 的设定范围内时，输出信号（Y）和 PMC 扫描状态发生竞争时，普通强制不能够改变其状态，此时可以采用自锁强制来进行设定，如图 1-9 所示。图中“＞”左边的是外部信号的状态，右边的是强制输出的状态。

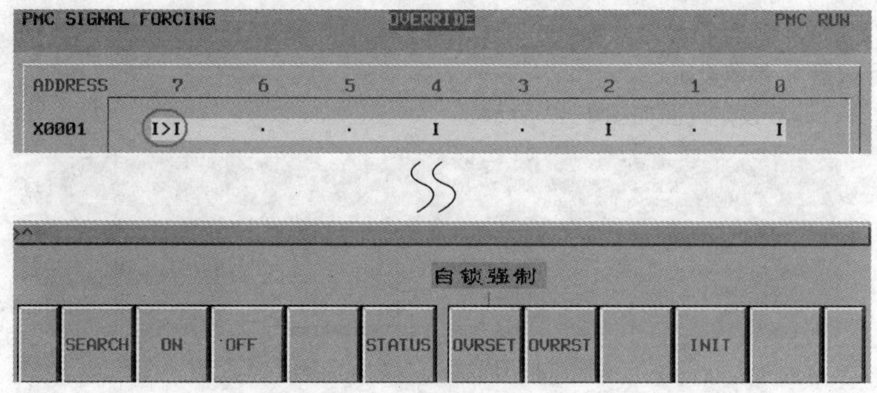

图 1-9　自锁强制操作设定

1.2.3 PMC 参数的设定

若要进入 PMC 参数界面，则操作方法如图 1-10 所示。

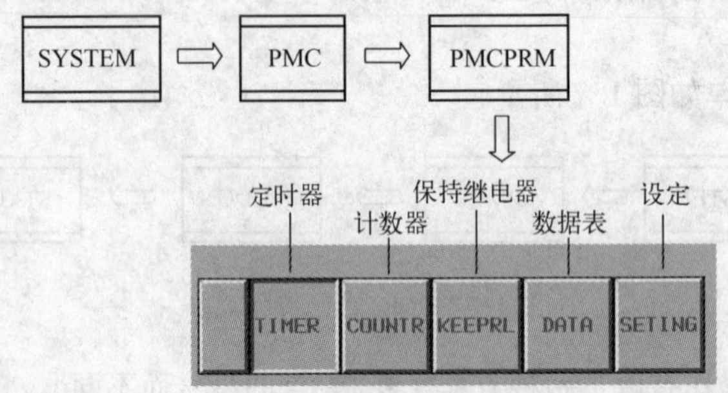

图 1-10 进入 PMC 参数操作界面的操作方法

1．定时器 T 参数设定

定时器 T 参数设定界面如图 1-11 所示。

PMC PRM (TIMER) #001　　PMC RUN

NO.	ADDRESS	DATA	NO.	ADDRESS	DATA	NO.	ADDRESS	DATA
001	T000	48	016	T030	0	031	T060	0
002	T002	0	017	T032	0	032	T062	0
003	T004	0	018	T034	0	033	T064	0

图 1-11 定时器 T 参数设定界面

定时器根据指令的不同可以由 CNC 的 CRT/MDI 单元设定，也可以在 PMC 上进行设定，相对应的 PMC 型号和定时器类型见表 1-6。

表 1-6 相对应的 PMC 型号和定时器类型

定时器类型 ＼ 型号	SA1	SB7
48ms 定时器（最大 1572.8s）	1～8	1～8
8ms 定时器 （最大 262.1s ）	9～40	9～488

当设定的数值不能被设定单位整除时，系统自动消除余数。

2．计数器 C 参数设定

计数器 C 参数设定界面如图 1-12 所示。

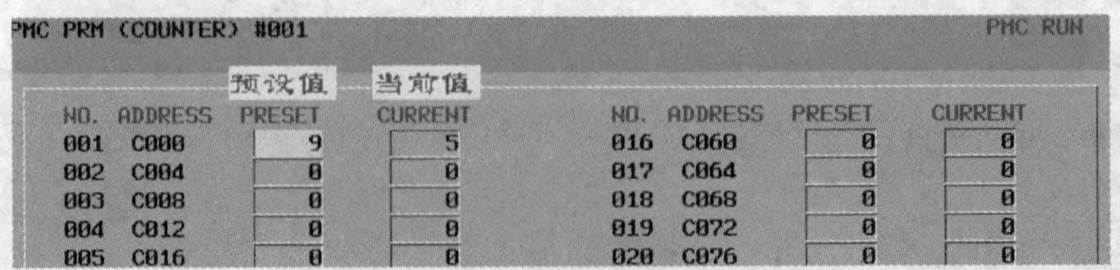

PMC PRM (COUNTER) #001　　PMC RUN

NO.	ADDRESS	PRESET（预设值）	CURRENT（当前值）	NO.	ADDRESS	PRESET	CURRENT
001	C000	9	5	016	C060	0	0
002	C004	0	0	017	C064	0	0
003	C008	0	0	018	C068	0	0
004	C012	0	0	019	C072	0	0
005	C016	0	0	020	C076	0	0

图 1-12 计数器 C 参数设定界面

计数器根据指令的不同可以由 CNC 的 CRT/MDI 单元设定，也可以在 PMC 上进行设定，相对应的 PMC 型号和计数器类型见表 1-7。

表 1-7 相对应的 PMC 型号和计数器类型

型　号	SA1	SB7
计数器个数	20	100
字节数	80	400

3. 保持型继电器和非易失性存储器控制地址 K 参数设定

保持型继电器和非易失性存储器控制地址 K 参数设定界面如图 1-13 所示。

PMC PRM (KEEP RELAY) #001

ADDRESS	DATA
K00	00000001
K01	00000000
K02	00000000
K03	00000000
K04	00000000
K05	00000000
K06	00000000
K07	00000000
K08	00000000
K09	00000000
K10	00000011
K11	11110110
K12	00001111
K13	00000000
K14	00000000

图 1-13 保持型继电器和非易失性存储器控制地址 K 参数设定界面

保持型继电器即使在系统断电的情况下也可记忆状态内容。其中 K16 #6、#7 为非易失性存储器控制地址。K17～K19 为 PMC 系统软件参数，常用在 PMC 中作为功能开启信号。

4. 数据表 D 参数设定

数据表是一种保持型数据寄存器，用户可以通过参数界面和 PMC 程序对它进行赋值、读取等操作，如图 1-14 所示。例如，加工中心上刀库的刀具登录界面经常用到数据表。数据表界面包括两个基本界面，即数据表控制数据界面和数据表界面，分别如图 1-15 和图 1-16 所示。数据表控制界面可以对数据表进行相关组的设定，如增加组的数量、每一组的起始寄存器的地址和数量、数据的类型长度等。数据表界面可以对数据表的数据进行赋值操作、组号和寄存器的搜索等。

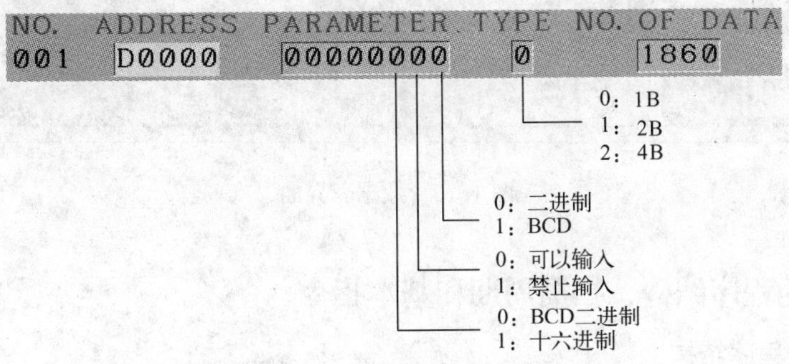

图 1-14 数据表参数设定界面

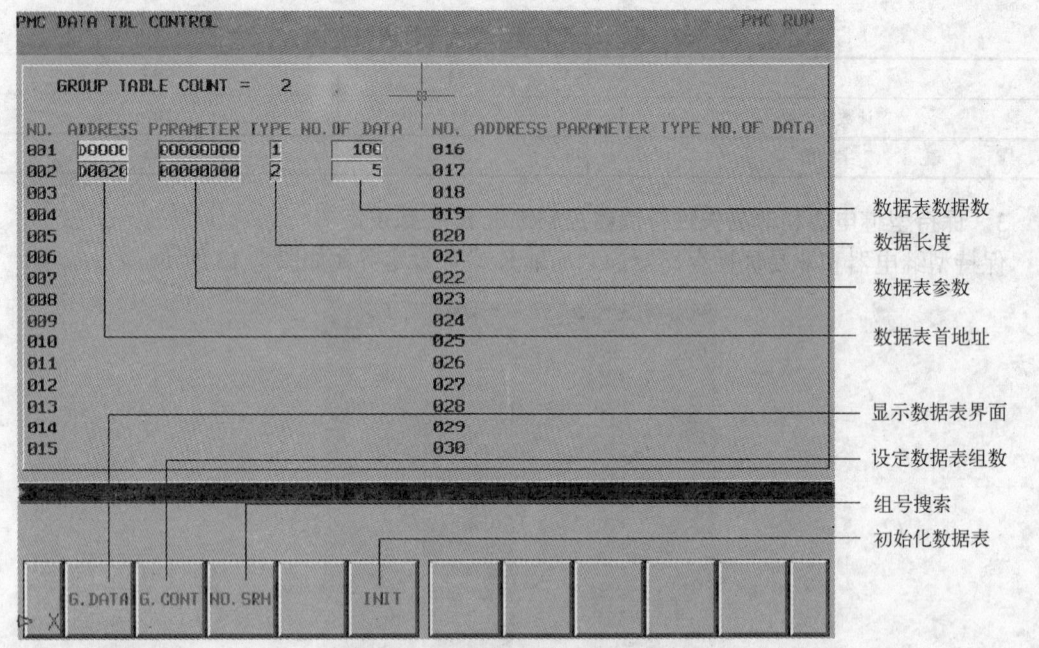

图 1-15　数据表控制数据界面

PMC PRM (DATA) 001/001 BIN　　　　PMC RUN

NO.	ADDRESS	DATA	NO.	ADDRESS	DATA	NO.	ADDRESS	DATA
0000	D0000	151	0015	D0030	0	0030	D0060	0
0001	D0002	0	0016	D0032	0	0031	D0062	0
0002	D0004	12	0017	D0034	0	0032	D0064	0
0003	D0006	-1	0018	D0036	0	0033	D0066	0
0004	D0008	0	0019	D0038	0	0034	D0068	0
0005	D0010	2005	0020	D0040	0	0035	D0070	0
0006	D0012	11	0021	D0042	0	0036	D0072	0
0007	D0014	22	0022	D0044	0	0037	D0074	0
0008	D0016	14	0023	D0046	0	0038	D0076	0
0009	D0018	16	0024	D0048	0	0039	D0078	0
0010	D0020	7	0025	D0050	0	0040	D0080	0
0011	D0022	0	0026	D0052	0	0041	D0082	0
0012	D0024	0	0027	D0054	0	0042	D0084	0
0013	D0026	0	0028	D0056	0	0043	D0086	0
0014	D0028	0	0029	D0058	0	0044	D0088	0

C.DATA　G-SRCH　SEARCH

图 1-16　数据表界面

1.2.4　PMC 的程序结构、扫描周期和基本指令

1．PMC 的程序结构

对于 FANUC 的 PMC 来说，其程序结构如图 1-17 所示。

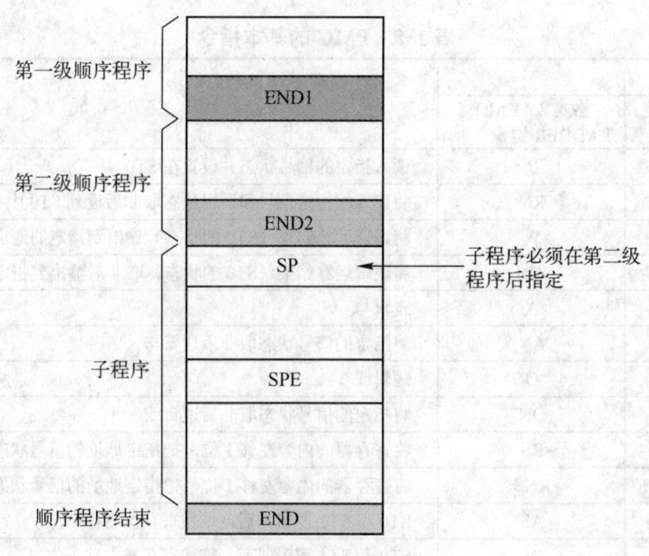

图 1-17　PMC 的程序结构

2．PMC 的扫描周期

在 PMC 执行扫描过程中，第一级程序每 8ms 执行一次，而第二级程序在向 CNC 的调试 RAM 中传送时，将根据程序的长短被自动分割成 n 等份，每过 8ms 扫描完第一级程序后，再依次扫描第二级程序，所以整个 PMC 的执行周期是 $n\times$8ms。因此如果第一级程序过长导致每隔 8ms 扫描的第二级程序过少的话，则相对于第二级 PMC 所分隔的数量 n 就增多，整个扫描周期相应地延长。而子程序位于第二级程序之后，其是否执行扫描受一、二级程序的控制，所以对一些控制较复杂的 PMC 程序，建议使用子程序来编写，以减少 PMC 的扫描周期。

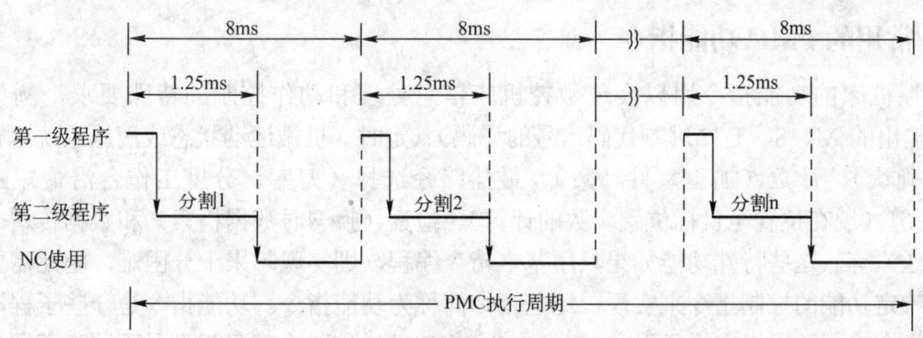

图 1-18　PMC 的扫描周期

3．PMC 的基本指令

数控机床所用的 FANUC PLC 有 PMC-A、PMC-B、PMC-D、PMC-G 等多种型号，它们分别适用于不同的 FANUC 数控系统，组成内装式的 PLC。在 FANUC 系列 PLC 中，有基本指令和功能指令两种指令，当型号不同时，只是功能指令的数目有所不同，除此以外，指令系统是完全一样的。PMC 的基本指令见表 1-8，它只是对二进制位进行与、或、非的逻辑操作；而功能指令既能完成一些特定功能的操作，这些操作针对的是二进制字节或字进行，也可以进行数学运算。

表 1-8　PMC 的基本指令

序　号	指　令		功　能
	格式 1（代码）	格式 2（FAPT LADDER 键操作）	
1	RD	R	读入指定的信号状态并设置在 ST0 中
2	RD.NOT	RN	将读入的指定信号和逻辑状态取非后设到 ST0 中
3	WRT	W	将逻辑运算结果（ST0 的状态）输出到指定的地址
4	WRT.NOT	WN	将逻辑运算结果（ST0 的状态）取非后输出到指定的地址
5	AND	A	逻辑与
6	AND.NOT	AN	将指定的信号状态取非后逻辑与
7	OR	O	逻辑或
8	OR.NOT	ON	将指定的信号状态取非后逻辑或
9	RD.STK	RS	将寄存器的内容左移 1 位，把指定地址的信号状态设到 ST0 中
10	RD.NOT.STK	RNS	将寄存器的内容左移 1 位，把指定地址的信号状态取非后设到 ST0 中
11	AND.STK	AS	ST0 和 ST1 逻辑与后，堆栈寄存器右移一位
12	OR.STK	OS	ST0 和 ST1 逻辑或后，堆栈寄存器右移一位
13	SET	SET	ST0 和指定地址中的信号逻辑或后，将结果返回到指定的地址中
14	RST	RST	ST0 的状态取反后和指定地址中的信号逻辑与，将结果返回到指定的地址中

PMC 基本指令的格式如下：

×　×　　　　　　○○○○.○

指令操作码　　　　　地址号　位号

如 RD100.6 中，RD 为指令操作码，100.6 为操作数据，即操作对象。它实际上是 PLC 内部数据存储器某一个单元中的一位，100.6 表示第 100 号存储单元中的第 6 位。RD100.6 执行的结果，就是把 100.6 这一位的数据状态“1”或“0”读出并写入结果寄存器 ST0 中。

1.2.5　常用的 PMC 功能指令

数控机床的功能指令用以实现数控机床信息处理和动作控制的特殊要求，例如译码（CNC 输出的 M、S、T 二进制代码信号的译码）、定时（机械运动状态或液压系统运行状态的延时确认）、计数（加工零件计数）、最佳路径选择（刀库、分度工作台沿最短路径旋转）、计算（现在位置至目标位置步数的计算）、检索（换刀时数据检索）和数据传送（数据变址传送）等。这些特殊功能如果只用基本指令编程，则实现起来十分困难，因此需要用一些具有特定功能的控制指令来实现，这些指令简称为功能指令。功能指令是一些子程序，使用功能指令就是调用相应的子程序。FANUC PMC 的功能指令数目视型号不同而不同。本节将以 FANUC 0i 系统为例，介绍 FANUC 系统常用 PMC 功能指令的功能、指令格式及在数控机床中的案例应用。

1．顺序程序结束指令

FANUC 0i 系统的 PMC 程序结束指令有第 1 级程序结束指令 END1、第 2 级程序结束指令 END2 和总程序结束指令 END 三种。

（1）第 1 级程序结束指令 END1（SUB1）

第 1 级程序结束指令 END1 每隔 8ms 读取程序，主要处理系统急停、超程、进给暂停等紧急动作。第 1 级程序过长将会延长 PMC 的整个扫描周期，所以第 1 级程序不宜过长。

如果不使用第 1 级程序时，必须在 PMC 程序开头指定 END1，否则 PMC 无法正常运行。

（2）第 2 级程序结束指令 END2（SUB2）

第 2 级程序用来编写普通的顺序程序，如系统就绪、运行方式切换、手动进给、手轮进给、自动运行、辅助功能(M、S、T 功能)控制、调用子程序及信息显示控制等顺序程序。通常第 2 级的步数较多，在一个 8ms 内不能全部处理完（每个 8ms 内都包括第 1 级程序），所以在每个 8ms 中顺序执行第 2 级程序的一部分，直至执行第 2 级的终了（读取 END2）。在第 2 级程序中，因为有同步输入信号存储器，所以输入脉冲信号的信号宽度应大于 PMC 的扫描周期，否则顺序程序会出现误动作。

（3）程序结束指令 END（SUB64）

系统 PMC 程序编制子程序时，用 CALLU 命令由第 2 级程序调用。PMC 的梯形图的最后必须用 END 指令结束。

2．定时器指令

定时器的功能类似于一种通常的定时继电器（延时继电器）。FANUC 系统 PMC 的定时器按时间设定形式不同可分为可变定时器（TMR）和固定定时器（TMRB）两种。

（1）可变定时器 TMR（SUB3）

其指令格式包括三部分，分别是控制条件、定时器号和定时继电器，指令格式如图 1-19 所示。

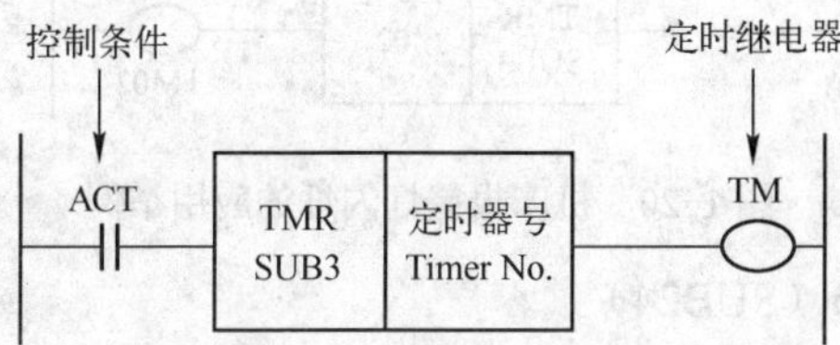

图 1-19　可变定时器的指令格式

控制条件：在 ACT=1 时，设定的时间到达后，将输出信号置为 1。

定时器号：定时器号由定时器号（Timer No.）指定，定时器的时间在 PMC 参数中设定（每个定时器占两个字节，以十进制数直接设定）。

定时继电器：作为可变定时器的输出控制，定时继电器的地址由数控机床生产厂家决定，一般采用中间继电器。

图 1-20 所示为利用定时器实现数控机床报警灯闪烁的应用举例（闪烁周期为 5s）。可变定时器的地址及信号见表 1-9。

表 1-9　可变定时器的地址及信号

地　址	符　号	信　号	说　明
X1008.4	*EXP	机床急停报警	当 6 种报警中的任何一个报警信号输入时，机床报警灯闪烁 通过 PMC 参数的定时器设定界面分别输入定时器 01、02 的时间设定值(5000ms)
R600.3	SPER	主轴报警	
R600.4	LITER	机床超程报警	
R600.5	OLOW	润滑系统油面过低（润滑油不足）报警	
R600.6	TERDR	自动换刀装置故障报警	
R600.7	DOI	自动加工机床的防护门打开报警	
Y1000.0	MALM	机床报警灯	

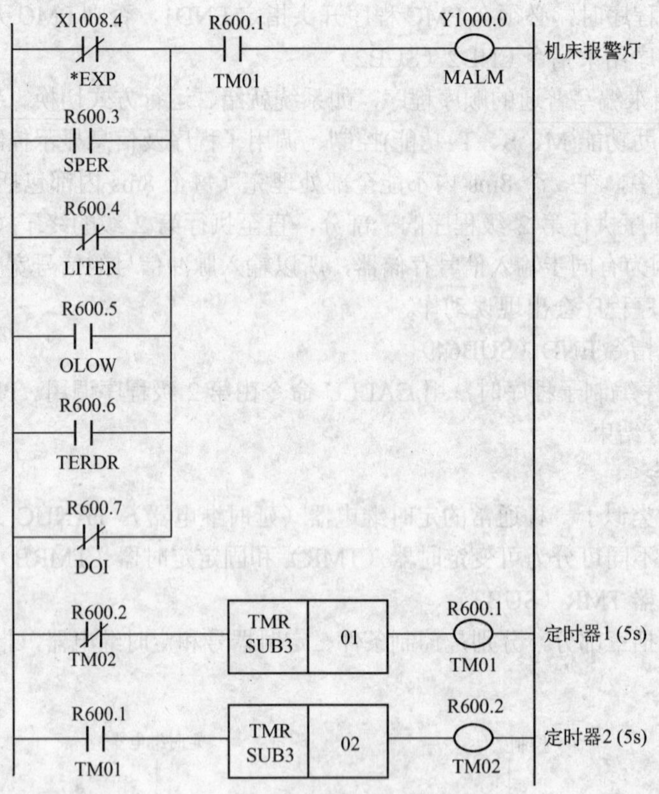

图 1-20　机床报警灯闪烁的应用举例

（2）固定定时器 TMRB（SUB24）

TMRB 用法与 TMR 用法一样，不同之处在于：定时时间不是通过 PMC 参数设定的，而是通过 PMC 程序编制的。TMRB 一般用于数控机床固定时间的延时，不需要用户修改时间。如换刀动作时间、自动润滑时间等均由固定定时器来控制。图 1-21a 所示为固定定时器的指令格式。

控制条件：当 ACT=1 时，设定延时时间到达后，输出定时继电器 TM03=1。

定时器号：对于 PMC SB7 共有 500 个，编号为 001～500。

设定时间：设定时间的最小单位为 8ms，设定范围为 8～262 136ms。

定时继电器：作为固定定时器的输出控制，定时继电器的地址由数控机床生产厂家决定，一般采用中间继电器。

图 1-21b 所示为其应用实例，表示当 X000.0 为 1 时，经过 5000ms 的延时，定时继电器 R000.0=1。

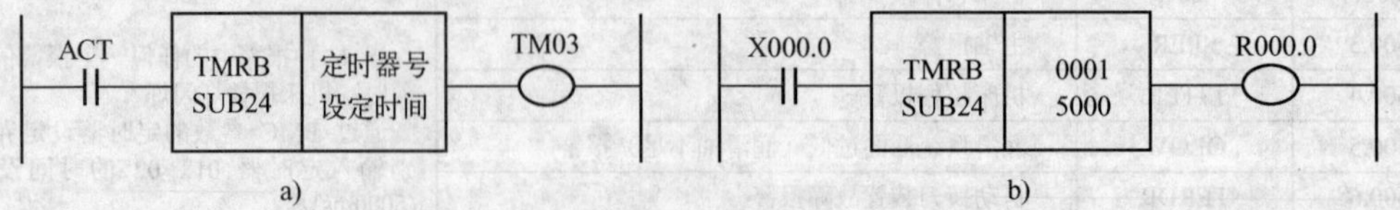

图 1-21　固定定时器的指令格式和应用举例

a) 指令格式　b) 应用举例

3．译码指令

数控机床在执行加工程序中的 M、S、T 功能时，CNC 装置以 BCD 或二进制代码形式输出 M、S、T 代码信号。这些信号要通过译码才能从 BCD 或二进制状态转换成具有特定功能含义的一位逻辑状态。根据译码形式不同，PMC 译码指令分为 BCD 码译码指令(DEC)和二进制代码译码指令（DECB）两种。

（1）BCD 码译码指令 DEC（SUB4）

1）功能。当译码信号 BCD 码与指令的数据相同时，输出继电器置 1。DEC 指令主要用于数控机床的 M、T 代码的译码。一条 DEC 译码指令只能译一个 M 代码。图 1-22 所示为 DEC 译码的指令格式和应用举例。

2）DEC 指令格式如图 1-22a 所示，包括以下几部分。

控制条件：当 ACT=1 时，执行译码指令，即当译码信号的 BCD 码与指令的数据相同时，输出继电器置 1。

译码信号地址：指定包含两位 BCD 码输出信号地址，即 CNC 输出到 PMC 的相应地址，如 FANUC 0i 系统的 M 代码输出信号地址为 F0010～F0013。

译码方式：包括译码数值和译码位数两部分。译码数值为需译码的两位 BCD 码；译码位数为 01 表示译低 4 位数，为 10 表示译高 4 位数，为 11 表示为高低位均译。

图 1-22b 中，当执行加工程序的 M03、M04、M05 时，R300.3、R300.4、R300.5 分别为 1，从而实现主轴正转、反转及主轴停止自动控制。其中，F0007.0 为 M 代码选通信号，F0001.3 为移动指令分配结束信号。

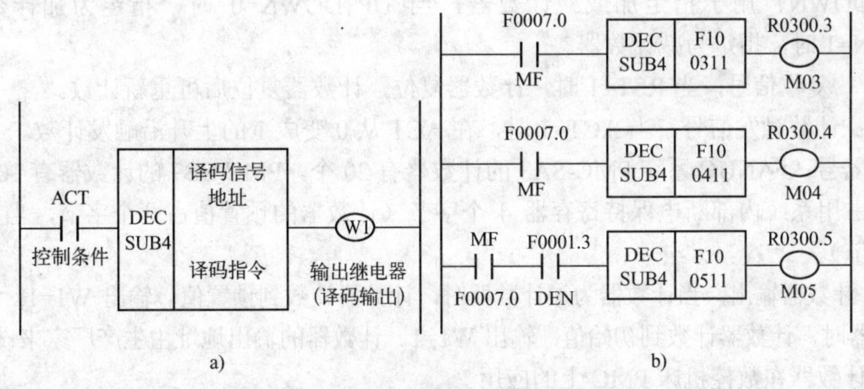

图 1-22　DEC 译码的指令格式和应用举例

a) 指令格式　b) 应用举例

（2）二进制码译码指令 DECB（SUB25）

1）功能。可对 1B、2B 或 4B 的二进制代码进行译码。当指定的 8 位连续数据中的一位与代码数据相同时，对应的输出数据位为 1。一般用于 M 代码、T 代码的译码，一条 DECB 指令可译 8 个连续 M 代码或 8 个连续 T 代码。图 1-23 所示为 DECB 译码的指令格式和应用举例。

2）格式指定。0001 表示 1B 二进制代码数据，0002 表示 2B 二进制代码数据，0004 表示 4B 二进制代码数据。

被译码输入地址：指从 CNC 来的指令代码，对 FANUC 0i 系统，M 代码地址是

F0010～F0013，T 代码地址是 F0026～F0029。

译码输出首字节：指定要译码的 8 个连续字节的第一个字节。

译码结果输出地址：根据译码结果，使译码结果输出到指定的地址，置相应的输出位为 1。图 1-23b 中，加工程序执行 M03～M10 时，R0300.0～R300.7 均为 1。

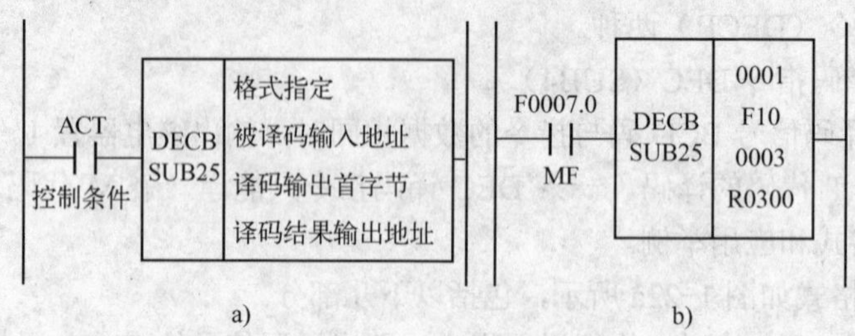

图 1-23 DECB 译码的指令格式和应用举例

a) 指令格式 b) 应用举例

4．计数器指令 CTR（SUB5）

计数器指令 CTR 可以进行加/减计数。计数器预置值由 PMC 的参数设定（一般为二进制代码形式）。其指令格式和计数加工工件的应用如图 1-24 所示。

（1）计数器的指令格式

CNO：用于指定初始值，当 CNO=0 时，计数器的计数从 0 开始；当 CNO=1 时，计数器的计数从 1 开始。

UP DOWN：用于指定加或减计数器，当 UP DOWN=0 时，指定为加计数器；当 UP DOWN=1 时，指定为减计数器。

RST； 复位信号，当 RST=1 时，计数器复位，计数器复位后可重新计数。

ACT：计数触发信号，当 ACT=1 时，在 ACT 从 0 变成 1 的上升沿触发计数。

计数器号：FANUC 系统 PMC-SA3 的计数器有 20 个，PMC SB7 的计数器有 100 个。每个计数器占用系统内部断电保持寄存器 4 个字节（计数器的预置值占两个字节，当前计数值占两个字节）。

W1：计数器输出，当计数器为加计数器时，计数器计数到预置值，输出 W1=1；当计数器为减计数器时，计数器计数到初始值，输出 W1=1。计数器的输出地址由生产厂家来设定。

（2）计数器在数控机床 PMC 上的应用

数控机床可利用计数器的计数功能，作为分度工作台的自动分度控制及加工中心自动换刀装置中的换刀位置自动检测控制等。图 1-24b 所示为自动计数加工工件数的 PMC 控制，其中信号说明见表 1-10。

表 1-10 信号说明

地 址	符 号	信 号	说 明
R9091.0	CNO	设为逻辑 0	从 0 开始计数
R9091.0	UP DOWN	设为逻辑 0	指定为加计数器
X56.0	RST	机床面板加工件数的复位开关	可使计数器重新计数
Y6.0	W1	机床加工结束灯	
R0.3	ACT	加工程序结束信号	

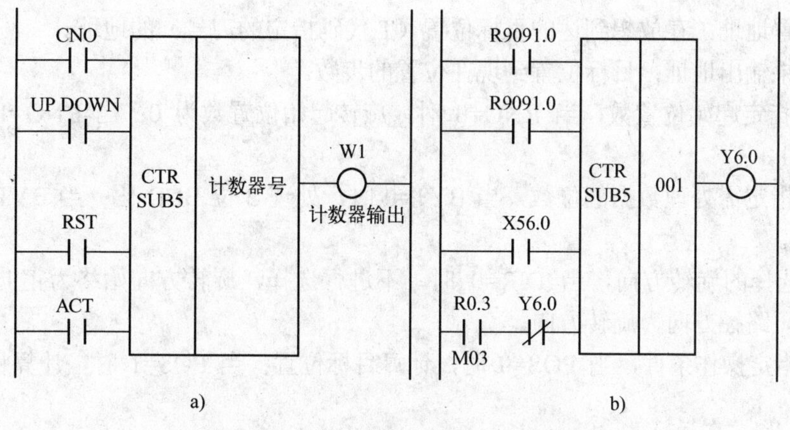

图 1-24 计数器的指令格式和应用举例

a) 指令格式 b) 计数器用于计数加工工件数控制应用

设定计数器 1 的预置值为 200（假定加工个 200 工件）。每加工完一个工件，通过加工程序结束指令 M03 (R0.3)进行计数器加 1 累计，当加工完 200 件时，计数器的计数值累积到 200，计数器输出 Y6.0 为 1，通知操作者加工结束，并通过 Y6.0 的常闭触点断开以切断计数器的计数控制。

5. 回转控制指令

（1）BCD 码回转控制指令 ROT（SUB6）

选择近路方向、计算当前与目标位置的步数、计算目标位置的前一位置步数，一般用于数控机床自动换刀装置的旋转控制。其指令格式和应用举例如图 1-25 所示。

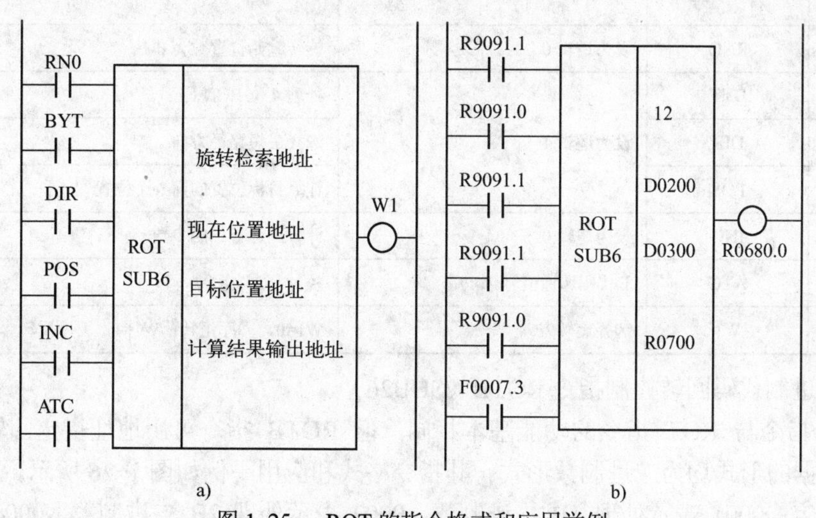

图 1-25 ROT 的指令格式和应用举例

a) 指令格式 b) 应用举例

旋转检索地址：一般可指刀库容量。既可以直接用数字给出刀库容量值，也可以将刀库容量值存放在 R、C、D 地址中。

现在位置地址：存放刀具（在刀库）现在位置的地址。

目标位置地址：存放想到达的目标位置（T 代码指定的刀号）的地址。

计算结果输出地址：目标位置到现在位置的步数。

RNO：指定起始位置数，当 RNO=0 时，旋转起始位置数为 0；当 RNO=1 时，旋转起始位置数为 1。

BYT：指定需处理数据的位数，当 BYT=0 时，处理 2 位 BCD 码；当 BYT=1 时，处理 4 位 BCD 码。

DIR：选择的旋转方向，当 DIR=0 时，不进行选择，旋转方向始终为正向；当 DIR=1 时，选择最短路径方向为旋转方向。

POS：指定操作条件，当 POS=0 时，计算目标位置；当 POS=1 时，计算目标的前一个位置。

INC：指定位置数或步距数，当 INC=0 时，计算目标位置数；当 INC=1 时，计算到达目标的步数。

ATC：控制条件，当 ATC=0 时，不执行 ROT 指令，W1 不变化；当 ACT=1 时，执行 ROT 指令。

W1：旋转方向输出，由 W1 的不同状态使回转体正转或反转。当 W1=0 时，旋转方向为正；当 W1=1 时，旋转方向为负(反转)。W1 的地址可由用户任意选择。

图 1-25b 中，设刀库容量为 12，D0200 为当前要换刀的刀具所在地址，D0300 为刀库换刀点的刀具所在地址。执行该指令后，把换刀位置的前一位置的地址存储到的 R0700 中，以便进行刀库接近换刀点的减速控制或预分度到位控制。其信号说明见表 1-11。

表 1-11　信号说明

地　址	符　号	信　号	说　明
R9091.1	RNO	设为逻辑 0	旋转起始位置数为 0
R9091.0	BYT	设为逻辑 1	处理 4 位 BCD 码
R9091.1	DIR		选择最短路径方向
R9091.1	POS		计算目标位置的前一个位置
R9091.0	INC	设为逻辑 0	计算到达目标的步数
F0007.3	ATC	T 代码选通信号	执行 ROT 指令
R0680.0	W1	选择旋转方向	W1=0，刀库正转；W1=1，刀库反转

（2）二进制代码回转控制指令 ROTB（SUB26）

ROTB 指令与 ROT 指令的功能基本相同，但 ROTB 指令可用地址指定回转体的分度数，处理数据的形式均为二进制数形式。其指令格式和应用举例如图 1-26 所示。

格式指定：0001 表示处理 1B 二进制数，0002 表示处理 2B 二进制数，0004 表示处理 4B 二进制数。

图 1-26b 中，D0100 为存储刀库容量数据的地址。执行该指令后，把刀库当前要换刀具到换刀点位置的步距数存储到计算器的 C0001 中，以便于刀库旋转位置的步数控制。通过 R0680.0 输出控制刀库是否反转。

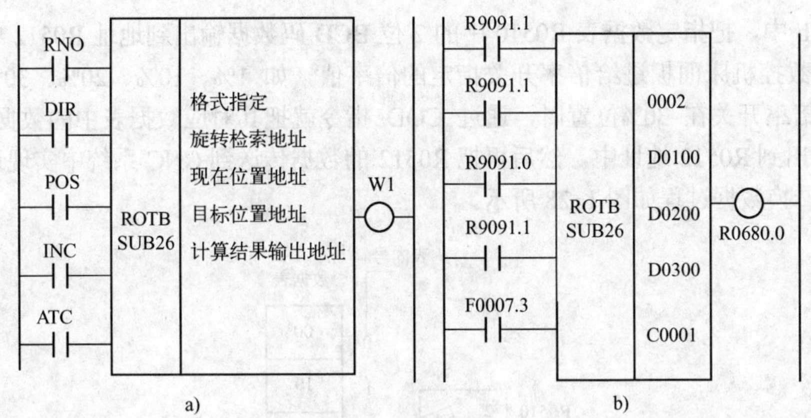

图 1-26　ROTB 的指令格式和应用举例

a) 指令格式　b) 应用举例

6．代码转换指令

（1）BCD 码数据转换指令 COD（SUB7）

COD 指令是指把一组 2 位 BCD 码数据转换成另一组 2 位/4 位 BCD 码数据的指令。它一般用于数控机床面板的倍率开关的控制，比如进给倍率、主轴倍率等的 PMC 控制。其指令格式和应用举例如图 1-27 所示。

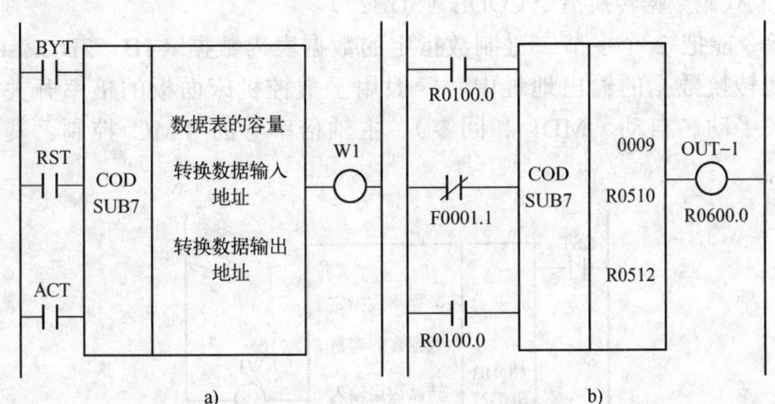

图 1-27　COD 的指令格式和应用举例

a) 指令格式　b) 应用举例

数据表的容量：指定转换数据表的范围（容量）。

转换数据输入地址：指定转换数据所在数据表的表内号地址，一般可通过数控机床面板的开关来设定该地址的内容（倍率开关）。

转换数据输出地址：将数据表内指定的 2 位或 4 位 BCD 码转换成数据输出的地址。

错误输出（W1）：在执行 COD 指令时，如果转换输入地址出错（如转换地址数据超过了数据表的容量），则 W1 为 1。

BYT：指定转换数据形式，当 BYT=0 时，转换为 2 位 BCD 码；当 BYT=1 时，转换为 4 位 BCD 码。

RST：错误输出复位，当 RST=1 时，复位转换数据错误，使输出 W1=0。

ACT：执行条件，当 ACT=1 时，执行 COD 指令。

图 1-27b 中，把指定数据表 R0510 中的 2 位 BCD 码数据输出到地址 R0512 中，其中设 R0510 是由数控机床面板进给倍率开关指定的倍率值（如 1%、10%、20%、30%等）的地址。当进给倍率开关在 30%位置时，通过 COD 指令就把其对应数据表中的数据 20（2 位 BCD 码）输出到 R0512 地址中，然后再把 R0512 的数据传送到 CNC 系统中实现进给倍率的控制。具体转换数据过程如图 1-28 所示。

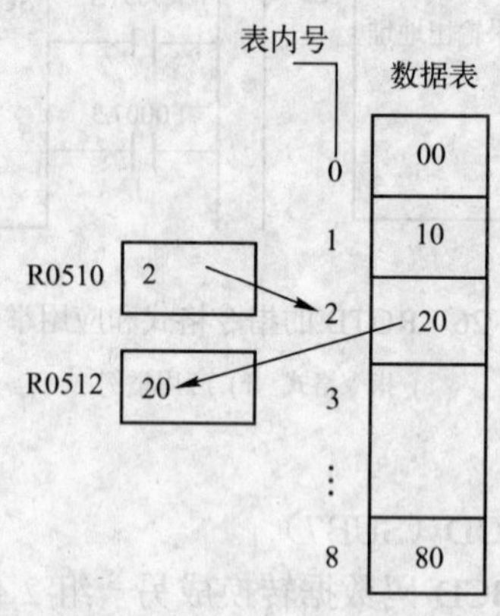

图 1-28　COD 指令转换数据过程

（2）二进制代码数据转换指令 CODB（SUB27）

CODB 指令能把 2 个字节二进制数指定的数据表内数据（1B、2B 或 4B 的二进制数据）输出到转换数据的输出地址中，一般用于数控机床面板的倍率开关的控制，比如进给倍率（手动、自动、MDI 和回零）、主轴倍率等的 PMC 控制。其指令格式如图 1-29 所示。

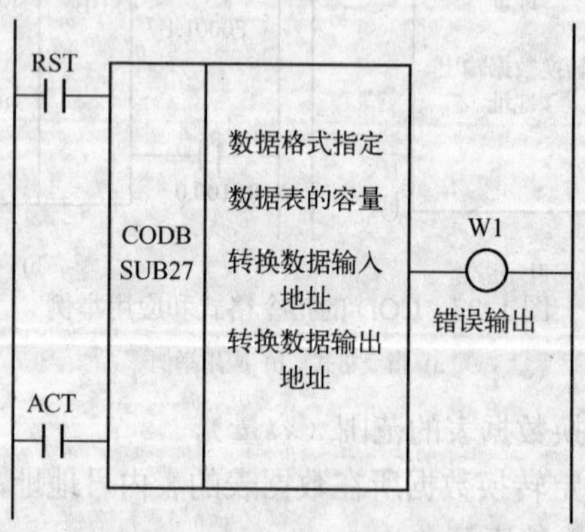

图 1-29　CODB 功能指令格式

CODB 指令与 COD 指令功能相似，但可以指定数据转换格式：0001 表示 1B 二进制数；0002 表示 2B 二进制数；0004 表示 4B 二进制数。

图 1-30 所示为某数控机床主轴倍率（50%～200%）的 PMC 控制的梯形图。其中，设 X1005.0～X1005.3 是面板主轴倍率开关的输入信号（4 位二进制代码格式输入控制），G0030 为 FANUC-0i 系统的主轴倍率信号（二进制格式指定）地址。若某次加工要

求主轴倍率为 100%，则 X1005.0～X1005.3 的值为 0101，数据表编号为 005，其对应的数据为 00100（100%）。

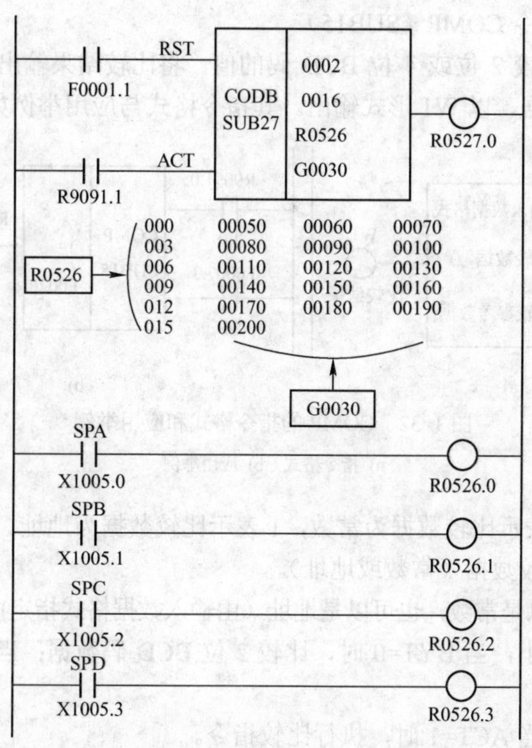

图 1-30　某数控机床主轴倍率的 PMC 控制的梯形图

7．传送指令 MOVE（SBU8）

MOVE 指令把要比较数据（梯形图中写入的）和处理数据（数据地址中存放的）进行逻辑“与”运算，并将结果传输到指定地址。其指令格式和应用举例如图 1-31 所示。

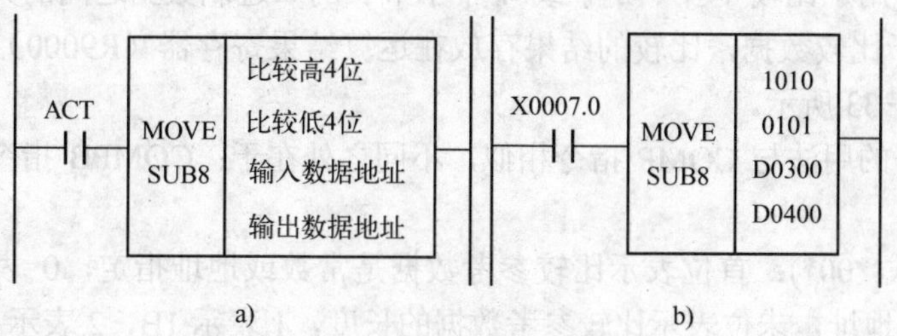

图 1-31　MOVE 的指令格式和应用举例

a) 指令格式　b) 应用举例

图 1-31b 中，设 D0300 为刀库中当前要换刀所在的地址，D0400 为主轴刀所在的地址，X0007.1 为换刀结束信号。加工中心执行自动换刀控制时，系统接收到换刀结束信号后，把当前刀库的换刀刀号写到主轴刀号所在的地址中，从而完成随机换刀的自动控制。

8. 比较指令

比较指令用于判别比较数据与比较参考数据的大小，主要用于数控机床编程的 T 代码与实际刀号的比较。

（1）BCD 码比较指令 COMP（SUB15）

COMP 指令用于比较 2 位或 4 位 BCD 码的值，将比较结果输出到 W1，比较参考数据是否大于或等于比较数据，以 W1 形式输出。其指令格式与应用举例如图 1-32 所示。

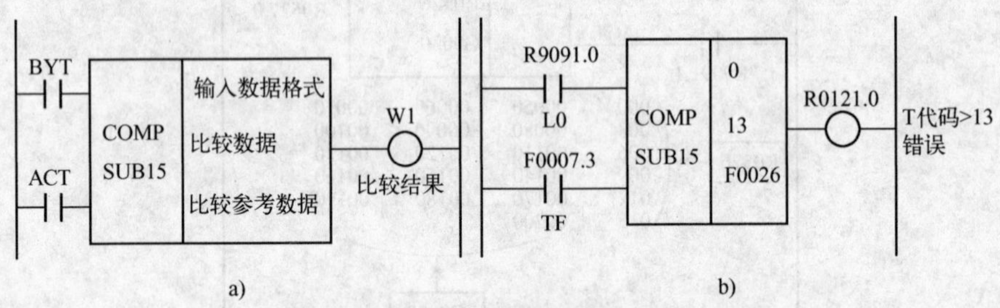

图 1-32 COMP 的指令格式和应用举例

a) 指令格式 b) 应用举例

输入数据格式：0 表示比较数据为常数，1 表示比较数据为地址。

比较数据：输入比较数据（常数或地址）。

比较参考数据：可以是常数，也可以是地址（由输入数据格式指定)。实际上是后者较多。

BYT：指定数据大小，当 BYT=0 时，比较 2 位 BCD 码数据；当 BYT=1 时，比较 4 位 BCD 码数据。

ACT：控制条件，当 ACT=1 时，执行比较指令。

W1：比较结果输出，当比较参考数据大于或等于比较数据时，W1=1；否则 W1=0。

图 1-32b 所示为某数控车床刀塔具有 12 刀位的 T 代码检测的 PMC 控制梯形图。当加工程序中的 T 代码大于或等于 13 时，R0121.0 为 1，并发出 T 代码错误报警。其中，F0007.3 为 T 代码选通信号，F0026 为系统 T 代码输出信号的地址。

（2）二进制代码比较指令 COMPB（SUB32）

COMPB 指令用于比较 1 个、2 个或 4 个字节长的二进制数据之间的大小，比较参考数据是否大于或等于比较数据，比较的结果存放在运算结果寄存器（R9000）中。其指令格式和应用举例如图 1-33 所示。

COMPB 指令的用法与 COMP 指令相似，不同之处在于：COMPB 指令可以指定比较数据的长度。

输入数据格式(*00*)：首位表示比较参考数据是常数或地址指定，0 表示用常数指定输入数据，1 表示用地址，未位表示比较参考数据的长度，1 表示 1B，2 表示 2B，4 表示 4B。

比较寄存器 R9000.0：当比较参考数据等于比较数据时，R9000.0=1；当比较参考数据小于比较数据时，R90000.1=1；当比较参考数据大于比较数据时，R90000.5=1。

图 1-33b 中，R0400 用来存放加工中心的当前主轴刀号，F0026 为加工程序的 T 代码输出信号地址，JMP 为跳转功能指令，JMP 到 JMPE 之间的程序为自动换刀的动作程序。当加工程序读到 T 代码时，如果程序的 T 代码与主轴刀号相同，则跳出（不执行 JMP 到 JMPE 之间的程序）换刀动作程序，接着执行下面的程序。

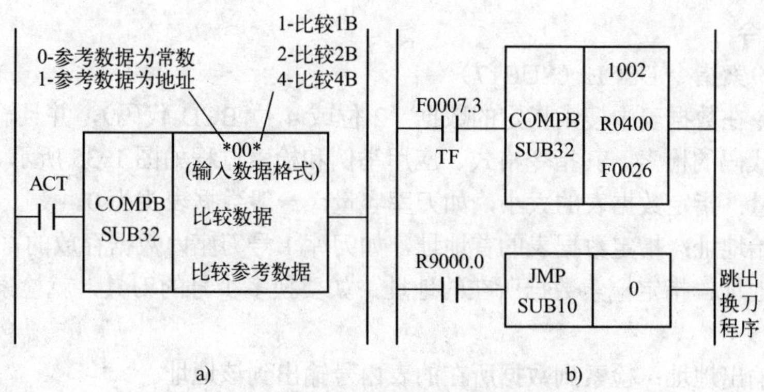

图 1-33　COMPB 的指令格式和应用举例

a) 指令格式　b) 应用举例

（3）判别一致指令 COIN（SUB16）

COIN 指令用来比较 BCD 码数据，即判断参考值与比较值是否一致，可用于检查刀库、旋转台等旋转体是否到达目标位置等。其指令格式和应用举例如图 1-34 所示。

BYT：指定数据大小，当 BYT=0 时，比较 2 位 BCD 码数据；当 BYT=1 时，比较 4 位 BCD 码数据

ACT：控制条件，当 ACT=1 时，执行 COIN 指令。

W1：指令输出结果，当输入数据等于比较数据时，W1=1；当输入数据不等于比较数据时，W1=0。

输入值格式：0 表示输入数据为常数，1 表示输入数据为地址指定。

输入值：被比较的数据（常数或常数所在的地址）。

比较值地址：存放比较值的寄存器地址。

图 1-34b 中，F0026 为系统 T 代码输出地址，R0400 为所选刀具的地址，D0320 为刀库换刀点的地址。当 R0600.0 为 1 时，说明程序中输入了 T 代码的错误指令（因为换刀号是从 1 开始的）。当 R0600.1 为 1 时，说明刀库中选择的刀具转到了换刀位置，则停止刀库的旋转且可以进行换刀。

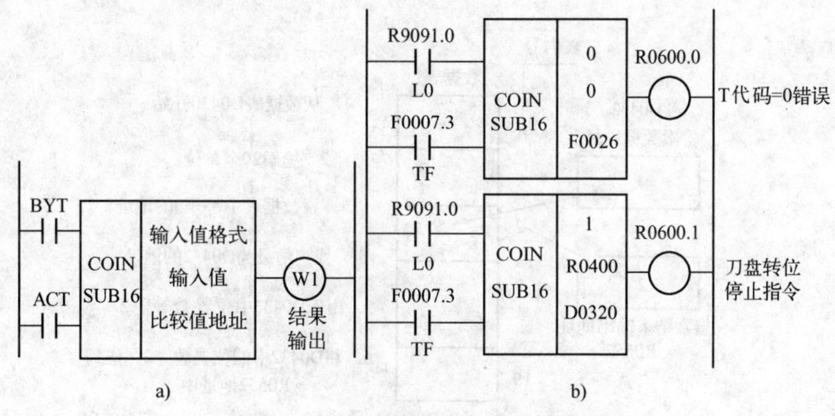

图 1-34　COIN 的指令格式和应用举例

a) 指令格式　b) 应用举例

9．检索指令

（1）数据检索指令 DSCH（SUB17）

DSCH 指令在数据表中搜索指定的数据（2 位或 4 位 BCD 代码），并且输出其表内号，常用于刀具 T 代码的检索。其指令格式、应用举例和检索过程如图 1-35 所示。

数据表容量：指定数据表的大小，如刀库容量，一般数据表头为 0。

数据表起始地址：指定数据表的首地址，如刀库 1 号刀座内数据存放的寄存器地址。

检索数据地址：指定检索数据所在的地址，如要换多少号的刀具，就检索相应寄存器的地址。

检索结果输出地址：检索到数据所在的表内号输出到该地址。

BYT：指定处理数据的位数，当 BYT=0 时，检索 2 位 BCD 码；当 BYT=1 时，检索 4 位 BCD 码。

RST：复位信号，当 RST=0 时，W1 不进行复位（保持 W1 状态不变）；当 RST=1 时，对 W1 信号复位，W1=0。

ACT：执行控制，当 ACT=1 时，执行检索指令。

W1：检索数据是否存在标志位，当 W1=1 时，表示检索数据存在。

图 1-35b 所示为加工中心自动换刀的应用举例。刀库容量为 20，要找刀号为 9 的地址，检索过程如图 1-35c 所示，刀具号管理数据表见表 1-12。

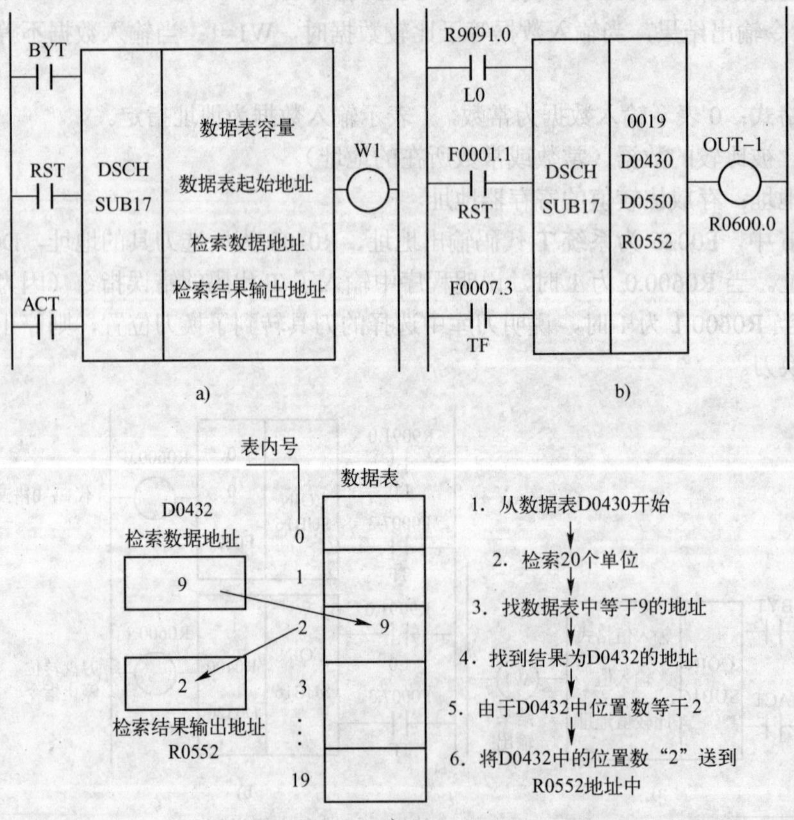

图 1-35　DSCH 的指令格式、应用举例和检索过程

a) 指令格式　b) 应用举例　c) 检索过程

表 1-12　刀具号管理数据表

数据表容量=20	位置（刀座号）	数据表（刀号）
D0430	0	11
D0431	1	2
D0432	2	9
D0433	3	10
⋮	⋮	⋮
D0449	19	8

（2）二进制代码检索指令 DSCHB（SUB34）

其功能与 DSCH 一样，也是用来检索指定的数据，它与 DSCH 指令有两点不同：①检索的数据必须是二进制形式；②数据表的数据数（数据表的容量）用地址指定，这样可在 FROM 后，仍可调整数据表的容量。其指令格式和应用举例如图 1-36 所示。

数据格式指定：用来指定数据的长度，0001 表示数据为 1B；0002 表示数据为 2B；0004 表示数据为 4B。

数据表容量存放地址：指定数据表容量存储地址。

数据表起始地址：指定数据表的表头地址。

检索数据地址：指定检索数据所在的地址。

检索结果输出地址：把被检索数据所在的表内号输出到该地址。

图 1-36b 中的 D0100 用来存储数据表的容量，检索起始地址为 D0420，F0026 是程序中的 T 代码检索地址。如果从数据表中检索到程序所需要的刀号，则把该刀号所在的地址（表内号）传送到地址 D0431 中。如果在数据表中没有检索到程序的刀号，则 R0600.1 为 1，并发出 T 代码错误报警信息。

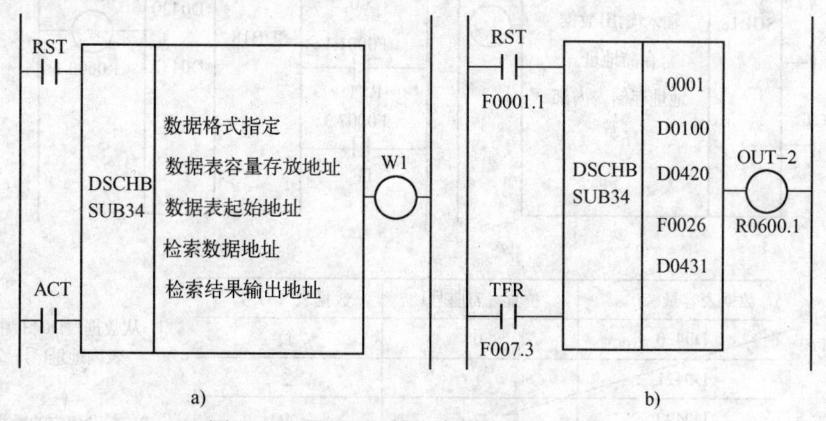

图 1-36　DSCHB 的指令格式和应用举例

a) 指令格式　b) 应用举例

10．变地址传输指令

（1）BCD 码变址修改数据传送指令 XMOV（SUB18）

XMOV 指令用来读取数据表的数据或将数据写入数据表，数据格式为 2 位 BCD 码或 4 位 BCD 码，常用于加工中心的随机换刀控制。其指令格式、应用举例和变址修改数据传送过程如图 1-37 所示。

数据表容量：指定数据表长度，即数据表的开头为 0 号，数据表的最后单元为 n 号，则数据表的大小为 $n+1$。

数据表起始地址：指定数据表的首地址，如刀库 1 号刀座数据存放的寄存器地址。

输入/输出数据存储地址：指定输入/输出数据存放的寄存器地址。

地址存储表内部序号：内部序号存放的寄存器地址。

BYT：数据的位数指定，当 BYT=0 时，数据为 2 位 BCD；当 BYT=1 时，数据为 4 位 BCD。

RW：读/写的操作指定，RW=0 表示从数据表读出数据；RW=1 表示向数据表写入数据。

RST：复位信号，当 RST=0 时，W1 输出状态不变；当 RST=1 时，W1 进行复位（W1=0）。

ACT：执行命令，当 ACT=0 时，不执行 XMOV 指令，W1 不变；当 ACT=1 时，执行 XMOV 指令，若没有检索到数据，则 W1 输出 1。

图 1-37b 所示为数控加工中心的自动换刀 PMC 控制。其中，刀库共有 20 把刀，数据表头为 D0420（存储主轴当前的刀号），数据表 D0421～D0439 分别为刀库的刀座号（1～20 号刀座），D0431 为程序 T 代码所检索到的刀号地址（要换刀的刀座号），D0432 用来存储 D0431 地址内的数据（要换刀所在刀座的刀号）。如图 1-37c 所示，通过 XMOV 指令，把刀库中 2 号刀座的 9 号刀输出到 D0432 中，

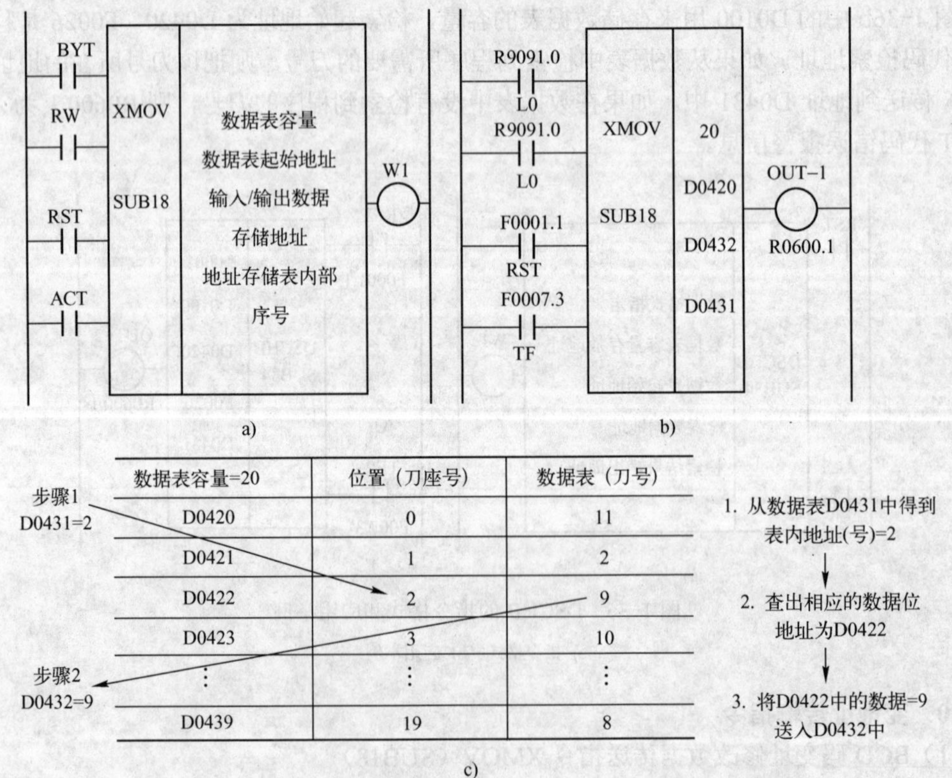

数据表容量=20	位置（刀座号）	数据表（刀号）
D0420	0	11
D0421	1	2
D0422	2	9
D0423	3	10
⋮	⋮	⋮
D0439	19	8

图 1-37 XMOV 的指令格式、应用举例和变址修改数据传送过程

a) 指令格式 b) 应用举例 c) 变址修改数据传送过程

（2）二进制代码变址修改数据传送指令 XMOVB（SUB35）

其功能与 XMOV 指令一样，也是用来读取数据表的数据或将数据写入数据表，但与 XMOV 指令有两点不同：①处理的数据是二进制代码形式；②数据表的数据数（数据表的容量）用地址形式指定，这样可在 FROM 制作完成后，仍可进行容量表的调整。其指令格式如图 1-38 所示。

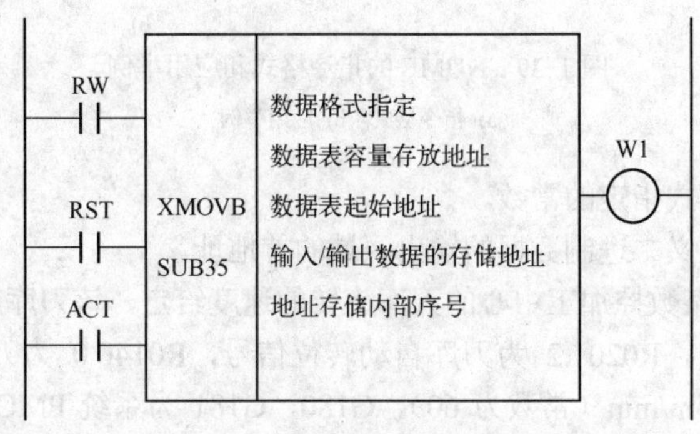

图 1-38　XMOVB 的指令格式

数据格式指定：0001 表示数据为 1B；0002 表示数据为 2B；0004 表示数据 4B。

数据表容量存放地址：指定数据表容量存放的地址。

其他功能与 XMOV 的功能一样。

11．常数定义指令

在使用功能指令时，有时为了便于编程，需要利用一些常数。数控机床中常数定义指令常用来实现自动换刀的实际刀号定义及换刀装置附加伺服轴（PMC 轴）控制的数据、信息的定义等。

（1）BCD 码常数定义指令 NUME（SUB23）

NUME 指令为 2 位或 4 位 BCD 码常数定义指令，其指令格式和应用举例如图 1-39 所示。

常数：指定一个常数。

常数输出地址：指定所定义的常数的输出地址。

BYT：常数的位数指定，当 BYT=0 时，常数为 2 位 BCD 码；当 BYT=1 时，常数为 4 位 BCD 码。

ACT：控制条件，当 ACT=1 时，执行常数定义指令。

图 1-39b 所示为某数控车床的电动刀盘实际刀号定义，其中，X0002.0、X0002.1、X0002.2、X0002.3 为电动刀盘实际刀号输出信号（8421 码），X0002.4 为电动刀盘的码盘选通信号，D0320 为存放实际刀号的数据表。当电动刀盘转到 7 号刀时，刀盘选通信号 X0002.4 接通，同时刀号输出信号 X0002.3、X0002.2、X0002.1、X0002.0 发出 7 号代码（0111），通过 NUME 指令把常数 07（2 位 BCD 代码）输出到实际刀号存放的地址 D0320 中，此时 D0320 存储的数据为 00000111。

（2）二进制代码常数定义指令 NUMEB（SUB40）

NUMEB 指令用来定义 1B、2B 或 4B 长二进制代码形式的常数，其指令格式和应用举例如图 1-40 所示。

常数长度指定：0001 表示 1B 长度的二进制数；0002 表示 2B 长度的二进制数；0004 表示 4B 长度的二进制数。

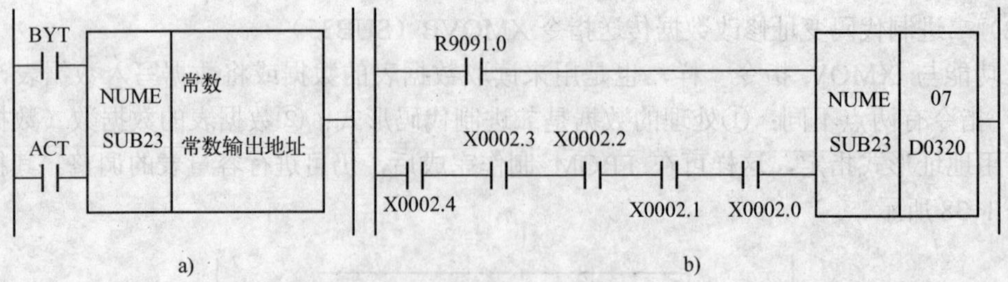

图 1-39　NUME 的指令格式和应用举例

a) 指令格式　b) 应用举例

常数：以十进制形式指定的常数。

常数输出地址：定义二进制数据的输出区域的首地址。

图 1-40b 所示为某数控加工中心的刀库旋转的速度给定，该刀库旋转轴采用 PMC（附加伺服轴）控制。其中，R0201.2 为刀库自动转位信号，R0140.0 为刀库手动转位信号，要求刀库旋转速度为 60mm/min（常数为 60），G180、G181 为系统 PMC 轴控制的进给速度给定信号地址。通过 NUMEB 指令，G180 地址的数据为 00111100。

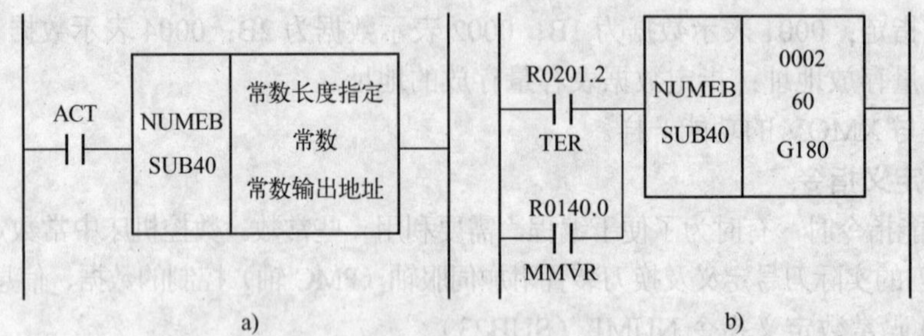

图 1-40　NUMEB 的指令格式和应用举例

a) 指令格式　b) 应用举例

12．信息显示指令 DISPB（SUB41）

DISPB 指令可将梯形图提示信息显示或报警显示在系统显示装置（CRT 或 LCD）上。其指令格式和应用举例如图 1-41 所示。

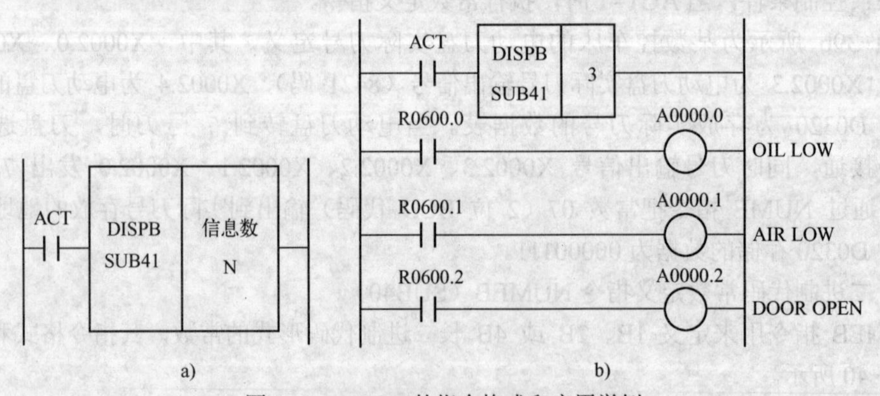

图 1-41　DISPB 的指令格式和应用举例

a) 指令格式　b) 应用举例

ACT：信息显示条件，当 ACT=0 时，不显示任何信息；当 ACT=1 时，显示信息。

信息数 N：设定显示信息的个数。FANUC 0iA 系统最多可编制 200 条信息（如 A0～A24），FANUC 0iB/0iC 系统最多可编制 2000 条信息（系统 PMC 类型为 PMC-SB7 时）。

DISPB 指令的应用如图 1-41b 所示，最多显示 3 条报警信息，R0600.0～R0600.2 分别触发 A0000.0～A0000.2 报警。

信息显示功能指令的编制方法如下。

1）按下系统键【SYSTEM】，然后按下 PMC 功能键。

2）选择 PMC 功能键菜单中的功能键【EDI】，出现 PMC 信息表编辑界面。

3）选择功能键【MESSAGE】，进入 PMC 报警信息表，可直接编辑。

4）编制信息数据表。信息数据表中每条信息数据内容包括信息号和存在该信息号中的信息数据。当信息号为 1000～1999 时，在报警界面显示信息号和信息数据；当信息号为 2000～2999 时，在系统操作信息界面只显示信息数据而不显示信息号。信息数据表与 PMC 梯形图一起存储到系统的 FROM 中，FANUC 0iA 系统还需要再插入梯形图编辑卡才能查看信息数据表的内容。

思考与练习题

1．什么是 CNC？它与普通机床最显著的区别在哪里？

2．简述数控机床的组成及各组成结构的作用。

3．PMC 与 PLC 的区别是什么？PMC 用在何处？PMC 的优点有哪些？

4．PMC 的常用地址分配有哪些？

5．当数控机床电气线路的硬件连接完成后，如何让系统识别各个 I/O 的外部输入信号？

6．PMC 扫描周期是如何执行的？

第 2 章　数控机床主轴模块

2.1　主轴模块概述

在数控机床的整体构造中，主轴模块是其主要功能部件之一。它是用来实现机床主运动的传动系统，要求具有一定的转速和很宽的调速范围，恒功率范围要宽，还要求具备高的回转精度、刚度和好的抗振性、耐磨性，以保证加工不同材料的工件时能选用合理的切削用量，从而获得最佳的生产率、尺寸加工精度和表面质量。

2.1.1　主轴模块的整体构造及特点

主轴模块的整体构造如图 2-1 所示。

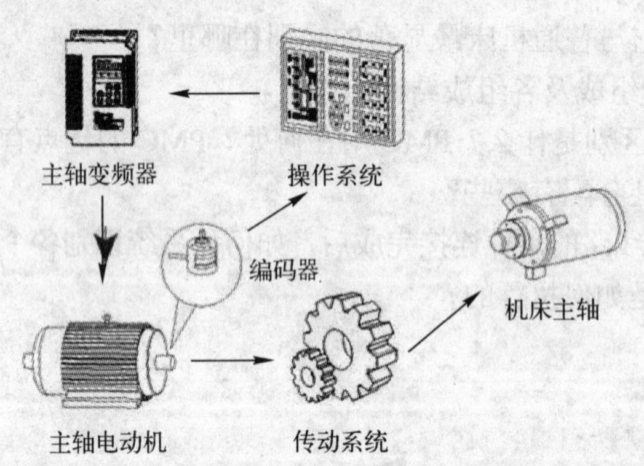

图 2-1　主轴模块的整体构造

由图 2-1 可知，数控机床主传动系统主要包括主轴电动机、传动系统和机床主轴。结构上与普通机床的主传动系统相比，在机械结构上简单许多，原有复杂的主轴箱齿轮传动系统所承担的变速功能基本上由主轴电动机无级调速所承担。有的只是为了扩大主轴电动机的无级调速范围而采用一级或二级的齿轮变速系统。

数控机床的主传动系统与普通机床相比，具有以下几个突出的特点。

1）数控机床主轴转速高，功率大，它符合数控机床高速切削和大功率切削的基本特征，可实现高效率的加工。

2）主轴变速迅速可靠，自动进行无级变速，使得切削工作始终处在最佳状态。

3）可与自动换刀装置（ATC）相配合，主轴上设计有刀具自动装卸、主轴定向停止、主轴孔内切屑清除装置。

2.1.2 主传动系统的变速方式

数控机床主传动系统要求有较大的调速范围，以保障数控加工的高效率、高尺寸精度和小表面粗糙度值。在数控加工过程中，主轴变速是通过相关的控制指令自动执行的，因此变速机构必须符合自动加工操作的要求，故而大量地采用了主轴电动机无级变频调速的原理来进行。目前，数控机床主传动系统（如图 2-2 所示）主要有以下 3 种配置方式。

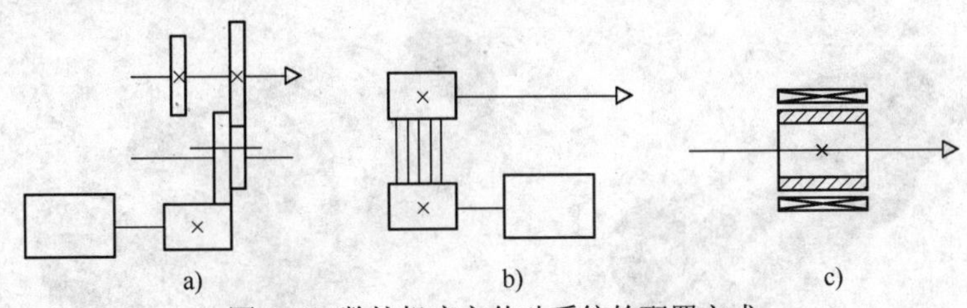

图 2-2 数控机床主传动系统的配置方式

a) 齿轮传动方式 b) 同步带传动方式 c) 电主轴传动方式

1．齿轮传动方式

图 2-2a 所示为齿轮传动方式。该方式在大、中型数控机床中应用较多。它主要通过少数几对齿轮的啮合降速，使主传动系统实现分段无级变速，以确保在低速状态下输出大转矩的需要。其实物图如图 2-3 所示。

图 2-3 齿轮传动方式的实物图

2．带传动方式

如图 2-2b 所示，同步带传动方式只能适用于低转矩特性要求的主轴，主要应用在小型数控机床上，传动平稳，传动效率高，噪声小，维修保养方便，可以避免齿轮传动时引起的振动和噪声。但其缺点也是很明显的，如同步带的弹性模量大，安装时中心距要求严格。其实物图如图 2-4 所示。

3．电主轴传动方式

该方式是将调速电动机和主轴做成一体，电动机转子即是主轴轴体，是目前主轴的发展应用趋势。该方式大大地简化了主轴箱体与主轴的结构，有效地提高了主轴刚度。但其主轴输出转矩较小，目前主要应用于数控铣床中。其实物图如图 2-5 所示。

图 2-4 同步带传动方式的实物图

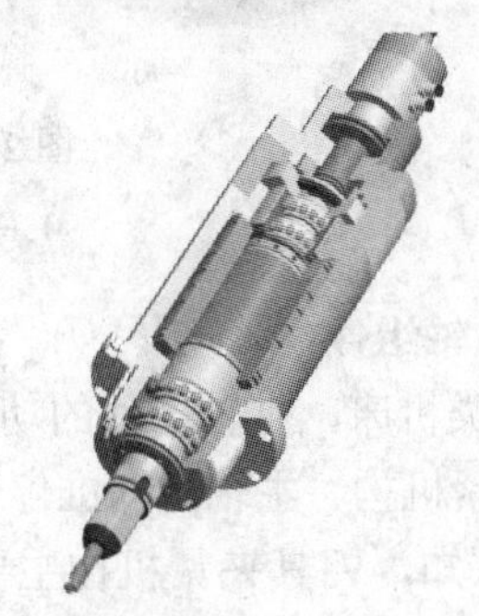

图 2-5 电主轴传动方式的实物图

2.1.3 机床主轴部件

数控机床主轴一般用于给机床加工提供动力，其外形如图 2-6 所示。通常情况下，主轴驱动被加工工件旋转的是车削加工，所对应的机床是车床类；主轴驱动切削刀具旋转的是铣削加工，对应的机床是铣床类。因此，数控机床的主轴部件会因机床类型不同而产生构造上的区别。

图 2-6 数控机床的主轴外形图

1．车床类主轴组件

对应于车削类机床，主轴部件的功能主要是用于装夹工件，一般使用卡盘来实现。数控车床卡盘通常使用自定心卡盘和液压卡盘两种，如图 2-7 所示。根据车床实际使用情况和经济性考虑，液压卡盘的优势是非常明显的，可以实现对加工工件的自动装卸，大大提高了工作效率，降低了操作人员的劳动强度，但价格较高，故其在高端数控车床上应用普遍。自定心卡盘需要人工操作夹紧工件，费时费力，但它的优势是经济性价比高，使用范围广，在经济型数控车床上应用较多。因此，可结合实际情况进行选择。

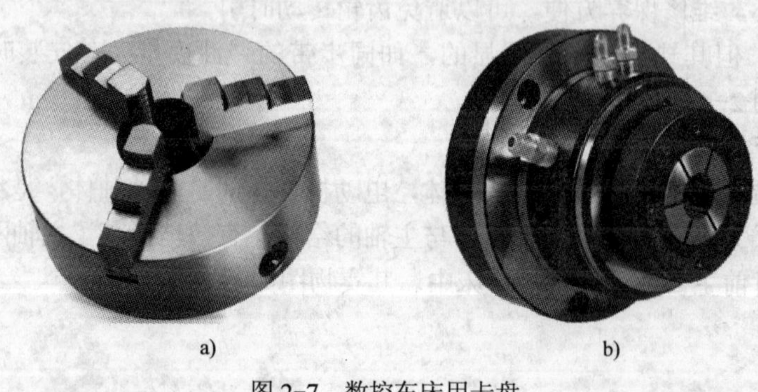

a) b)

图 2-7 数控车床用卡盘

a) 自定心卡盘 b) 液压卡盘

2．铣床类主轴组件

对应于铣削类机床，主轴部件的功能主要是用于装夹旋转刀具，故其主轴部件内部必须具备刀具自动夹紧机构、主轴定向准停装置和切屑自动清除装置，如图 2-8 所示。

由图 2-8 可知，刀具夹紧机构主要由拉杆、蝶形弹簧、卡爪、卡爪弹簧、刀具拉钉、7∶24 主轴锥孔等组成；增压气缸是刀具夹紧机构的动力源；切屑自动清除装置由中空的主轴和相应的气压供给管道和气阀组成；主轴准停装置由光电传感器和光电开关组成。

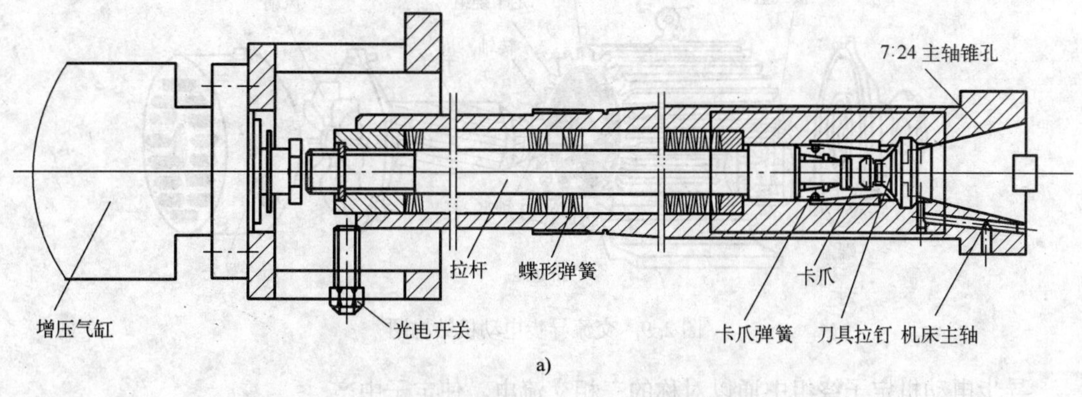

a)

b)

图 2-8 铣床类主轴组件

a) 结构示意图 b) 实物图

2.2 主轴驱动系统

主轴驱动系统是数控机床的大功率执行机构，其功能是接收数控系统的 S 代码速度指令，驱动主轴进行切削加工。交流伺服主轴驱动系统由主轴驱动装置、主轴电动机和检测主轴速度与位置的旋转编码器 3 部分组成，主要完成闭环转速控制。主轴电动机通常采用交流异步电动机。

2.2.1 主轴电动机及其驱动装置的原理与特性分析

作为驱动机床主轴的执行部件，主轴电动机必须与主轴驱动装置配套使用。相对于一般的变频器，对应数控厂家配套的主轴驱动系统，在加减速性能、调速范围、精度等方面都高于一般变频器，并且主轴驱动系统可以在低转速下输出大转矩。

1. 异步电动机的工作原理与特性

（1）结构与原理

交流电动机主要由定子和转子两部分组成。异步电动机一般分为笼型电动机和绕线转子电动机。其中比较常用的为笼型异步电动机，其转子的导体条用端环实现机械和电气的连接，转轴是转子的一部分，在定子和转子之间没有直接的电气连接。图 2-9 所示为交流异步电动机的结构图。

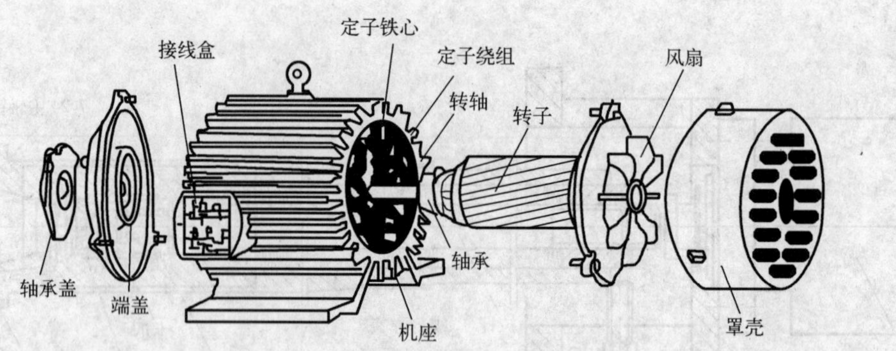

图 2-9 交流异步电动机结构图

异步电动机定子绕组中通以对称的三相交流电，使定子中产生旋转磁场，相对于旋转中的磁场，当转子的导体穿越磁场时，产生相对运动，切割旋转的磁力线，从而使转子上产生感应电流。转子绕组感应电流在定子旋转磁场作用下产生电磁力 F，该力对转轴形成旋转的转矩，于是电动机在该电磁转矩下顺着电磁转矩的方向旋转，如图 2-10 所示。

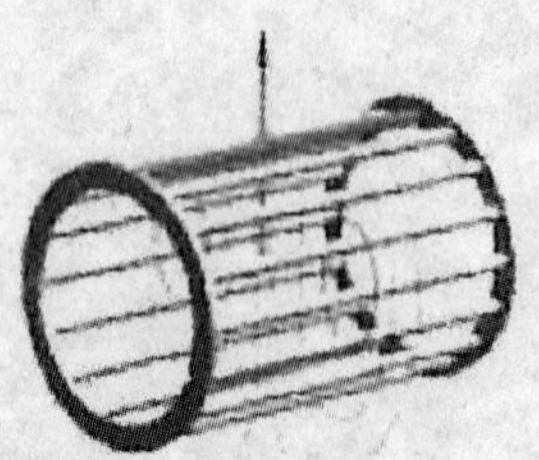
图 2-10 笼型转子

（2）调速方法

异步电动机之所以称为“异步”，主要是因为转子的转速必须和旋转磁场的转速不同，否则两者间不存在相对运动，就没有物体切割磁力线，因此转子就不可能有感应电流。所以异步电动机实际上有两个转速，一个是旋转磁场的转速 n_s（同步转速），还有一个是转轴上的转速，也就是通常所说的电动机的转速 n，两个转速之间存在速度差，一般称为转差，通常用转差率 s 来表示。转差率的计算公式为

$$s = \frac{n_s - n}{n_s} \times 100\% \tag{2-1}$$

式中 n_s——同步转速；

n——电动机的转速；

s——转差率，一般在 0.015～0.06 之间。

$$n_s = 60\frac{f_1}{p} \tag{2-2}$$

式中 n_s——同步转速；

f_1——通电频率；

p——定子极对数。

由式（2-1）和式（2-2）可得

$$n = \frac{60 f_1}{p}(1 - s) \tag{2-3}$$

从式（2-3）中可以看出，异步电动机调速的主要方法就是调节定子绕组的通电频率。

（3）工作特性

图 2-11 所示为主轴电动机的工作特性，n_e 为额定转速，称为基速，以基速为临界线分

为两阶段调速。第一阶段为基速以下调速，此阶段遵循的原则为在保证电动机电磁转矩不变的情况下调速。第二阶段为基速以上调速，由于此阶段电动机电压已经达到额定值，只能通过改变电动机磁场强度来调节转速，此阶段为恒功率调速。可以通过监控系统界面上显示的主轴负载表监控来观测主轴输出功率，如图 2-12 所示。

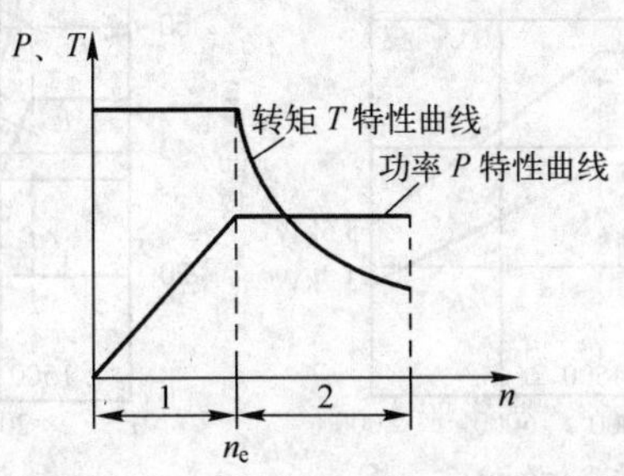

图 2-11　主轴电动机的工作特性

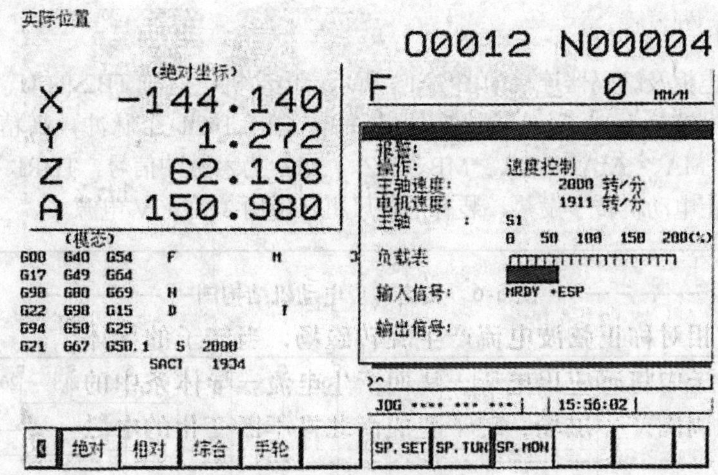

图 2-12　FANUC 系统主轴监控界面

数控机床主轴的最高转速是由主轴电动机的最高转速决定的。因此主轴电动机的额定转速决定了主轴的恒功率输出范围，它反映数控机床的实际切削加工能力，在生产成本、安装尺寸许可的情况下，应尽量选择额定转速较低的主轴电动机。

主轴电动机的输出功率应根据机床的切削能力确定。一般主轴电动机以功率作为主要参数。

2．案例：FANUC 系列主轴电动机

VMC750 立式加工中心的主轴采用 FANUC βi 系列主轴电动机，其电动机型号（如 βi18/8000）及其含义如图 2-13 所示。

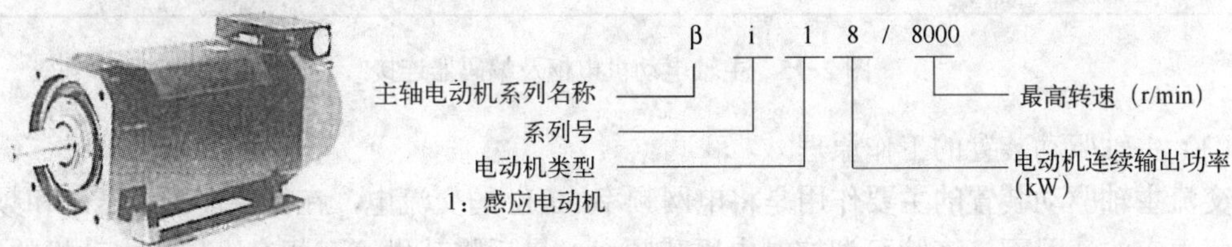

图 2-13　FANUC βi 系列主轴电动机及其型号的含义

（1）工作特性

βi18/8000 主轴电动机的工作特性如图 2-14 所示。

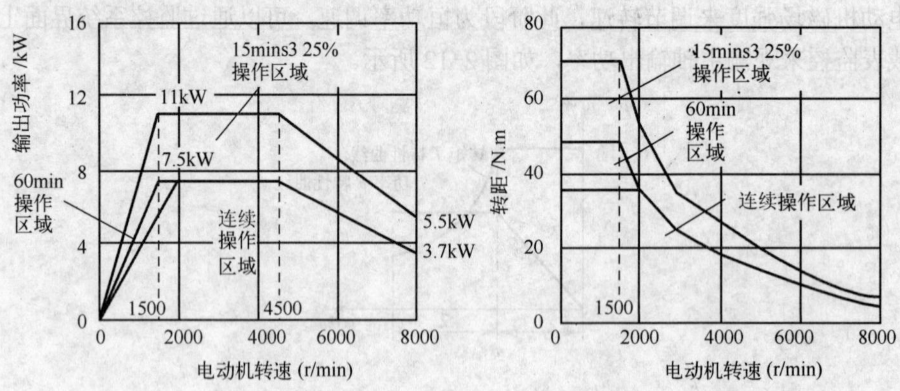

图 2-14　βi 18/8000 主轴电动机的工作特性

（2）电气连接

主轴电动机电枢及编码器连接如图 2-15 所示。电动机电枢与 TB2 的 U、V、W 连接。JYA2 为编码器反馈信号端子，普通编码器为每转发出 1024 个脉冲，高精度的每转发出 360 000 个脉冲。MA、*MA、MB、*MB、MZ、*MZ 为六脉冲信号，THR1、THR2 为热控开关信号。为防止电动机转子发热，装有主轴风机，使用 3～200V 电源。

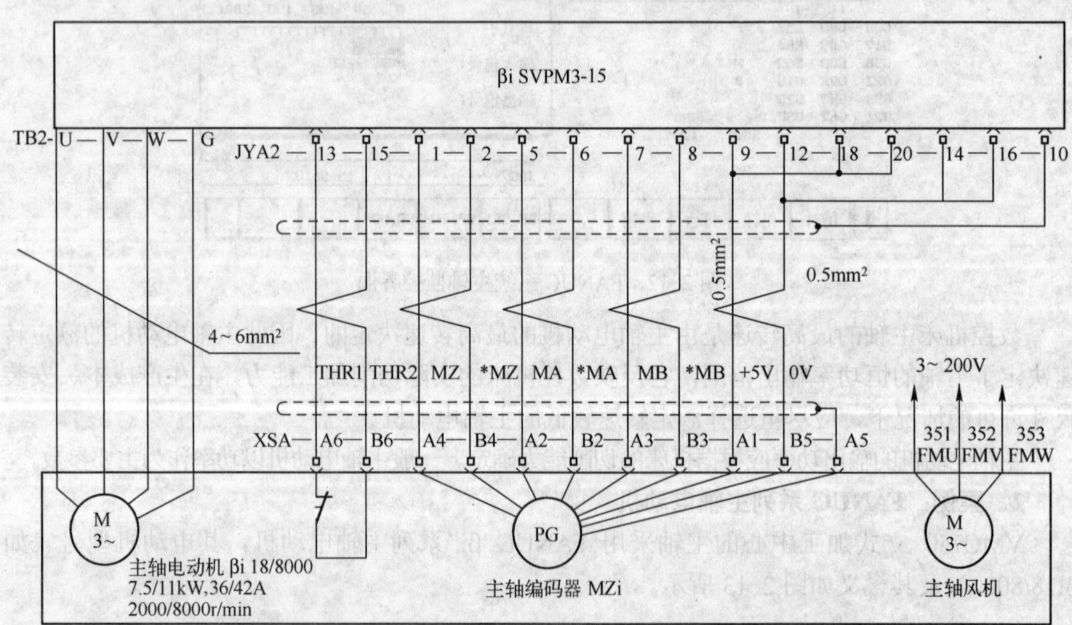

图 2-15　主轴电动机电枢及编码器连接

（3）主轴驱动装置的工作原理

交流主轴驱动装置的主要作用是将电网频率 50Hz 的交流电，在保持定子电压 u 和频率 f 的比值恒定的情况下，连续可调控制电压和频率，最后将其供给三相交流异步电动机的定子绕组，其原理如图 2-16 所示。

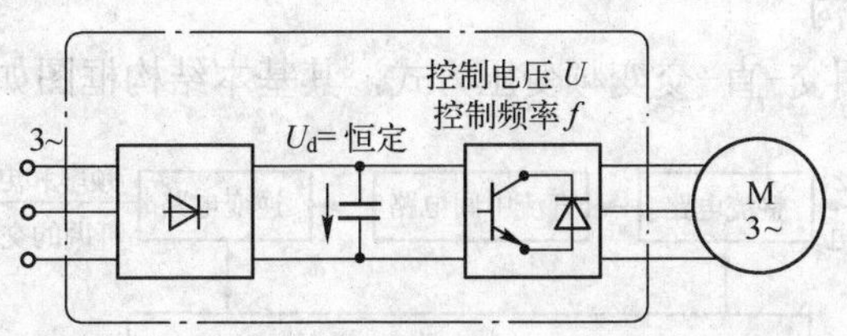

图 2-16　交流主轴驱动装置的主电路原理图

主轴驱动装置的闭环控制、矢量运算均由内部的高速信号处理器及控制系统实现，其原理如图 2-17 所示。图中，CNC 系统向主轴驱动装置发出速度指令，驱动装置将该指令与旋转编码器测出的实际速度相比较，经数字化的转速调节器和磁链函数发生器运算，得到转子当前的希望力矩与希望磁链矢量，再分别与实际力矩、磁链运算结果相比较，且经过力矩、磁链调节器运算得到等效直流电动机（两相旋转轴系）的转矩电流分量和励磁电流分量，进入两相静止轴系，最后经 2/3 矢量变换进入三相静止轴系，得到变频装置的三相定子电流希望值，通过控制 SPWM 驱动器及 IGBT 变频主电路使负载三相电流跟随希望值，就可以完成主轴的速度闭环控制。

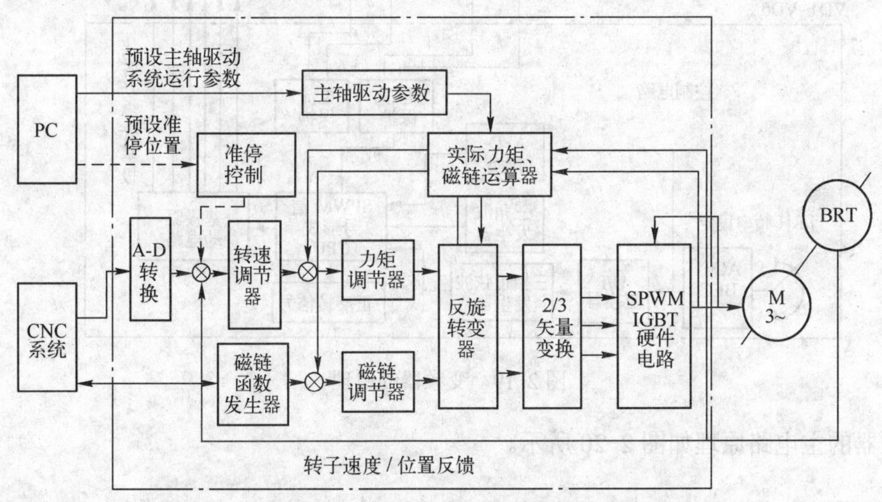

图 2-17　交流主轴驱动装置的控制电路原理框图

VMC750 立式加工中心采用 FANUC βi SVPM 多伺服轴/主轴一体型驱动装置，主轴驱动与进给伺服驱动共用整流电源电路，其逆变和控制电路与进给伺服独立，但结构上与进给伺服集成一体。

2.2.2　交流主轴的变频器控制

随着数字控制变频器调速系统的发展，变频器的控制方式从最初的电压矢量控制到磁通矢量控制，已发展为直接转矩控制，采用通用变频器控制的数控机床主轴驱动装置越来越多。所谓“通用”，一方面是可以和通用的笼型异步电动机配套应用；另一方面还具有多种可供选择的功能，可应用于不同性质的负载。

1．变频器的基本结构

通用变频器大多采用交-直-交变频变压方式，其基本结构框图如图 2-18 所示。

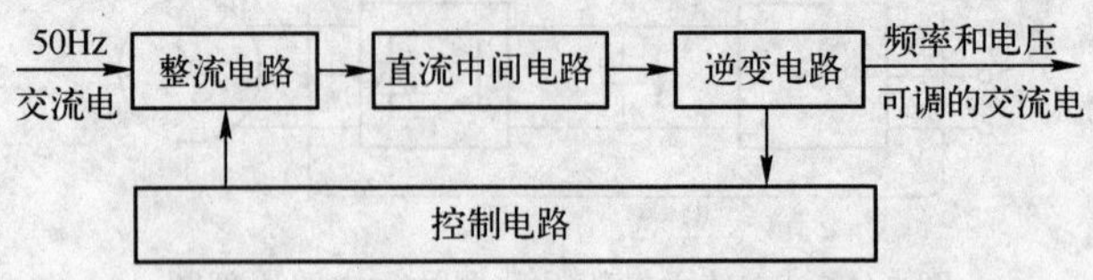

图 2-18　通用变频器的基本结构框图

变频器的原理如图 2-19 所示。

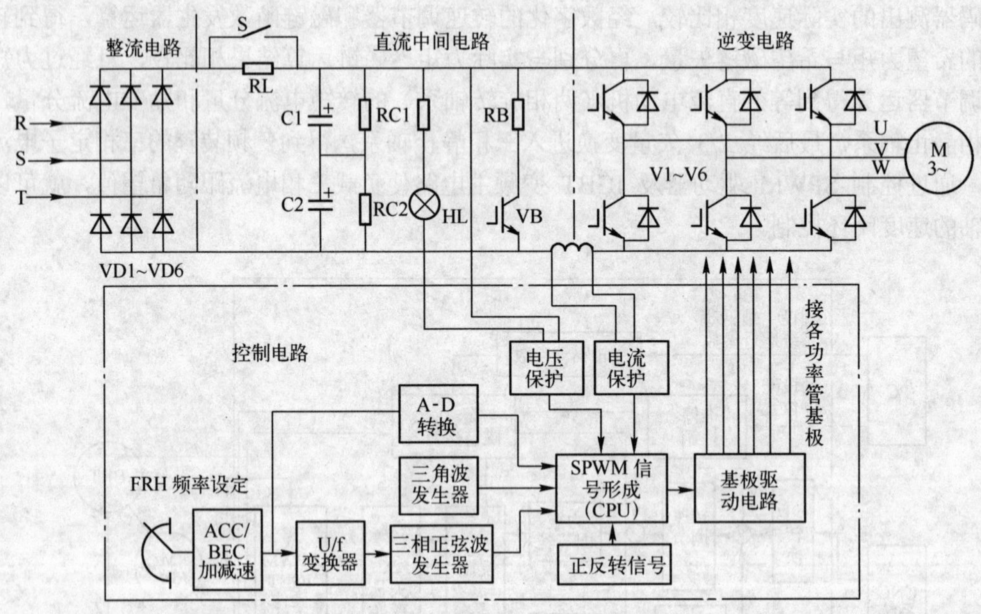

图 2-19　变频器的原理

变频器的主电路原理如图 2-20 所示。

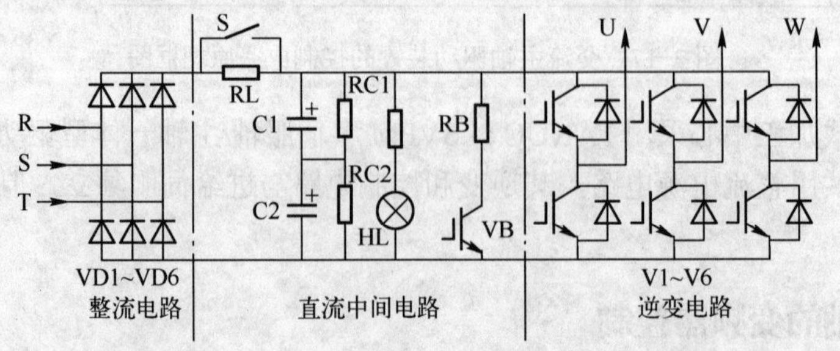

图 2-20　变频器的主电路原理

变频器的主电路用户接口如图 2-21 所示。

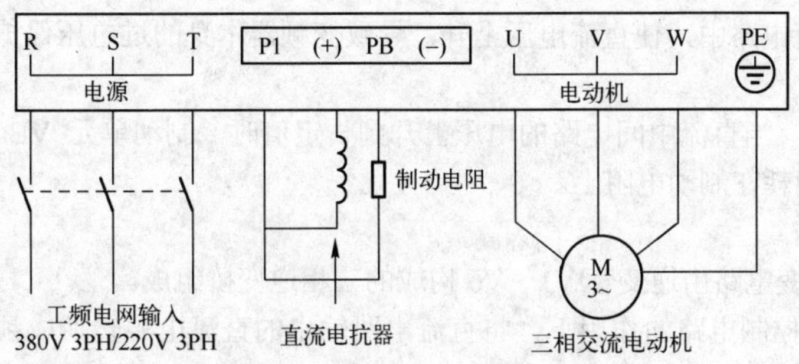

图 2-21　变频器的主电路用户接口

（1）整流电路

1）组成。整流电路由 VD1～VD6 构成的三相桥式整流桥组成。

2）功能。整流电路可将工频电源进行整流，经直流中间电路平波后为逆变电路和控制电路提供所需的直流电源。

三相交流电源一般需经过吸收电容和压敏电阻网络后再引入整流桥的输入端，以吸收交流电网的高频谐波信号和浪涌过电压，从而避免由此损坏变频器。

当电源电压为三相 380V 时，整流器件的最大反向电压一般为 1200～1600V，最大整流电流为变频器额定电流的 2 倍。

若电源电压为 U_L，则整流后的平均电压为

$$U_D=1.35U_L \tag{2-4}$$

（2）直流中间电路——滤波电路

1）组成。该滤波电路由 C1、C2 及 RC1、RC2 组成。

2）功能。该滤波电路可对整流电路的输出进行滤波以减小直流电压和电流的波动；同时，逆变器的负载为感性负载的异步电动机，无论异步电动机处于电动或发电状态，在直流滤波电路和异步电动机之间，总会有无功功率的交换，这种无功能量要靠直流中间电路的储能元件来缓冲。

RC1 和 RC2 的作用：①作为放电电阻，关机后将电容上的电尽量释放掉；②均压，保持滤波电容上的电压相等。

通用变频器直流滤波电路的大容量铝电解电容，通常由若干个电容器串联和并联构成电容器组，以得到所需的耐压值和容量。另外，因为电解电容器容量有较大的离散性，这将使它们的电压不相等。因此，电容器要各并联一个阻值等相的匀压电阻，消除离散性的影响，因而电容的寿命会严重制约变频器的寿命。

（3）直流中间电路——限流电阻 RL、开关 S 及电源指示 HL

1）限流电阻 RL、开关 S 的作用：防止接通电源瞬间，对电容充电的过大电流损坏三相整流桥的二极管。当电容充电到一定程度，令开关 S 接通，并将 RL 短路。

2）电源指示 HL 除表示电源接通外，还有一个重要功能，即在变频器切断电源后，指示电容器上的电荷是否已经释放完毕。

（4）直流中间电路——能耗电路

1）组成。该能耗电路由制动电阻 RB 和制动单元 VB 组成。

2）作用。当变频器输出频率下降过快（减速）时，电动机处于发电制动状态，拖动系

统动能回馈到直流电路中，使直流电压上升，导致变频器本身的过电压保护电路动作，切断变频器输出。

3）工作原理。当直流中间电路的电压上升到一定值时，制动单元 VB 导通，将回馈到直流电路的能量消耗在制动电阻上。

（5）逆变电路

1）组成。逆变电路由逆变管 V1～V6 构成的三相逆变桥组成。

2）作用。在控制电路的作用下，将直流电路输出的直流电源转换成频率和电压都可以任意调节的交流电源。

最常见的逆变电路结构形式是利用 6 个功率开关器件（IGBT，即绝缘栅双极型晶体管）组成的三相桥式逆变电路，有规律地控制逆变器中功率开关器件的导通与关断，可以得到任意频率的三相交流输出电源。

逆变电路中都设置有续流电路。续流电路的功能是当频率下降时，异步电动机的同步转速也随之下降，为异步电动机的再生电能反馈至直流电路提供通道。在逆变过程中，为寄生电感释放能量提供通道。另外，当位于同一桥臂上的两个开关同时处于开通状态时，将会出现短路现象，并烧毁换流器件。所以，在实际的通用变频器中还设有缓冲电路等各种相应的辅助电路，以保证电路的正常工作和在发生意外情况时对换流器件进行保护。

2．变频器控制电路的用户接口

变频器控制电路的用户接口如图 2-22 所示。其接口类型、主要特点和主要功能见表 2-1。

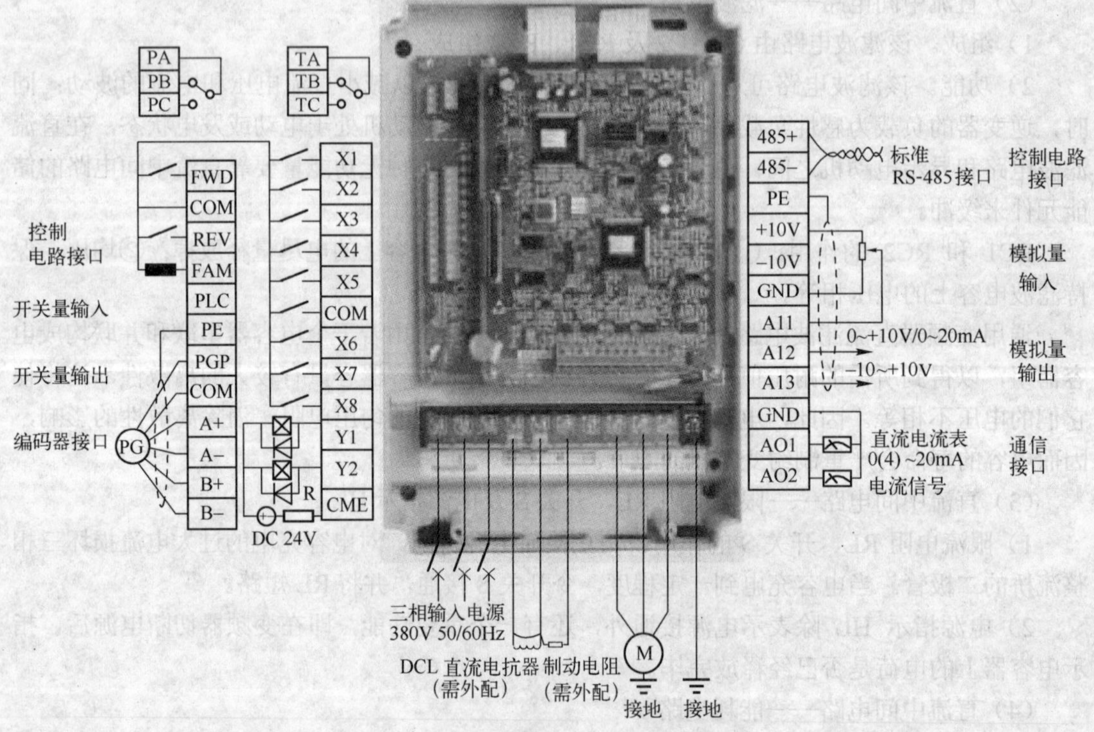

图 2-22　变频器控制电路的用户接口

表 2-1 变频器的功能

接口类型	主要特点	主要功能
开关量输入	无源输入，一般由变频器内部 24V 供电	起/停变频器，接收编码器信号、多段速、外部故障等信号或指令
开关量输出	集电极开路输出、继电器输出	变频器故障、就绪、达速等，参与外部控制
模拟量输入	0～10V/4～20mA	频率给定/PID 给定、反馈，接收来自外部的给定或控制
模拟量输出	0～10V/4～20mA	运行频率、运行电流的输出，用于外界显示仪表和外部设备控制
脉冲输出	PWM 波输出	功能同模拟量输出（只有个别变频器提供）
通信接口	RS-485/RS-232	组网控制

变频器控制的功能见表 2-2。

表 2-2 变频器控制的功能

系统所具有的功能	全范围转矩自动增强功能	由于绕组阻抗的作用，采用 U/f 控制，在低速时会出现转矩不足的情况
	防失速功能	包括加速过程、恒速运行过程及减速过程的防失速功能
	过转矩限运行功能	对机械设备进行保护，可对电动机的输出转矩极限值进行设定
	自动节能运行功能	自动选择工作参数，在满足工作要求的情况下以最小电流进行
	自动电压调整功能	电源下降时，自动调整电压维持高起动转矩
	运行状态检测功能	检测变频器的工作状态并使操作者了解
	通过外部信号对变频器进行起停控制的功能	变频器通常都具有该功能
频率设定功能	给定频率的设定方法	（1）面板给定　通过操作面板给定或设置 （2）预置给定　通过程序预置的方法预置给定频率 （3）外部给定　从控制接线端上引入信号进行给定
	基本频率和最高频率	（1）基本频率　电动机的额定频率 （2）最高频率　当频率给定为最大时变频器的给定频率
	上限频率和下限频率	上限频率和下限频率是变频器工作的频率范围
	载波频率	采用 PWM 的变频器输出电压是一系列脉冲，输出脉冲的频率
	点动频率	电源下降时，自动调整电压维持高起动转矩
升速时间与降速时间的设定功能	升速时间的设定	1．不同的变频器对升速时间的定义不太一致：一种是工作频率从 0Hz 上升到基本频率所需时间；另一种是工作频率从 0Hz 上升到最高频率所需时间 2．升速时间长可减小起动电流，但影响工作效率 3．原则上在电动机起动电流不超过允许值的前提下，尽可能缩短升速时间
	降速时间的设定	1．变频器下降时间的定义有两种：①工作频率从基本频率降至 0Hz；②工作频率从最高频率降至 0Hz 2．所有变频器降速时间的设定范围都和升速时间相同
保护功能	变频器的保护	（1）过电流保护　电流超过主电路换流器件的允许值 （2）过载保护　输出电流超过额定值 （3）再生过电压保护　快速减速时，再生能源使中间直流电压超过允许值 （4）欠电压保护　电源电压下降使直注中间电压过低而保护 （5）接地保护　当变频器的负载侧接地时而保护 （6）冷却风扇异常保护　风扇故障、温度升高而保护 （7）过热保护　防止内部过热而保护 （8）短路保护　防止输出端短路而保护
	电动机的保护	（1）过载保护　电动机过载而保护 （2）超速保护　电动机速度超过规定值时，使变频器停止工作

2.2.3 主轴驱动装置的应用实例

1．概述

（1）数控车床主轴对变频器传动的要求

数控车床的技术水平依赖于进给和主轴传动系统的性能，对于主轴变频器传动来说，主要有如下要求。

1）调速范围要宽。调速范围是指主轴电动机的最高转速与最低转速之比。为适应不同零件及不同加工工艺方法对主轴参数的要求，数控车床的主轴传动系统应能在很宽的范围内实现调速。

2）低速时应有大转矩输出。数控车床一般在低速切削加工时为大切削量（背吃刀量和宽度），要求主轴传动系统在低速运行时，要有大的输出转矩。

3）速度和功率不断提高。随着生产力的不断提高，机床结构的改进，加工范围的扩大，要求机床主轴的速度和功率不断提高，主轴的转速范围不断扩大，主轴的恒功率调速范围更大，并有自动换刀的主轴准停功能等。

为了实现上述要求，主轴驱动要采用无级调速系统驱动。一般情况下，主轴驱动只有速度控制要求，少量有位置控制要求，所以主轴控制系统只有速度控制环，且大多选用适量控制的交流变频器，如图 2-23 所示。

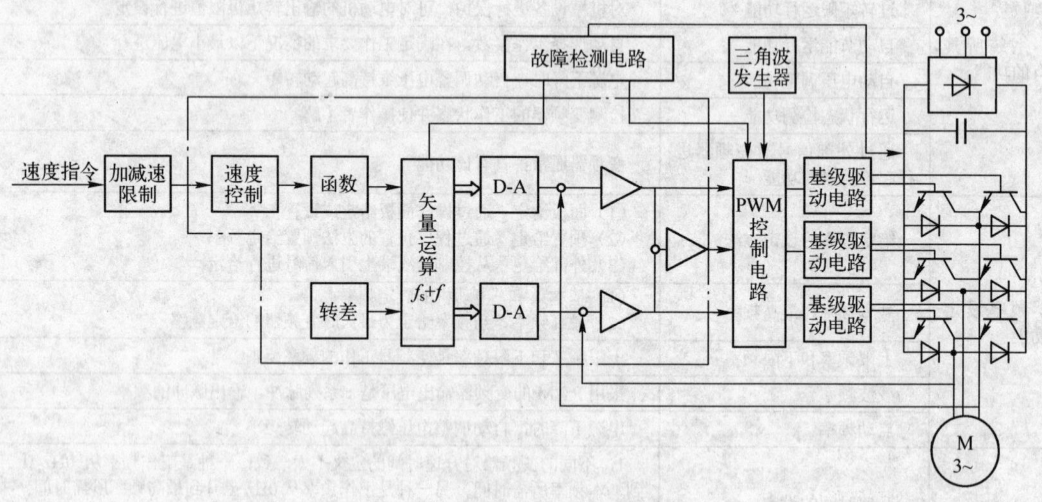

图 2-23　交流变频主轴驱动原理框图

（2）主轴变频控制的基本原理

由异步电动机理论可知，主轴电动机的转速计算公式为

$$n=\frac{60f(1-s)}{p} \tag{2-5}$$

式中　p——电动机的极对数；

s——转差率；

f——供电电源的频率；

n——电动机的转速。

从式（2-5）中可看出，电动机转速与频率近似成正比，改变频率即可以平滑地调节电动机转速。而对于变频器而言，其频率的调节范围是很宽的，可在 0～400Hz（甚至更高频率）之间任意调节，因此主轴电动机转速可以在较宽的范围内调节。

当然，转速提高后，还应考虑到对其轴承及绕组的影响，防止电动机过分磨损及过热，一般可以通过设定最高频率来进行限定。

图 2-24 所示为变频器在数控车床上的应用，其中变频器与数控装置的联系通常包括：①数

控装置到变频器的正、反转信号；②数控装置到变频器的速度或频率信号；③变频器到数控装置的故障等状态信号。因此，所有对变频器的操作和反馈均可在数控面板上进行编程和显示。

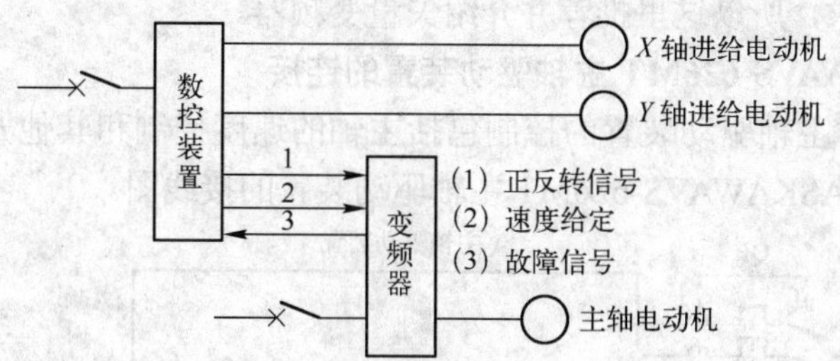

图 2-24 变频器在数控车床上的应用

(3) 主轴变频控制的系统构成

不使用变频器进行变速传动的数控车床一般用时间控制器确认电动机转速到达指定速度开始进刀，而使用变频器后，机床可按指令信号进刀，这样一来就提高了效率。如果被加工工件为图 2-25a 所示形状，则由图可知，对应于工件的 *AB* 段，主轴速度维持在 1000r/min，对应于 *BC* 段，电动机拖动主轴成恒线速度移动，但转速却是连续变化的，从而实现了高精度切削。

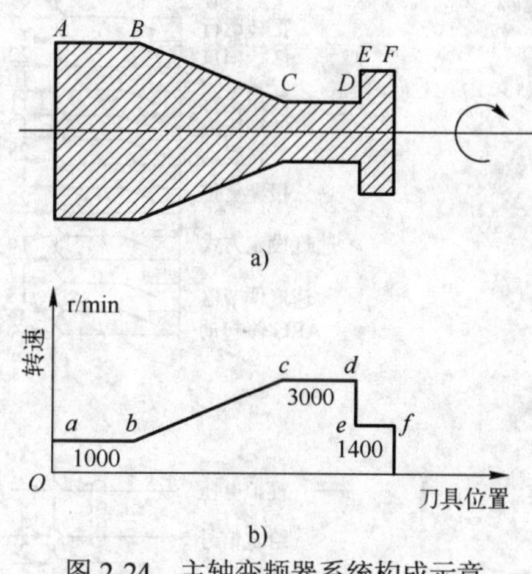

图 2-24 主轴变频器系统构成示意

a) 待加工工件形状 b) 运行模式

在本系统中，速度信号通过数控装置传递到变频器的模拟给定通道（电压或电流），通过变频器内部关于输入信号与设定频率的输入、输出特性曲线的设置，数控装置就可以方便而自由地控制主轴的速度。该特性曲线必须涵盖电压、电流信号，正、反作用，单、双极性的不同配置，以满足数控车床快速正转、反转、自由调速、变速切削的要求。

(4) 主轴变频器的基本选型

目前较为简单的一类变频器采用 U/f 控制，它是一种电压发生模式装置，对调频过程中的电压进行给定变化模式调节，常见的有线性 U/f 控制（用于恒转矩）和二次 U/f 控制（用于风机水泵变转矩）。

在数控车床中，变频器 U/f 控制的缺点在于低频转矩不够（需要转矩提升），速度稳定性不好（调速范围 1∶10），因此在车床主轴变频使用过程中被逐步淘汰，而矢量控制的变频器正逐步进行推广。

所谓矢量控制，最通俗地讲，就是为使笼型异步电动机像直流电动机那样具有优秀的运行性能及很高的控制性能，通过控制变频器输出电流的大小、频率及其相位，用以维持电动机内部的磁通为设定值，并产生所需要的转矩。

矢量控制相对于标量控制而言，其优点有：①控制特性非常优良，可与直流电动机的电枢电流加励磁电流调节相媲美；②能适应要求高速响应的场合；③调速范围大（1∶100）；④可进行转矩控制。

当然相对于 U/f 控制而言，矢量控制的结构复杂，计算烦琐，而且必须存储和频繁地使用电动机的参数。矢量控制分无速度传感器和有速度传感器两种方式，区别在于后者具有更高的速度控制精度（5/10000），而前者为 5/1000，但是在数控车床中开环矢量变频器的控制性能已经符合控制要求，所以这里推荐并介绍矢量变频器。

2．安川 YASKAWAVS-626MT 主轴驱动装置的连接

CNC 数控装置对主轴驱动装置的控制包括主轴的速度控制和其他开关量的动作控制。图 2-26 所示为安川 YASKAWAVS-626MT 主轴驱动装置的接线图。

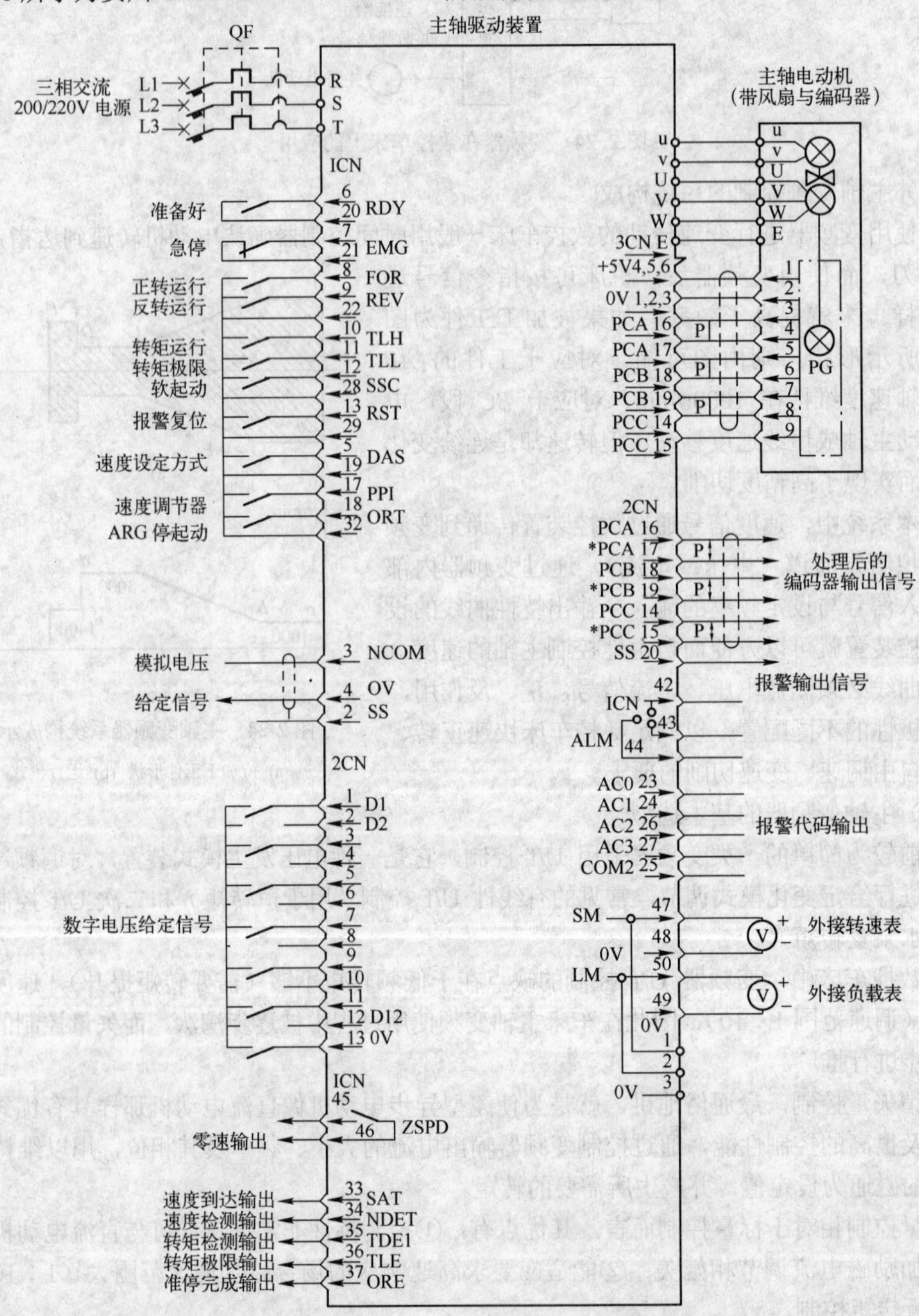

图 2-26　YASKAWAVS-626MT 主轴驱动装置的接线图

（1）主轴转速的指定信号及连接

CNC 数控装置对主轴转速的指定有模拟电压指定和数字电压指定两种方式。

1）模拟电压指定（lCN 接口）。CNC 通过主轴模拟电压输出接口，输出 0～±l0V 模拟电压到 NCOM 端和 OV 端（lCN 接口的 3、4 端），电压的正负控制电动机的转向，电压的大小控制电动机的转速。若 CNC 输出的电压为单极性 0～+10V，则可通过 F0R（8 号端）与 REV（9 号端）开关量分别指定正、反转。

2）数字电压指定（2CN 接口）。数字电压指定有以下 3 种形式，其对应的 Dl～Dl2 输入端的数据见表 2-3。

表 2-3 数字电压给定信号对应的 Dl～Dl2 输入端的数据

2CN 端子	二进制数（BIN）	BPC	
		三位数（3-DIGIT）	二位数（2-DIGIT）
D1	1	1	
D2	2	2	
D3	4	4	
D4	8	8	
D5	16	10	1
D6	32	20	2
D7	64	40	4
D8	128	80	8
D9	256	100	10
D10	512	200	20
D11	1024	400	40
D12	2048	800	80

① 2 位 BCD 码指定。CNC 通过输出 00～99 的 2 位 BCD 码（共 8 个信号）到主轴驱动器（D5～D12 端），控制主轴转速。BCD 码 99 对应主轴电动机的最高转速。

② 3 位 BCD 码指定。CNC 通过输出 000～999 的 3 位 BCD 码（共 12 个信号）到主轴驱动器（D1～Dl2 端），控制主轴转速。BCD 码 999 对应主轴电动机的最高转速。

③ 12 位二进制代码指定。CNC 通过输出 12 位二进制代码（共 12 个信号）到主轴驱动器（Dl～Dl2 端），控制主轴转速。开关量全部有效时对应主轴电动机的最高转速。

（2）开关量控制信号及连接

主轴驱动装置的开关量控制信号主要有以下几种。

① 准备好信号 RDY。当 RDY 触点闭合时，主轴驱动进入工作准备状态。

② 急停信号 EMG。当 EMG 常闭触点断开时，主轴电动机立即制动至停转。

③ 正、反转信号 FOR、REV。FOR 和 REV 用于指定主轴正、反转，与速度指定模拟电压极性的关系见表 2-4。

表 2-4 FOR、REV 与速度指定模拟电压极性的关系

主轴速度指定模拟电压极性		+	−
运行信号	FOR	反转	正转
	REV	正转	反转

④ 转矩高低极限控制信号 TLH、TLL。TLH 或 TLL 信号有效时，临时限制主轴电动机输出的转矩范围，以避免机械损坏。如主轴机械准停时，可使用该信号。输出转矩范围最大可设定为额定转矩的 5～100 倍。

⑤ 软起动信号 SSC。使用 SSC 信号，可使主轴在通常的主轴驱动状态和伺服状态间相互切换，进入伺服状态可实现位置闭环控制。

⑥ 速度调节器选择信号 PPI。PPI 信号决定驱动装置是使用比例积分调节器（PI）还是比例调节器（P）作为速度调节器。

⑦ 速度设定方式信号 DAS。通过 DAS 信号，可选择是采用模拟电压速度指定还是数字量（12 位二进制或 2 位 BCD 码或 3 位 BCD 码）速度指定。

⑧ 零速输出信号 ZSPD。当主轴转速低于设定的值（如 30r/min）时，则 ZSPD 信号输出，表明电动机已停转。

⑨ 速度达到信号 SAR。当主轴电动机的实际转速达到所设定的转速时，SAR 信号输出，该信号可作为 CNC 装置主轴 S 指令的完成应答信号。

⑩ 速度检测输出信号 NDET。当主轴转速低于某设定转速时，NDET 输出。该信号可用于齿轮移动换挡、离合器离合动作等场合。

⑪ 转矩极限输出信号 TLE。当外部转矩极限 TLL 和 TLH 输入信号有效时，在进入临时限制极限转矩工作状态下，TLE 信号输出，可控制报警和停转。

⑫ 报警输出信号 ALM。当主轴驱动报警时，报警信号 ALM 输出，同时报警代码通过 AC0、ACl、AC2、AC3 编码输出，指示报警内容。

⑬ 转矩检测输出信号 TDET。当主轴输出转矩低于某一定值时，TDET 信号输出。该信号可用于检测主轴负载情况。

⑭ 模拟量输出信号。两路模拟量输出（47、48 端和 49、50 端）用于外接转速表及负载表，其输出直流、电压与主轴的实际转速及负载成正比。

3. 华中 HNC-21 数控装置主轴驱动装置的连接

华中 HNC-21 数控装置通过 XS9 主轴控制接口和 PLC 输入/输出接口，连接各种主轴驱动器，实现主轴的正转、反转、定向、调速等控制。华中 HNC-21 数控装置与主轴变频器的接线图如图 2-27 所示。

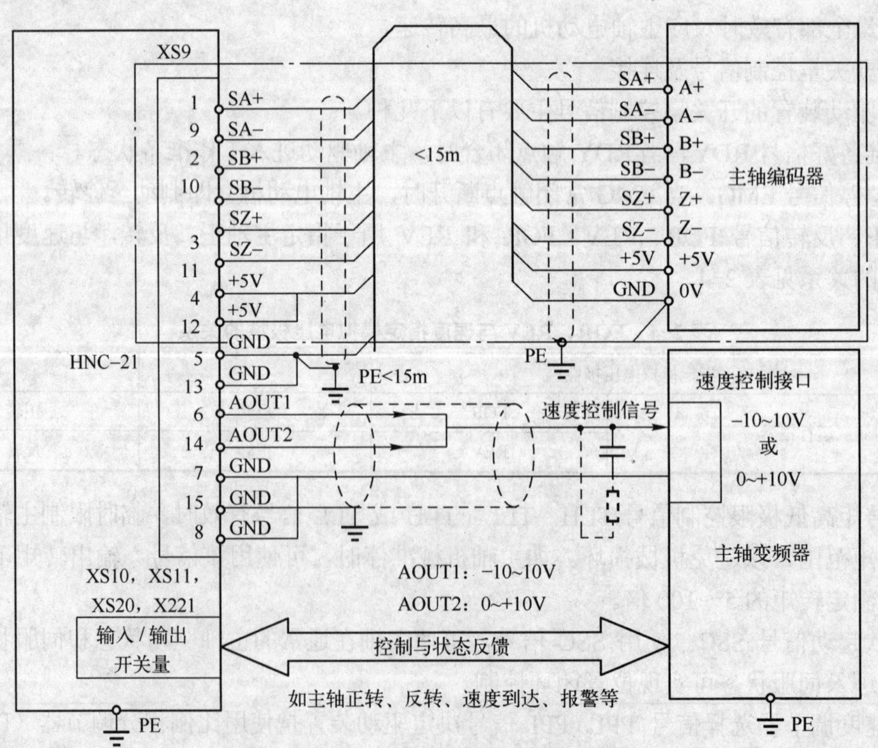

图 2-27 华中 HNC-21 数控装置与主轴变频器的接线图（本方案未采用主轴编码器，故点画线框中的内容为空）

（1）主轴起停

主轴起停控制由数控内置 PLC 承担，标准车床 PLC 程序中关于主轴起停控制的信号见表 2-5。

表 2-5　与主轴起停有关的输入/输出开关量信号

<table>
<tr><td rowspan="2">信号说明</td><td colspan="2">标号（X/Y 地址）</td><td rowspan="2">所在接口</td><td rowspan="2">信号名</td><td rowspan="2">引脚号</td></tr>
<tr><td>铣</td><td>车</td></tr>
<tr><td colspan="6">输入开关量</td></tr>
<tr><td>主轴速度到达</td><td>X3.1</td><td>X3.1</td><td rowspan="2">XS11</td><td>125</td><td>23</td></tr>
<tr><td>主轴零速</td><td>X3.2</td><td></td><td>126</td><td>10</td></tr>
<tr><td colspan="6">输出开关量</td></tr>
<tr><td>主轴正转</td><td>Y1.0</td><td>Y1.0</td><td rowspan="2">XS20</td><td>008</td><td>9</td></tr>
<tr><td>主轴反转</td><td>Y1.1</td><td>Y1.1</td><td>009</td><td>21</td></tr>
</table>

利用 Yl.0、Yl.1 输出即可控制主轴装置的正、反转及停止，一般定义接通有效。当 Yl.0 接通时，可控制主轴装置正转；当 Y1.1 接通时，主轴装置反转；当两者都不接通时，主轴装置停止旋转。在使用某些主轴变频器或主轴伺服单元时，也用 Yl.0、Yl.1 作为主轴单元的使能信号。

部分主轴装置的运转方向由速度给定信号的正、负极性控制，这时可将主轴正转信号用做主轴使能控制，主轴反转信号不用。

部分主轴控制器有速度到达和零速信号，由此可使用主轴速度到达和主轴零速输入，实现 PLC 对主轴运转状态的监控。

（2）主轴速度控制

华中 HNC-21 通过 XS9 主轴接口中的模拟量输出可控制主轴的转速。当主轴模拟量的输出范围为-10～+10V 时，用于双极性速度指令输入主轴驱动单元或变频器，这时采用使能信号控制主轴的起停。当主轴模拟量的输出范围为 0～+10V 时，用于单极性速度指令输入的主轴驱动单元或变频器，这时采用主轴正转、反转信号控制主轴的正、反转。模拟电压的值由用户 PLC 程序送到相应接口的数字量决定。

（3）数控装置与主轴装置的连接

采用交流变频器控制交流变频电动机，可在一定范围内实现主轴的无级变速，这时需利用数控装置的主轴控制接口（X59）中的模拟量电压输出信号，作为变频器的速度给定，采用开关量输出信号（XS2O、XS21）控制主轴起停（或正、反转）。

4．数控车床主轴变频器的连线与调试

将 A700 变频器与华中 HNC-21 数控系统相连接，根据变频器设置其连接电动机的参数，由华中 HNC-21 数控系统的主轴控制命令控制变频器的运行。

（1）变频器与华中 HNC-21 数控系统的连接

A700 变频器 FR-A740-2.2K-CHT 与华中 HNC-21 数控系统的连接图如图 2-28 所示。

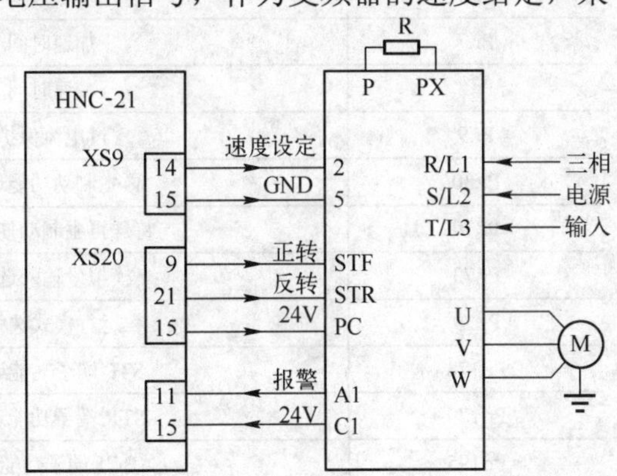

图 2-28　变频器与华中 HNC-21 数控系统的连接图

为了与华中 HNC-21 数控系统 I/O 控制逻辑功能配合，需将 A700 型变频器的模拟量输入设置为 0～10V，开关量输入为外部带电源晶体管输入。另外，由于采用外接电阻，必须将原有的电阻拆下。

（2）变频器参数的设置

1）离线自动调整。由于数控车床主轴所需的低速转矩要求比较高，因此必须对所搭配的标准电动机进行离线自动调整。调整前先将所有参数进行初始化，接下来的调整步骤可参考上节内容，并按照表 2-6 进行参数设定。

表 2-6　电动机离线调整表

设定参数步骤	参数代码	功能简述	设定数据
步骤 1	Pr.79	运行模式选择	0（切换到 PU 运行）
步骤 2	Pr.71	适用电动机	3（标准电动机）
步骤 3	Pr.80	电动机容量	2.2kW
步骤 4	Pr.81	电动机极数	4
步骤 5	Pr.800	控制方法选择	10（速度控制）
步骤 6	Pr.810	转矩限制输入方法选择	0（内部转矩限制）
步骤 7	Pr.96	自动调整设定/状态	101（调谐时电动机运转）

待正常调整结束，Pr.96 的参数值变成“103”后，可以观察到 Pr.90～Pr.94 的参数值都已经发生变化。如果离线调整遇到故障代码，则按照要求进行重新调整，直至完全正确为止。

2）常规参数设置。表 2-7 所示为数控车床主轴变频控制的常规参数设置，它包括上限和下限频率、基底频率、加速和减速时间、过电流保护、运行模式、正转命令、AU 功能等。

表 2-7　数控车床主轴变频控制的常规参数

参 数 代 码	功 能 简 述	设 定 数 据
Pr.1	上限频率	100Hz（车床最高频率）
Pr.2	下限频率	0Hz
Pr.3	基底频率	50Hz
Pr.7	加速时间	6s
Pr.8	减速时间	6s
Pr.9	过电流保护	45A
Pr.30	再生制动功能选择	1
Pr.70	特殊再生制动使用率	10%
Pr.73	模拟量输入选择	0（0～10V）
Pr.79	运行模式选择	2（固定外部运行模式）
Pr.178	STF 端子功能选择	60（正转）
Pr.179	STR 端子功能选择	61（反转）
Pr.195	ABC1 端子功能选择	99（异常输出）

5. 三菱 A700 变频器与专用外接制动电阻器的连接

（1）连接专用外接制动电阻器

变频器 A700 的端子 P/+、PR 上虽然连接有内置制动电阻，但如果实施高频率的运行，需要在外部安装专用制动电阻器（FR-ABR）。此时需要拆下 PR-PX 的短路片（7.5kW 以下），将专用制动电阻器（FR-ABR）连接至端子 P/+、PR。

通过拆下端子 PR-PX 间的短路片，将不再使用内置制动电阻器。但是，没有必要将内置制动电阻器从变频器上拆下，也没有必要将内置制动电阻器的引线从端子排上拆下。

另外，在连接制动电阻器后，还需要设定下述参数：①Pr.30 再生制动功能选择“1”；②Pr.70 特殊再生制动使用率为“7.5kW 以下：10%，11kW 以上：6%”。

对三菱 A700FR-A740-2.2K-CHT 变频器进行外接制动电阻器的安装步骤如下：

1）拆下端子 PR 和端子 PX 的螺钉，取下短路片，如图 2-29 所示。

2）在端子 P/+、PR 上连接制动电阻。

（2）过电流保护

为了防止变频器内置制动单元短路故障时导致制动电阻器过热和烧毁，建议按照图 2-30 所示安装过电流保护器，并将过电流保护器的触点信号接入到变频器的多功能输入端（图中末画出）。

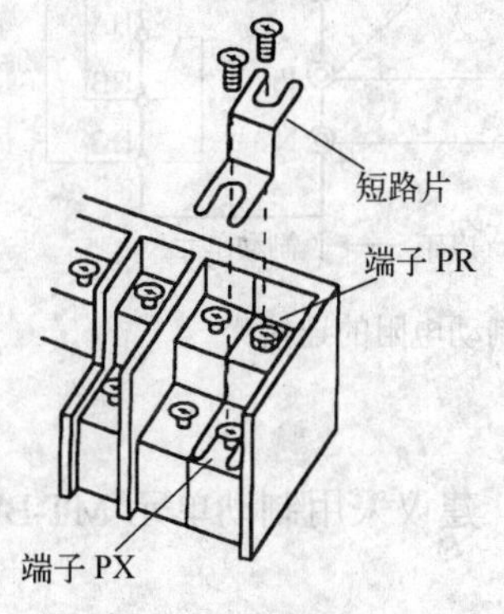

图 2-29 取下短路片

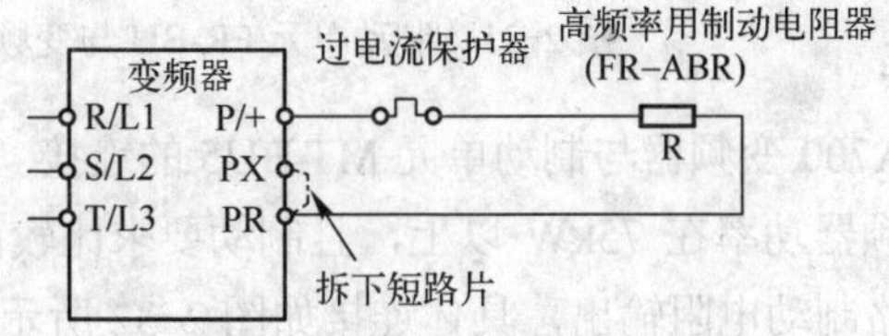

图 2-30 过电流保护的主电路

过电流保护器的选型见表 2-8。

表 2-8 过电流保护器的选型

高频率用制动电阻器型号	过电流保护器的规格
FR-ABR-H0.4K	0.24 A
FR-ABR-H0.75K	0.35 A
FR-ABR-Hl.5K	0.9 A
FR-ABR-H2.2K	1.3 A
FR-ABR-H3.7K	2.1 A
FR-ABR-H5.5K	2.5 A
FR-ABR-H7.5K	3.6 A
FR-ABR-H11K	6.6 A
FR-ABR-H15K	6.6A

6．三菱 A700 变频器与制动单元 FR-BU 的连接

与制动单元 FR-BU 连接时应使变频器端子（P/+、N/−）与 FR-BU(H)制动单元的端子的记号相同（接错时会损坏变频器），7.5kW 以下的变频器在使用 FR-BU 时，必须拆除端子 PR-PX 间的短路片。同时，变频器制动单元 FR-BU 与阻抗器单元 FR-BR 之间的布线距离应在 5m 以内，即使是用双绞线也应限定在 l0m 以内。具体连接如图 2-31 所示。

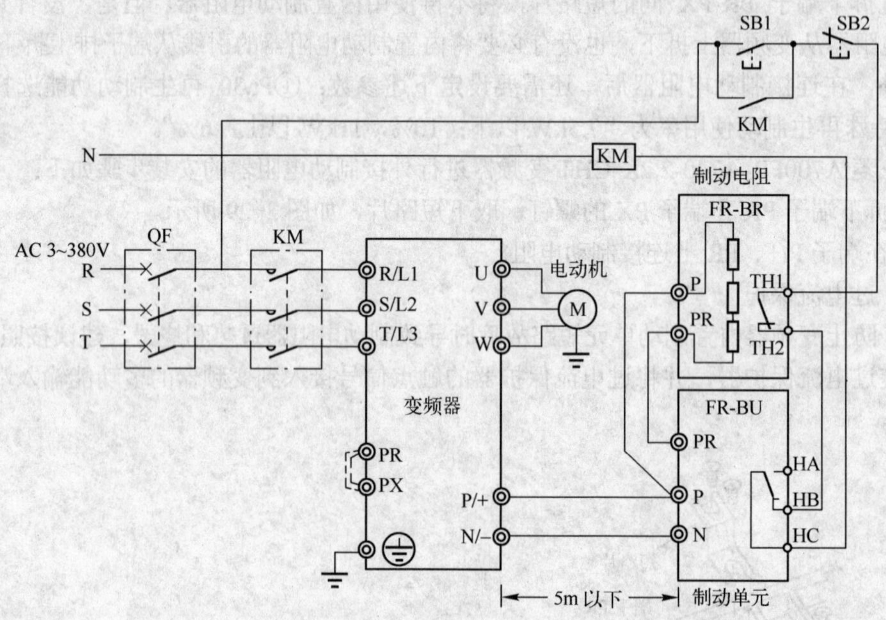

图 2-31　制动单元 FR-BU 与变频器、制动电阻的连接

（1）A700 变频器与制动单元 MT-BU5 的连接

当变频器功率在 75kW 以上，且制动要求比较高时，建议采用制动单元 MT-BU5。因为它具有多路制动电阻输出，具体连接如图 2-32 所示。

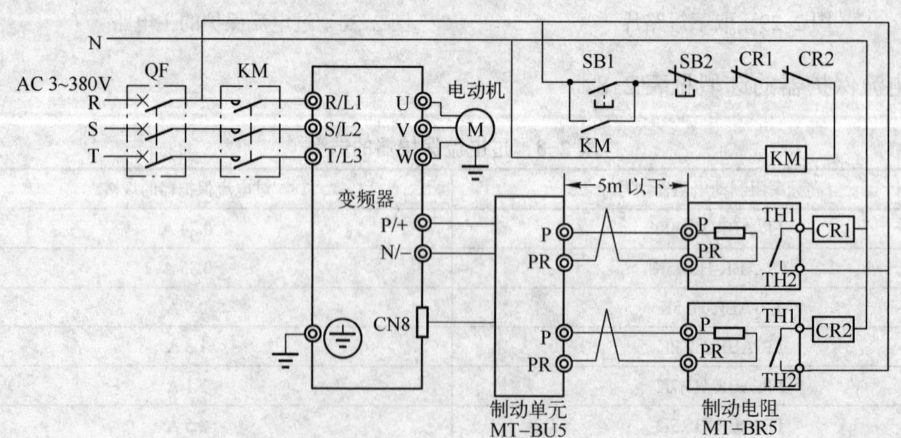

图 2-32　制动单元 MT-BU5 与变频器、制动电阻的连接

（2）A700 变频器制动参数的设置与调试

与制动相关的参数共有 Pr.30 和 Pr.70 两个，其设置必须遵照表 2-9 所示进行，其中制动率的选择可以参照前述内容进行设置和调试。

表 2-9　制动相关参数

<table>
<tr><th rowspan="2">参数号</th><th rowspan="2">名　称</th><th rowspan="2">初始值</th><th rowspan="2" colspan="2">设 定 范 围</th><th colspan="2">内　容</th></tr>
<tr><th>再 生 单 元</th><th>给变频器供电的端子</th></tr>
<tr><td rowspan="7">30</td><td rowspan="7">再生功能选择</td><td rowspan="7">0</td><td colspan="2">0</td><td rowspan="3">内置制动电阻器无再生功能、制动器单元（FR-BU，BU 型）</td><td>R、S、T</td></tr>
<tr><td colspan="2">10</td><td>P、N（直流供电模式）</td></tr>
<tr><td colspan="2">20</td><td>R、S、T（直流供电模式）</td></tr>
<tr><td colspan="2">1</td><td rowspan="3">高频率用制动电阻器，制动单元（MT-BU5），电源再生变频器（lMT-RC）</td><td>P、S、T/P、N</td></tr>
<tr><td colspan="2">11</td><td>P、N（直流供电模式）</td></tr>
<tr><td colspan="2">21</td><td>P、N（直流供电模式）</td></tr>
<tr><td colspan="2">2</td><td>高功率变频器（FR-HC、MT-HC），电源再生变频器（FR-CV）</td><td>P、N</td></tr>
<tr><td>70</td><td>特殊再生制动器使用率</td><td>0%</td><td>55kW 以下</td><td>0～30%</td><td colspan="2">设定内置制动晶体管动作的 ED%</td></tr>
</table>

2.3　FANUC 系统 PMC 主轴控制

1. M 代码功能

M 代码作为辅助功能，可实现数控机床外围辅助动作的控制，如工作台卡紧/松开、切削液开/关、主轴正/反转及定向、机械手换刀、工作台交换等。数控机床标准辅助功能 M 代码的功能见表 2-10。

表 2-10　数控机床标准辅助功能 M 代码的功能

M 代码	功　能	用　途
M00	程序停	中断程序执行指令，程序段内的动作完成后，主轴及冷却泵停止。在此以前的状态信息被保护，按循环起动按钮时可重新启动程序执行
M01	程序选择停	操作者接通机床操作面板上的选择停按钮，可进行与程序停相同的动作。选择停按钮断开时，此指令不执行
M02	程序结束	加工程序结束指令。在完成该程序段的动作后，主轴及冷却泵停止，控制装置和机床复位
M03	主轴正转	主轴正转驱动指令
M04	主轴反转	主轴反转驱动指令
M05	主轴停	主轴停止指令
M06	换刀	执行换刀指令
M07	冷却 1 开	打开冷却（切削液）指令
M08	冷却 2 开	打开冷却（喷雾）指令
M09	冷却关	关闭冷却泵指令
M19	主轴定向停止	使主轴在预定角度停止
M29	刚性攻螺纹	用主轴和进给电动机进行插补攻螺纹加工，在攻螺纹循环（G84）或逆向攻螺纹循环（G74）之前指令

（续）

M 代码	功　能	用　途
M30	程序结束	加工程序结束指令。在完成该程序段的动作后，主轴及冷却停止，控制装置和机床复位，程序自动回到程序的头
M98	子程序调用	调用系统内存的子程序
M99	子程序结束	回到调用系统内存子程序段的下一个程序段
M198	子程序调用	调用系统外设（如外接计算机）的子程序
M199	子程序结束	回到调用系统外设子程序的程序段的下一个程序段

2．M 代码 PMC 控制过程

系统处理 M 指令的工作过程如下。

① 当 CNC 执行到程序 M 代码指令时，则输出 M 代码指令的信息，FANUC 0i 系统 M 代码信息输出地址为 F10～F13，如 M03 代码信息为 00000011。

② CNC 读 M 代码的延时时间 TMR（系统参数设定，标准设定时间为 16ms）后，输出 M 代码选通信号 MF。FANUC 0i 系统 M 代码选通信号地址为 F7.0。

③ PMC 接收到 CNC 的 MF 信号后，就执行译码指令（DEC、DECB），把系统的 M 代码信息译成置某继电器为 1（开关信号）。

④ PMC 把控制信号送到外部通信接口（如串行数字主轴接口），对外部设备（如主轴）进行控制。说明：在一个程序段中若同时指定了移动指令和辅助功能 M 代码时，CNC 处理有两种情况：① 移动指令与 M 代码指令同时被执行（如 G00 X0 Y0 Z50 M03 S800）；② 移动指令结束后才执行 M 代码指令（如 G01 X100 Y50 F200 M05）。两种情况的具体控制选择是由系统编制 M 代码译码或执行 M 代码（PMC 控制梯形图）时分配结束信号（DEN）决定的。FANUC 0i 系统分配结束信号（DEN）地址为 F1.3。

⑤ PMC 执行完 M 指令后，把结束信号（FIN）送到 CNC 系统中，FANUC 0i 系统辅助功能结束信号（FIN）为 G4.3。

⑥ CNC 接收到 PMC 发出的辅助功能结束信号（FIN）后，经过辅助功能结束延时时间 TFIN（系统参数设定，标准设定时间为 16ms），发出切断系统 M 代码选通信号 MF。当 CNC 的 M 代码选通信号 MF 断开后，结束信号 FIN 也切断，然后 CNC 切断 M 代码指令输出信号，为读取下一条 M 代码指令做好准备。

M 指令控制流程图如图 2-33a 所示；M 代码控制时序图如图 2-33b 所示。

3．主轴 M 代码辅助功能的 PMC 控制

图 2-34 所示为某一台数控铣床（FANUC 0i 系统）主轴辅助功能 M 代码的 PMC 控制。对其说明如下。

1）二进制译码指令 DECB 把程序中的 M 代码指令信息（F10）转换成开关量控制，程序执行到 M00 时，R0.0 为 1；程序执行到 M01 时，R0.1 为 1；程序执行到 M02 时，R0.2 为 1；程序执行到 M03 时，R0.3 为 1；程序执行到 M04 时，R0.4 为 1；程序执行到 M05 时，R0.5 为 1；程序执行到 M08 时，R1.0 为 1；程序执行到 M09 时，R1.1 为 1。

2）G70.5 为串行数字主轴正转控制信号，G70.4 为串行数字主轴反转控制信号，F0.7 为系统自动运行状态信号（系统在 MEM、MDI、DNC 状态），F1.1 为系统复位信号。

3）当系统在自动运行时，程序执行到 M03 或 M04，主轴按给定的速度正向或反向旋转，程序执行到M05或系统复位（包括程序的M02、M30代码），主轴停止旋转。

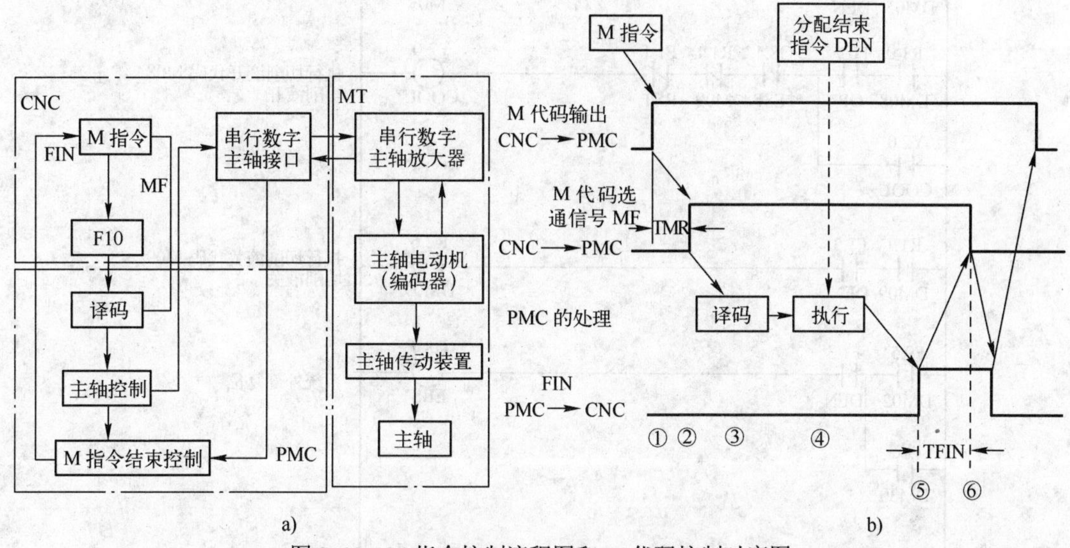

图2-33 M指令控制流程图和M代码控制时序图

a) M指令控制流程图 b) M代码控制时序图

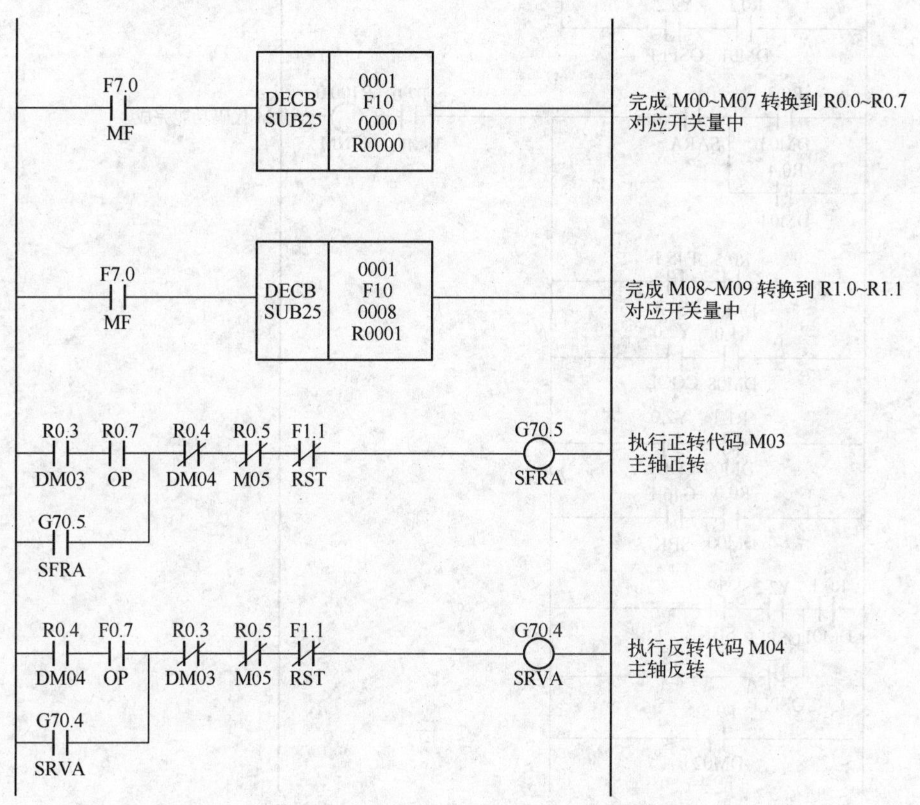

图2-34 主轴辅助功能M代码的PMC控制

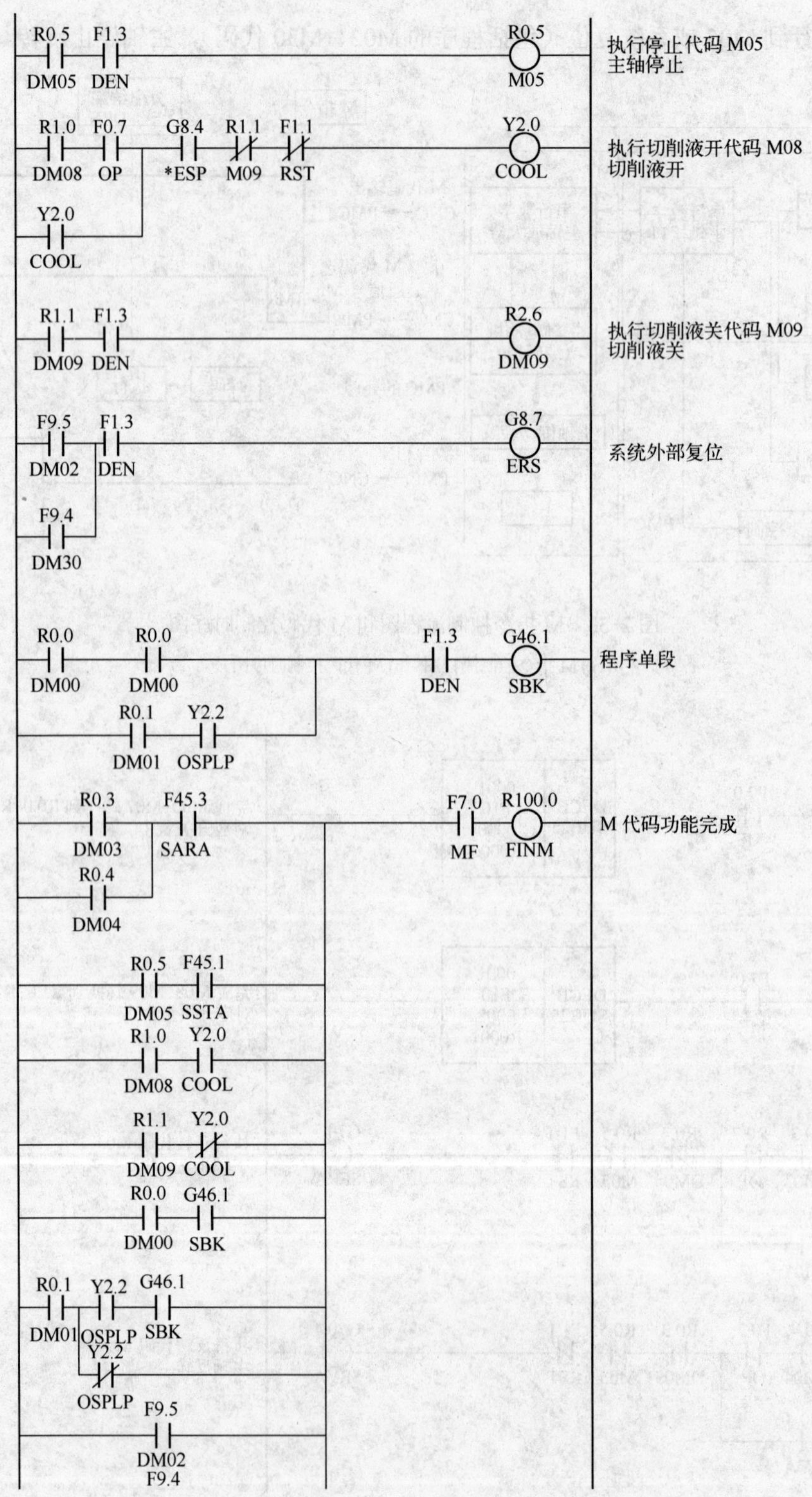

图 2-34　主轴辅助功能 M 代码的 PMC 控制（续）

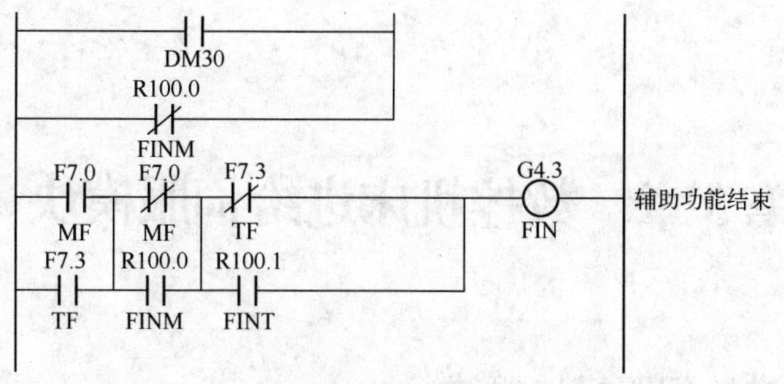

图 2-34　主轴辅助功能 M 代码的 PMC 控制（续）

4）在执行 M05 时，加入了系统分配结束信号 F1.3，如果移动指令和 M05 在同一程序段中，则保证执行完移动指令后执行 M05 指令，进给结束后主轴电动机才停止。

5）当程序执行到 M08 时，通过输出信号 Y2.0 控制冷却泵电动机，打开机床切削液。

6）程序执行到 M09 时，关断机床切削液，同理执行 M09 时也需要加入系统分配结束信号 F1.3。

7）当程序执行到 M02 或 M30 时，系统外部复位信号 G4.3 为 1，停止程序运行并返回到程序的开头。

8）当程序执行到 M00 或 M01（同时选择停输出信号 Y2.2 为 1），系统执行程序单段运行（G46.1 为 1）。

9）F45.3 为主轴速度到达信号，F45.1 为主轴速度为零的信号，R100.0 为 M 代码完成信号，R100.1 为 T 代码完成信号。

思考与练习题

1．简述主轴模块的整体构成及特点。

2．主传动系统的变速方式有哪几种？

3．机床主轴组件的种类有哪些？简述其各自的构造特点。

4．详细分析铣削类机床主轴组件的构造。

5．从主轴电动机特性曲线图上可以看出，主轴电动机的调速主要分几个阶段？每个阶段都有哪些明显特征？

6．简述数字控制变频器调速系统发展的几个阶段。

7．变频器的主电路由哪几部分构成？分别有什么作用？

8．变频器的频率有哪几种设定方法？

9．矢量控制相对于标量控制有什么优势？

10．主轴 M 代码的主要作用是什么？

11．主轴 M 代码有哪些类型和功能？

12．画出主轴 M 代码的执行流程图。

13．画出主轴 M 代码的控制时序图。

第3章　数控机床进给伺服模块

3.1　数控机床进给伺服模块概述

数控机床进给伺服模块是数控系统的执行部分，包括了驱动机构和机床移动部件，它接收数控装置发来的各种动作指令，驱动受控设备运动。伺服电动机可以是步进电动机、直流电动机、交流伺服电动机及电液马达。图 3-1 所示为数控铣床整体构造图，主要包括了进给伺服系统（*X*、*Y*、*Z* 三轴）机械部件和主轴部件。

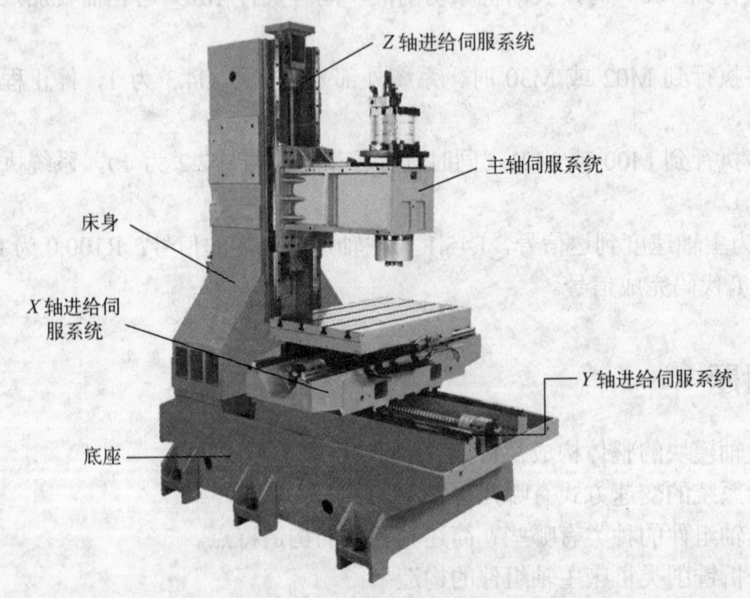

图 3-1　数控铣床整体机械构造图

一般来说，数控机床的伺服驱动应具备良好的快速响应性能，能灵敏而准确地跟踪由数控装置发出的指令信号。

如图 3-2 所示，数控机床进给伺服系统通常由伺服驱动电路、伺服驱动装置、机械传动机构及执行部件组成。进给伺服运动是数字控制的直接对象，采用无级调速的伺服驱动方式，被加工工件的最终位置精度和轮廓精度都与该进给运动的传动精度、灵敏度和稳定性有关。

3.1.1　数控机床伺服系统的类型

伺服系统可以从不同角度进行分类。

1．按轨迹运动方式分类

（1）点位控制系统　该系统只控制刀具或工作台的起始点，对点与点之间的运动轨迹不要求，移动时不加工。其典型代表机床类型有数控坐标镗床、数控钻床、数控压力机等。

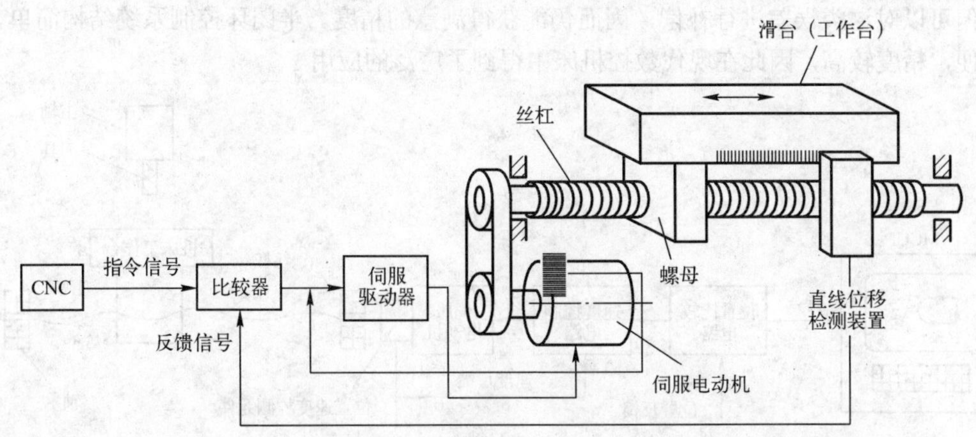

图 3-2　数控机床典型进给伺服系统

（2）点位/直线控制系统　该系统不仅控制刀具或工作台的起始、终点坐标，而且可在移动中沿平行于坐标轴方向进行切削。其典型代表机床类型有数控车床、数控铣床等。

（3）轮廓控制系统　该系统对移动轨迹的方向和速度等均作控制，边移动，边控制，边加工。其典型代表机床类型有数控铣床、加工中心等。

2．按位置控制方式分类

（1）开环控制伺服系统

如图 3-3 所示，开环控制伺服系统的工作原理是利用脉冲马达（步进电动机）的伺服性能，即对应一定的脉冲必定有一定的转角，从而通过丝杠螺母机构使得工作台移动一定的距离。其结构简单，调试方便，工作可靠，稳定性好。但其缺点也很明显，即很难保证较高的位置控制精度。该系统通常用于精度要求不高的中小型、经济型数控机床。

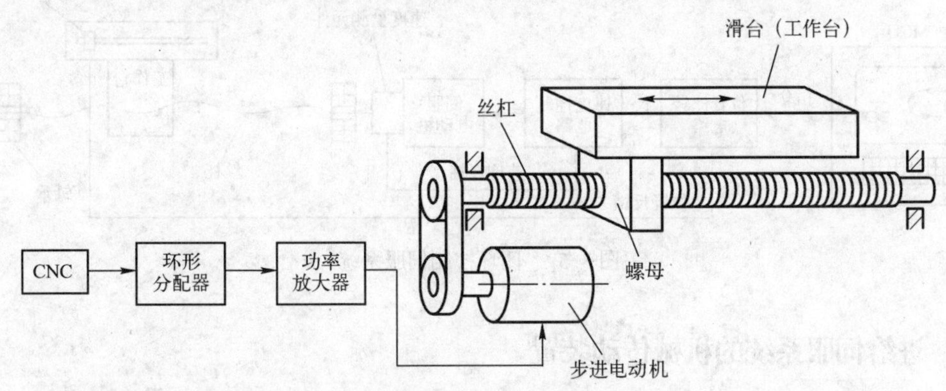

图 3-3　开环控制伺服系统

（2）半闭环控制伺服系统

如图 3-4 所示，半闭环控制伺服系统的位置检测点是从伺服电动机（常用交/直流伺服电动机）或丝杠端部引出，通过检测电动机和丝杠旋转角度来间接检测工作台的位移量，而不是直接检测工作台的实际位置。由于在检测环节中不包括或有少量机械传动环节，因而能获得稳定的控制性能。由于位置环外的各环节的机械传动装置的误差及反向间隙均难以消除，但可以对这类误差进行补偿，因而仍能获得满意的精度。半闭环控制系统结构简单，调试方便，精度较高，因此在现代数控机床中得到了广泛的应用。

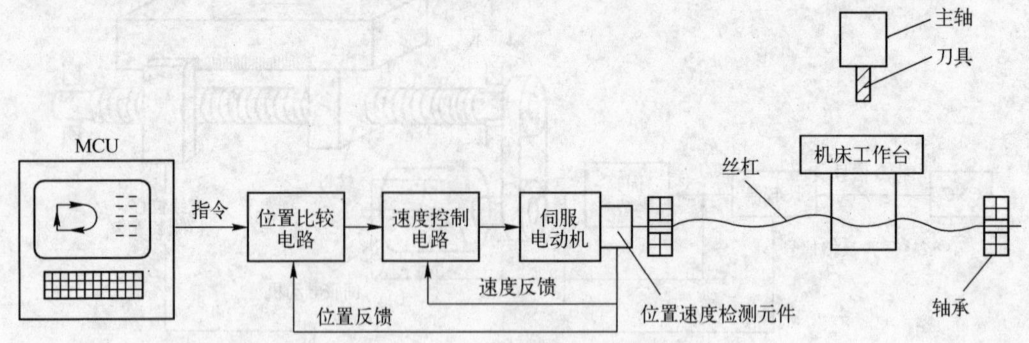

图 3-4 半闭环伺服控制系统

(3) 闭环控制伺服系统

如图 3-5 所示，闭环控制伺服系统直接对工作台的实际位置进行检测，原则上可以消除整个驱动和传动环节的误差、反向间隙和失衡量，具备了很高的位置控制精度。但由于位置环内的许多机械传动环节的摩擦特性、刚性和间隙都是非线性的，故很容易造成系统的不稳定，使得闭环系统的设计、安装和调试都相当困难。因此，对组成该系统的各环节的精度、刚性和动态特性等都有较高的要求，直接导致其价格昂贵。这类系统主要用于精度要求很高的超精数控机床。

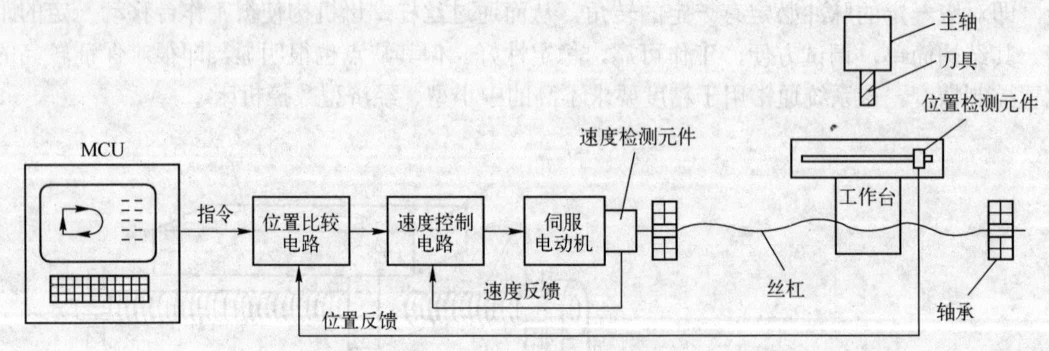

图 3-5 闭环控制伺服系统

3.1.2 进给伺服系统的机械传动装置

数控机床进给伺服系统的机械传动装置是指将驱动装置的旋转运动转变为工作台的直线运动的整个机械传动链，包括了减速装置、转动变移动的滚珠丝杠螺母副及导向元件等。为了确保伺服系统的定位精度、灵敏度和工作稳定性，对机械传动装置总的要求是消除间隙，减少摩擦，减小运动惯量，提高传动精度和刚度，为此数控机床一般都采用低摩擦传动副，保证传动元件的加工精度，采用合理的预紧和支承形式以提高传动系统的刚度。

1．伺服电动机与丝杠之间的连接

伺服电动机与丝杠之间的连接有 3 种形式，如图 3-6 所示。

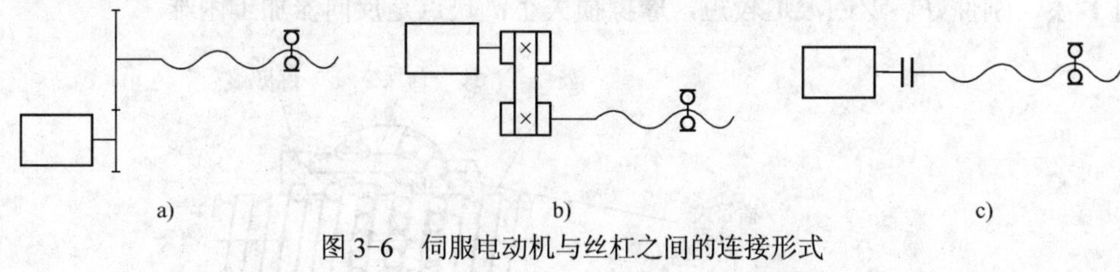

图 3-6 伺服电动机与丝杠之间的连接形式

a) 变速齿轮传动 b) 同步带轮传动 c) 联轴器连接

（1）变速齿轮传动

如图 3-6a 所示，数控机床在机械传动装置中一般采用齿轮传动副来达到一定的降速比要求。但其缺陷也是很明显：由于齿轮啮合过程中必须存在着一定的齿侧间隙才能正常工作，但该间隙也会造成进给系统的反向失动量，使得系统的稳定性变差。因此，需要采用齿侧间隙消除装置来尽量减小齿侧间隙，且该装置的机械结构较为复杂，装调困难。

（2）同步带轮传动

如图 3-6b 所示，该方式机构简单，综合了带传动和链传动的优点，可以避免齿轮传动时引起的振动和噪声；其缺点是只适用于低转矩特性要求的场合，安装时中心距定位要求严格。

（3）联轴器连接

如图 3-6c 所示，此结构是电动机输出轴与丝杠之间采用锥环无键连接或高精度十字联轴器连接，因而使得数控机床传动系统具有较高的传动精度和传动刚度，并大大简化了机械结构，是目前数控机床传动系统的常用的连接形式。

2．滚珠丝杠螺母机构

滚珠丝杠螺母机构是回转运动与直线运动相互转换的传动装置，在数控机床上得到了广泛的应用，如图 3-7 所示。它的结构特点是在具有螺旋槽的丝杠螺母之间装有滚珠作为中间传动元件，以减少摩擦，具备摩擦损失小、传动精度高、运行平稳、灵敏度高、轴向刚度高、反向定位精度高等优点。

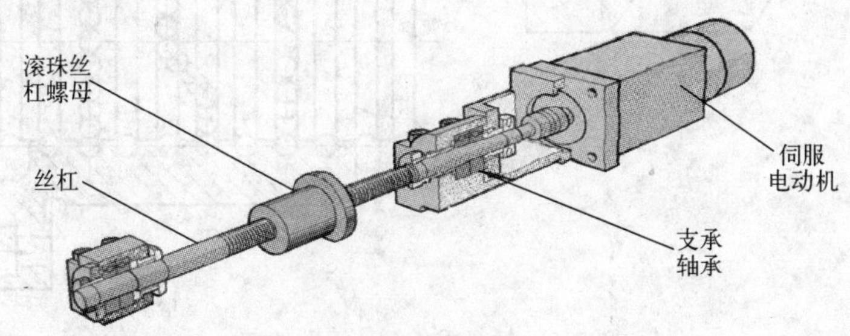

图 3-7 典型进给伺服系统机械结构

（1）滚珠丝杠的类型

可分为内循环和外循环两种类型。

1）内循环。如图 3-8 所示，这种循环靠螺母上安装的反向器接通相邻滚道，使滚珠成单圈环，滚珠从螺纹滚道进入反向器，借助反向器迫使滚珠越过丝杠牙顶进入相邻滚道，实现循环。一般一个螺母上安装有 2～4 个反向器，反向器沿螺母圆周等分分布。其优点是径向尺寸紧凑，刚性好，返回滚道较短，摩擦损失小；缺点是反向器加工困难。

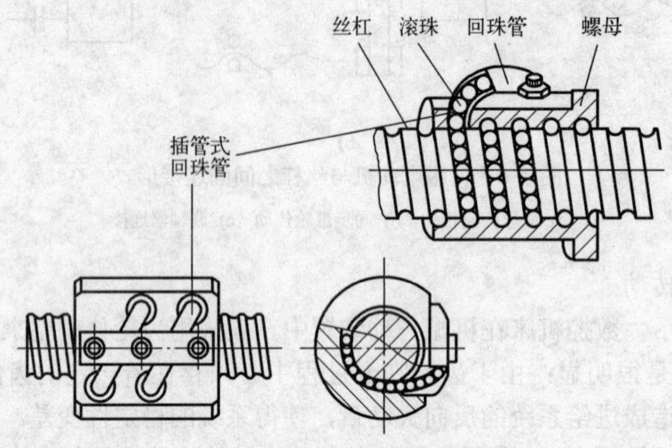

图 3-8　内循环滚珠丝杠

2）外循环。滚珠在循环回路中与丝杠脱离接触的称为外循环。根据滚珠循环回路结构形式的不同可分为螺旋槽式、插管式和盖板式等。在此仅以插管式为例进行介绍。

如图 3-9 所示，该方式为插管式外循环方式，利用插入螺母的管道作为回珠槽，引导滚珠离开螺旋滚道进入回珠管，并引到回珠管另一端再次进入螺旋滚道，实现循环。其结构简单，工艺优良，适用于重载传动、高速驱动及精密定位系统。在大行程、小导程、多头螺纹中显示出独特优点，是目前应用最为广泛的结构。

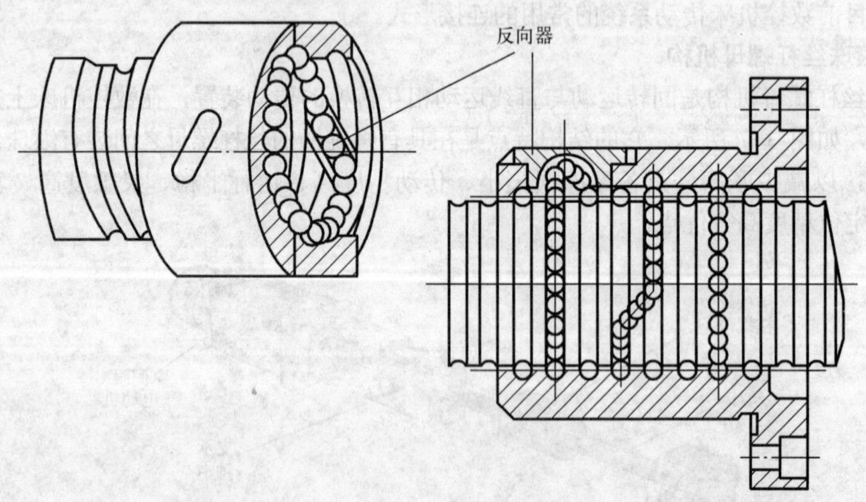

图 3-9　插管式外循环滚珠丝杠

（2）滚珠丝杠副的支承方式

数控机床进给系统要求获得较高的传动刚度，除了加强滚珠丝杠螺母机构本身的刚度外，滚珠丝杠的正确安装及其支承的结构刚度也是不可忽视的因素。常见的丝杠安装形式有以下 4 种。

1）一端固定，一端自由。如图 3-10 所示，其特点是结构简单，轴向刚度低，适用于短丝杠及垂直布置的丝杠。一般用于数控机床的调整环节和升降台式数控铣床的垂直坐标轴。

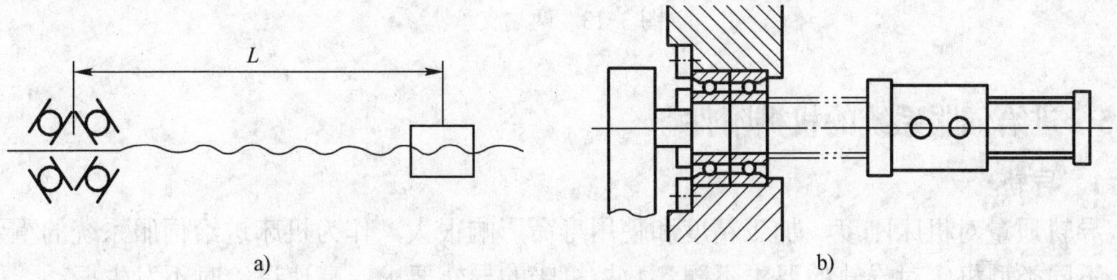

图 3-10 一端固定，一端自由

a) 示意图 b) 结构图

2）一端固定，一端游动。如图 3-11 所示，丝杠轴向刚度与图 3-10 所示形式相同，丝杠受热后有膨胀伸长的余地，应保证螺母与两支承同轴。这种形式的配置结构较复杂，工艺较困难，适用于高精度、中等转速的较长丝杠或卧式丝杠。

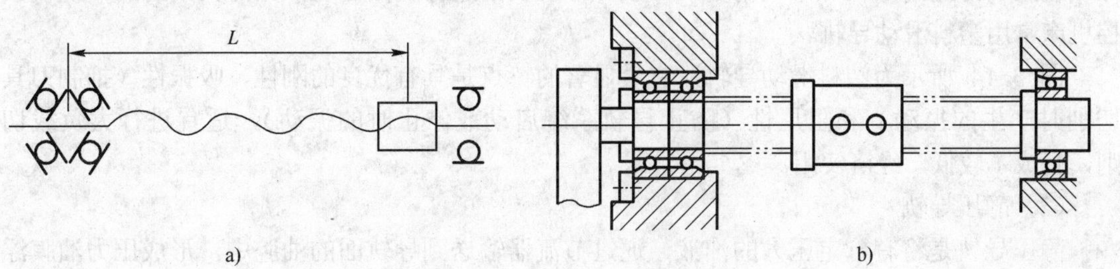

图 3-11 一端固定，一端游动

a) 示意图 b) 结构图

3）两端固定。如图 3-12 所示，丝杠的轴向刚度约为一端固定形式的 4 倍，可预拉伸，这样既可对滚珠丝杠施加预紧力，又可使丝杠受热变形得到补偿，保持恒定预紧力，但结构工艺都较复杂，适用于长丝杠。

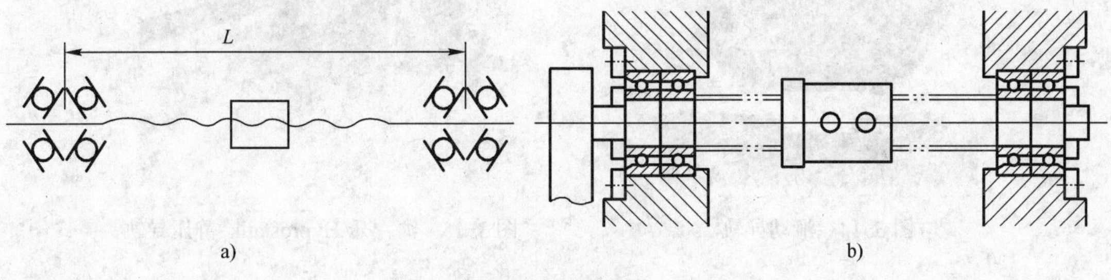

图 3-12 两端固定

a) 示意图 b) 结构图

4）两端支承。如图 3-13 所示，两端支承的安装方式属于一般的安装方法，适用于中等转速的场合。

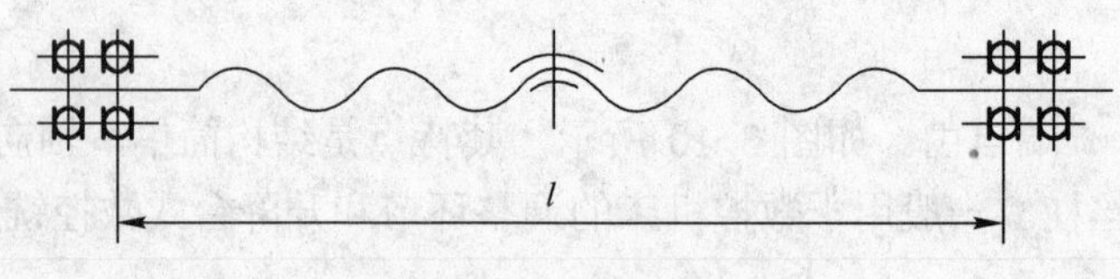

图 3-13　两端支承

3.1.3　进给伺服系统的机械附件

1．导轨

导轨质量对机床刚度、加工精度和使用寿命影响很大，作为机床进给伺服系统的重要环节，不同类型机床对导轨的要求不同，数控机床的导轨要求：高速进给时不发生振动，低速进给时不出现爬行。数控机床进给系统必须考虑的问题：灵敏度高，耐磨性好，可在重载情况下长期连续工作，精度保持性好等。数控机床中常见的机床导轨主要有滑动导轨、静压导轨和滚动导轨 3 种。

（1）滑动导轨

滑动导轨在机床上应用最为长久，至今仍在各类机床上广泛使用。它采用铸铁件或镶钢导轨制成。为提高导轨寿命和精度，一般对导轨表面进行表面处理，如淬火或磨削。现代数控机床常用塑料滑动导轨。

图 3-14 所示为塑料滑动导轨，它最显著的特点是具有优良的刚性、吸振性（抑制刀具切削时产生的振动）和阻尼性（防止导轨系统启动或停止时的振动），适宜进行大负载切削，且成本较低，经济实用。

（2）静压导轨

静压导轨是将有一定压力的油液，通过节流器输送到导轨面的油腔中，形成压力油膜浮起运动部件，使得导轨工作表面处于纯液体摩擦而不产生磨损，精度保持性好。其优点是低速无爬行，承载能力大，刚度好；其缺点是结构复杂，需由专用液压系统供油，系统总成本高昂。因此，静压导轨常用于大型重载机床且加工精度要求高的精密机床。图 3-15 所示为海浮乐 Hyprostatik®静压导轨（来自德国）。

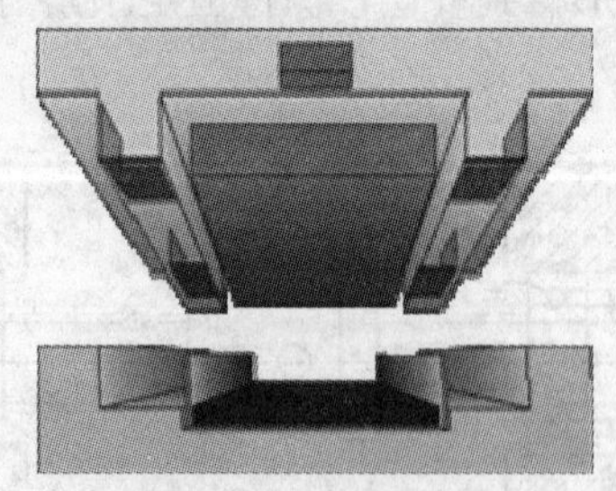
图 3-14　滑动导轨

图 3-15　海浮乐 Hyprostatik®静压导轨

（3）滚动导轨

滚动导轨采用了钢球或滚柱作为滚动体，它与导轨的接触为点/线接触，摩擦因数较小，且组装过程中施加了预紧负载，具有较好的导轨阻尼特性。它响应迅速，快速移动速度快，对复杂曲面工件的高速加工有利。滚动导轨尤其是直线滚动导轨，随着数控机床高速化趋势，其近十几年来被大量采用。图 3-16 所示为 HIWIN Q1 Type 静音直线导轨。

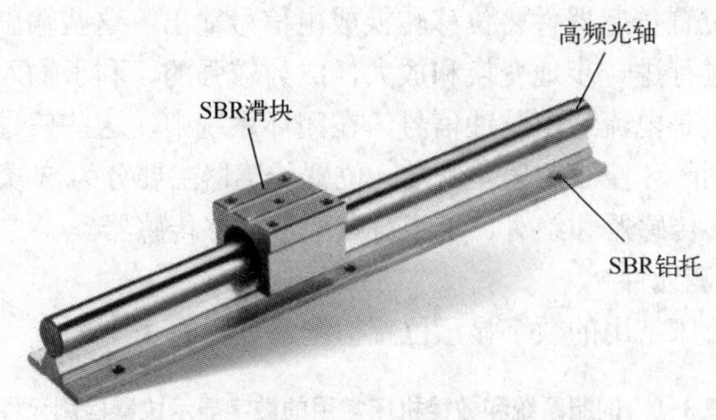

图 3-16　HIWIN Q1 Type 静音直线导轨

2．防护罩

防护罩的主要作用是使机床的表面和导轨不受外界金属碎屑、杂物和各种化学液体的破坏和侵蚀，从而延长机床尤其是精密数控机床的使用寿命，而且还能保护机床操作人员的安全。其种类很多，在数控机床导轨上经常使用的有风琴式机床导轨防护罩和钢板伸缩式导轨防护罩两种，如图 3-17 所示。

图 3-17　防护罩

伸缩式导轨防护罩是数控机床传统的防护形式。在该领域钢（不锈钢）制伸缩式防护罩被广泛地使用，可防止切屑及其他尖锐物体的进入，通过一定的结构措施及合适的刮屑板也可有效地减少切削液的渗入。随着机床技术的进步，防护罩也在不断更新结构，以适应现代机床对高科技、合理的安装位置、高速运行等方面不断提高的新要求。

3.2　数控机床进给模块电气部件

3.2.1　进给系统位置传感器

1．位置检测传感器的分类和特点

经常用于数控机床位置检测的传感器有旋转变压器、感应同步器、长（圆）光栅、光电盘和编码器等。这些位置检测元件从测量原理上来说可分为 3 种，即数字测量法、模拟量比较测量法和脉冲计数测量法。在许多位置检测元器件中，往往把其中两种工作原理结合起来使用，以期达到较高的测量精度。

数控机床使用的位置传感器件将位移转换成电信号输出，这些输出信号一般比较弱，要由信号处理单元对其进行进一步地变换和放大，成为较强的、利于输入数控系统的信号。输入数控系统的信号一般是电流或电脉冲信号，在闭环系统中，这些信号作为反馈信号与参考输入信号相减，就得到闭环控制的偏差信号。位置传感器主要分为 3 类，即直线或角位移传感器、模拟或数字位移传感器和绝对、半绝对或增量位移传感器。

2．常用的位置检测元件

伺服系统和数控机床常用的数字显示位置检测元件见表 3-1。

表 3-1　伺服系统和数控机床常用的数字显示位置检测元件

类　型	增 量 式	绝 对 式
回转型	脉冲编码器、旋转变压器、圆感应同步器、圆光栅、圆磁栅	旋转变压器、绝对脉冲编码器、感应同步器
直线型	直线感应同步器、计量光栅、磁尺、激光干涉仪	感应同步器、绝对值式磁尺

3．旋转变压器

旋转变压器常用于数控机床中角位移的检测。它具有结构简单、工作可靠、信号输出幅值大、抗干扰能力强等优点，但其测量精度低，一般用于精度要求不高的数控机床或大型数控机床的粗测及中测系统。

（1）旋转变压器的结构

旋转变压器（又称为同步分解器）是一种旋转式的小型交流电动机，它由定子和转子两部分组成。定子和转子均由高导磁的铁镍软磁合金或硅钢薄板冲压成的槽状芯片叠成。在定子和转子的槽状铁心内分别嵌有绕组，定子绕组为旋转变压器的一次侧，定子绕组通过固定在壳体上的接板直接引出；转子绕组为旋转变压器的二次侧，转子绕组分为有刷和无刷两种引出方式。

根据转子绕组的引出方式，可将旋转变压器分为有刷式和无刷式两种结构形式。图 3-18a

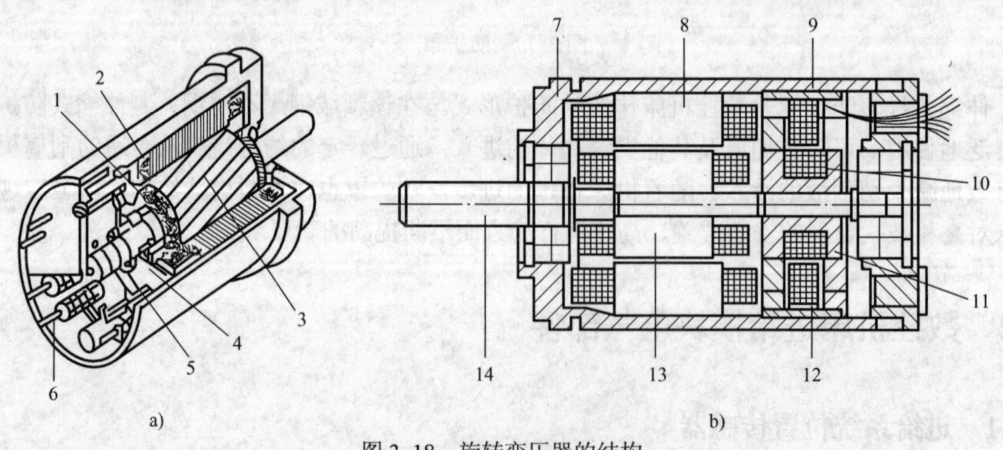

图 3-18　旋转变压器的结构

a) 有刷式旋转变压器　b) 无刷式旋转变压器

1—转子绕组　2—定子绕组　3—转子　4—换向器　5—电刷　6—接线柱　7—壳体　8—旋转变压器本体定子　9—附加变压器定子　10—附加变压器一次绕组　11—附加变压器转子线轴　12—附加变压器二次绕组　13—旋转变压器本体转子　14—转子轴

所示为有刷式旋转变压器，其转子绕组是通过集电环和电刷直接引出的，由于电刷与集电环是机械滑动接触，所以，旋转变压器的可靠性差，寿命短。图 3-18b 所示是无刷式旋转变压器，它可分为旋转变压器本体和附加变压器两部分。附加变压器的一次侧、二次侧铁心及绕组均做成环形，分别固定在壳体和转子轴上，径向留有一定的间隙。旋转变压器本体的绕组与附加变压器二次绕组连接在一起，因此，通过电磁耦合，附加变压器二次侧上的电信号（即旋转变压器转子绕组中的电信号）经附加变压器二次绕组间接地送了出去。这种结构避免了电刷与集电环的接触不良，提高了旋转变压器的可靠性和使用寿命，但也增加了体积、质量和成本。

（2）旋转变压器的工作原理

由于旋转变压器在结构上保证了定子与转子之间空气间隙的磁通按正弦规律分布，当定子绕组加上 400Hz、500Hz、1000Hz、2000Hz 或 5000Hz 交流励磁电压时，通过电磁耦合，转子绕组会产生感应电动势，其输出电压的大小取决于定子与转子两个绕组的轴线在空间的相对位置。当两者垂直时，转子绕组中的感应电动势为零，如图 3-19a 所示。当两者平行时，转子绕组中的感应电动势最大，如图 3-19b 所示。当两者成一定角度时（如图 3-19c），转子绕组中的感应电动势为

$$E_2 = KU_s \sin\theta \tag{3-1}$$

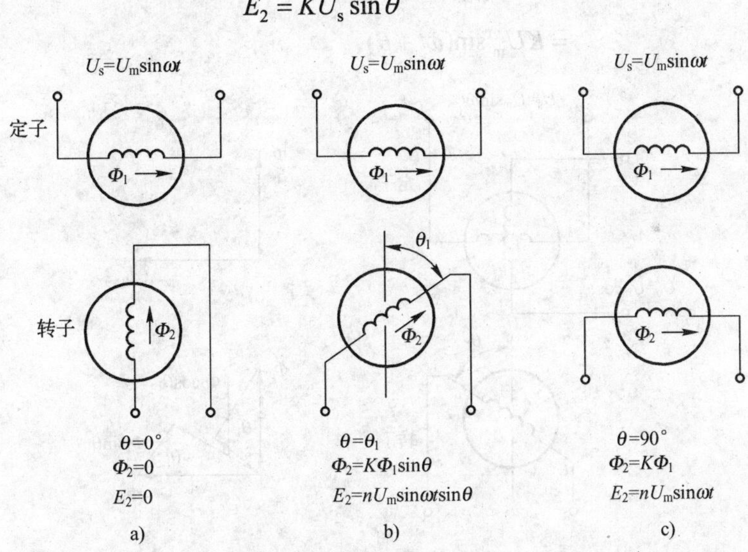

图 3-19　旋转变压器的工作原理

$$K = \frac{W_1}{W_2} \tag{3-2}$$

$$U_s = U_m \sin\omega t \tag{3-3}$$

式中　K ——两个绕组的匝数比；

E_2 ——转子绕组感应电动势（V）；

W_1 ——定子绕组匝数；

W_2 ——转子绕组匝数；

U_m——定子绕组外加电压幅值（V）；

U_s——定子绕组的励磁电压（V）；

θ——两绕组的轴向夹角（°）。

若将转子与数控机床的进给丝杠同轴安装，定子安装在机床的相对固定部分，则 θ 角为丝杠转过的角度，即间接地反映了机床工作台的移动距离。由式（3-1）可知，旋转变压器转子绕组感应电动势的幅值（或相位）严格地按转子偏转角 θ 的正弦规律变化，其频率和励磁电压的频率相同。因此，可采用测量旋转变压器转子绕组感应电动势的幅值或相位的方法来测量转子转角 θ 的变化。

实际使用中常采用正弦、余弦旋转变压器，其定子和转子绕组中各有一对互相垂直的绕组，如图 3-20 所示。当两个定子绕组分别加上两个相位相差 90° 的励磁电压，即

$$\left.\begin{aligned}U_s &= U_m \sin\omega t\\ U_c &= U_m \cos\omega t\end{aligned}\right\} \tag{3-4}$$

应用叠加原理，转子绕组中一个绕组的感应电动势（另一个绕组短接）为

$$\begin{aligned}E_2 &= KU_s \sin\theta + KU_c \cos\theta\\ &= KU_m \sin\omega t \sin\theta + KU_m \cos\omega t \cos\theta\\ &= KU_m \sin(\omega t + \theta)\end{aligned} \tag{3-5}$$

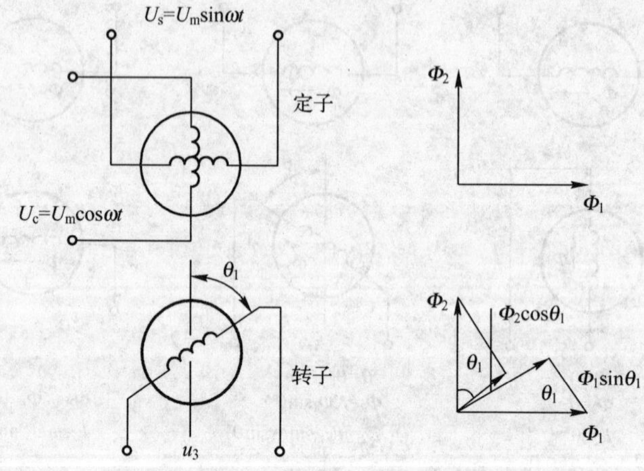

图 3-20　正弦、余弦旋转变压器

（3）旋转变压器的信号处理

根据工作要求和精度的不同，旋转变压器的信号处理有鉴相型和鉴幅型两种方式。

1）鉴相型工作方式。在鉴相型工作方式下，旋转变压器的两相正交定子绕组分别加上幅值相等、频率相同，而相位相差 90° 的正弦励磁电压，即

$$\left.\begin{aligned}U_s &= U_m \sin\omega t\\ U_c &= U_m \cos\omega t\end{aligned}\right\} \tag{3-6}$$

式中　U_m——励磁电压的幅值；

ω——励磁角频率。

该两相励磁电压在转子绕组中产生的感应电动势为

$$\begin{aligned}E_2 &= KU_{\mathrm{s}}\sin\theta + KU_{\mathrm{c}}\cos\theta \\ &= KU_{\mathrm{m}}\sin\omega t\sin\theta + KU_{\mathrm{m}}\cos\omega t\cos\theta \\ &= KU_{\mathrm{m}}\sin(\omega t + \theta)\end{aligned} \tag{3-7}$$

式中 θ——转子相对于定子的角位移（°）。

由式（3-7）可知，旋转变压器转子绕组感应电动势的相位严格地按转子转角 θ 的正弦（或余弦）规律变化，其频率和励磁电压频率相同。因此，可通过测量旋转变压器转子绕组中感应电动势的相位来测量出转子相对于定子的转角，即被测位移的大小。

2）鉴幅型工作方式。在鉴幅型工作方式下，旋转变压器的两相正交定子绕组分别加上相位相等、频率相同，而幅值不同的励磁电压，即

$$\left.\begin{aligned}U_{\mathrm{s}} &= U_{\mathrm{sm}}\sin\omega t \\ U_{\mathrm{c}} &= U_{\mathrm{cm}}\cos\omega t\end{aligned}\right\} \tag{3-8}$$

$$\left.\begin{aligned}U_{\mathrm{sm}} &= U_{\mathrm{m}}\sin\varphi \\ U_{\mathrm{cm}} &= U_{\mathrm{m}}\cos\varphi\end{aligned}\right\} \tag{3-9}$$

式中 U_{sm}、U_{cm}——励磁电压的幅值；

φ——旋转变压器的电相角。

该两相励磁电压在转子绕组中产生的感应电动势为

$$\begin{aligned}E_2 &= KU_{\mathrm{s}}\sin\theta + KU_{\mathrm{c}}\cos\theta \\ &= KU_{\mathrm{m}}\sin\varphi\sin\omega t\sin\theta + KU_{\mathrm{m}}\cos\varphi\sin\omega t\cos\theta \\ &= KU_{\mathrm{m}}\sin\omega t\sin(\varphi - \theta)\end{aligned} \tag{3-10}$$

由式（3-10）可知，旋转变压器转子绕组感应电动势的幅值严格地按转子转角 θ 的变化而变化。若 $\theta=\varphi$，则 E_2=0。在实际应用中，可根据转子绕组感应电动势的大小（即励磁幅值）不断修改定子绕组励磁信号的 φ，使其跟踪 θ 的变化，以测量角位移 θ。

4．感应同步器

感应同步器是一种电磁式位移检测元件。它有直线式和圆盘式两种，直线式由定尺和滑尺组成；圆盘式由转子和定式组成。前者用于直线位移的测量，后者用于角位移的测量。感应同步器对环境要求低，抗干扰能力强，维护简单，寿命长，价格低，同时具有一定的精度，所以应用广泛。

（1）感应同步器的结构

直线式感应同步器相当于一个展开式的旋转变压器，它由定尺和滑尺两部分组成，其结构如图 3-21 所示。定尺上是连续绕组，滑尺上是分段绕组（又称为正、余弦绕组）。定尺和滑尺均由印制电路绕组组成。

定尺的节距 W_2 为

$$W_2 = a_2 + b_2 \tag{3-11}$$

式中 a_2——定尺绕组的片宽；

b_2——定尺绕组的间距。

滑尺上的正弦、余弦绕组在空间错开 90° 电角度，即 1/4 周期，两组节距相同，即

$$W_1 = a_1 + b_1 \tag{3-12}$$

式中 a_1——滑尺绕组的片宽；

b_1——滑尺绕组的间距。

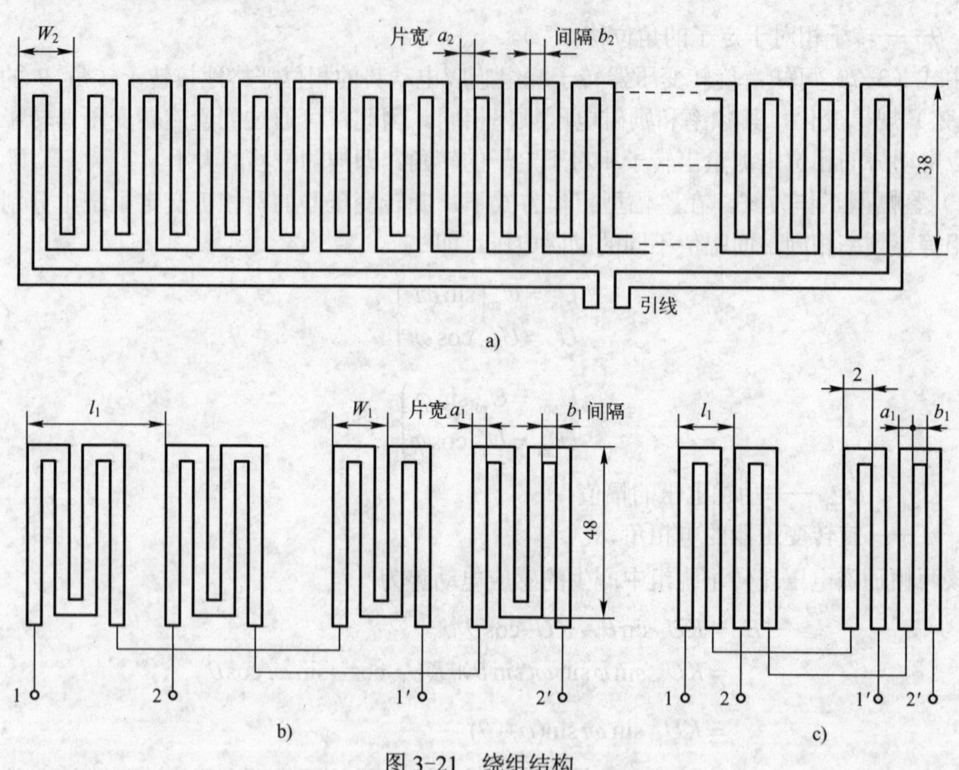

图 3-21 绕组结构

a) 定尺绕组 b) W 形滑尺绕组 c) U 形滑尺绕组

目前，标准型定尺的节距 W_2=2mm，滑尺的半节距 $W_1/2$ 的选择要考虑消除影响测量输出线性度的高次谐波，可按 $W_1/2=nW_2/K$ 来计算。其中，K 为谐波次数；n 为正整数。例如，若消除感应电动势中三次谐波，则 K=3，n=1，则 $W_1/2$=0.667mm。绕组片宽的选择也要考虑消除高次谐波，可按 $a_1 = nW_1 / K$ 和 $a_2 = nW_2 / K$ 来计算。

（2）感应同步器的工作原理

工作时，当滑尺绕组加上一定频率的励磁电压后，根据电磁感应原理，在定尺绕组上将感应出相同频率的感应电动势。图 3-22 所示为感应电动势与绕组相对位置的关系。当滑尺上的正弦绕组 S 和定尺上的绕组重合时（A 点），耦合磁通最大，感应电动势最大；随着滑尺继续移动，感应电动势逐渐减小，当滑尺移动到 1/4 节距位置处（B 点）时，感应电动势为零；当滑尺继续移动到半个节距点（C 点）时，感应电动势为负的最大值；当滑尺在 3/4 节距处（D 点）时感应电动势又变为零；当滑尺移动到一个节距（E 点）处时，感应电动势又变为正的最大值。由此可知，感应电动势随着滑尺相对于定尺的位移而周期性地变化。加大励磁电压将获得较大的感应电动势，但过大的励磁电压将引起过大的励磁电流，致使温升过高而无法正常工作，一般励磁电压为 1～2V。

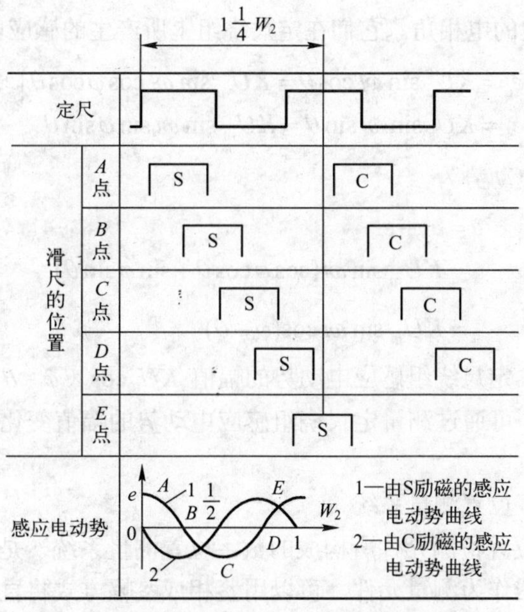

图 3-22 感应电动势与绕组相对位置的关系

（3）感应同步器的信号处理

根据工作要求和精度的不同，感应同步器的信号处理也有鉴相型和鉴幅型两种工作方式。

1）鉴相型工作方式。鉴相型工作方式是根据定尺绕组感应电动势的相位变化来鉴别滑尺相对于定尺的位移量。当滑尺上两个互相错开 1/4 节距的绕组分别加上幅值、频率相同，而相位相差 90° 的励磁电压 $U_c = U_m \sin\omega t$ 和 $U_s = U_m \cos\omega t$ 时，它们在定尺绕组上所产生的感应电动势分别为

$$\left.\begin{aligned} e_c &= KU_m \sin\omega\cos\theta \\ e_s &= KU_m \cos\omega\sin\theta \end{aligned}\right\} \tag{3-13}$$

这时定尺绕组总的感应电动势为

$$\begin{aligned} e &= e_c + e_s \\ &= KU_m(\sin\omega t\cos\theta + \cos\omega t\sin\theta) \\ &= KU_m \sin(\omega t + \theta) \end{aligned} \tag{3-14}$$

如果两尺的相对位移为 x，检测周期为 W_2（以定尺节距为准，对于标准型则为 2mm），则机械位移引起的电相角的变化为 $\theta = \dfrac{2\pi}{W_2}x$ 。由式（3-14）可知，定尺绕组感应电动势的相位 $(\omega t + \theta)$ 反映了感应同步器两尺的相对位移 x 。因此，可通过测量定尺绕组感应电动势的相位变化来测量感应同步器两尺的相对位移量。

2）鉴幅型工作方式。鉴幅型工作方式是根据定尺绕组感应电动势的幅值变化来鉴别滑尺相对于定尺的位移量。当滑尺上两个互相错开 1/4 节距的绕组分别加上相位、频率相同，而幅值不同的励磁电压 $U_c = U_m \sin\omega t$ 和 $U_s = U_m \sin\omega t$ 时，励磁电压的幅值 $U_c = U_m \cos\varphi$ ，

$U_s = U_m \sin\varphi$，φ 为给定的电相角。它们在定尺绕组上所产生的感应电动势分别为

$$\left.\begin{aligned} e_c &= KU_c \sin\omega t\cos\theta = KU_m \sin\omega t\cos\varphi\cos\theta \\ e_s &= KU_s \sin\omega t\sin\theta = KU_m \sin\omega t\sin\varphi\sin\theta \end{aligned}\right\} \tag{3-15}$$

这时定尺绕组总的感应电动势为

$$\begin{aligned} e &= e_c + e_s \\ &= KU_m \sin\omega t(\cos\varphi\cos\theta + \sin\varphi\sin\theta) \\ &= KU_m \sin\omega t\cos(\varphi-\theta) \end{aligned} \tag{3-16}$$

由式（3-16）可知，定尺绕组感应电动势的幅值 $KU_m\cos(\varphi-\theta)$ 反映了感应同步器两尺的相对位移 x。因此，可通过测量定尺绕组感应电动势的幅值变化来测量感应同步器两尺的相对位移量。

（4）感应同步器数字位置测量系统

把感应同步器作为位置检测元件所构成的数字位置测量系统，是感应同步器应用最广泛的一种形式。感应同步器作为测量元件，可以用鉴相或鉴幅方式将直线位移或角位转换成电模拟量，若对该模拟量进行测定或处理，则以数字信号的形式输出测量结果，便构成了完整的数字位置测量系统。鉴幅型数字位置测量系统由感应同步器、放大器、逻辑控制电路、函数发生器、显示计数器、振荡器等电路组成，如图 3-23 所示。定尺绕组上的感应电动势 e=0。当滑尺相对于定尺移动一个微小距离后，定尺输出信号 e，该信号一般只有 10μV，通过放大滤波环节变为伏级正弦波 ε 送入门槛电路，当 ε 低于门槛电平时，门槛电路没有信号输出，滑尺绕组上励磁电压的幅值不变；若 ε 高于门槛电平时，则门槛电路有信号输出，此信号经逻辑控制电路变为跟踪速度信号 ω_φ，同时分别送入变换计数器和显示计数器。变换计数器控制函数变压器抽头切换，实现 φ 的改变，从而改变励磁电压的幅值。φ 变化的方向是使 φ 趋近于 θ，重新使 e 趋近于零，直到 ε 低于门槛电平，以达到新的平衡。每一个脉冲使变换计数器的状态变化一次，函数变压器的状态也顺序地发生一个当量的变化，代表机构位移量的脉冲数同时由显示计数器记录和显示出来。

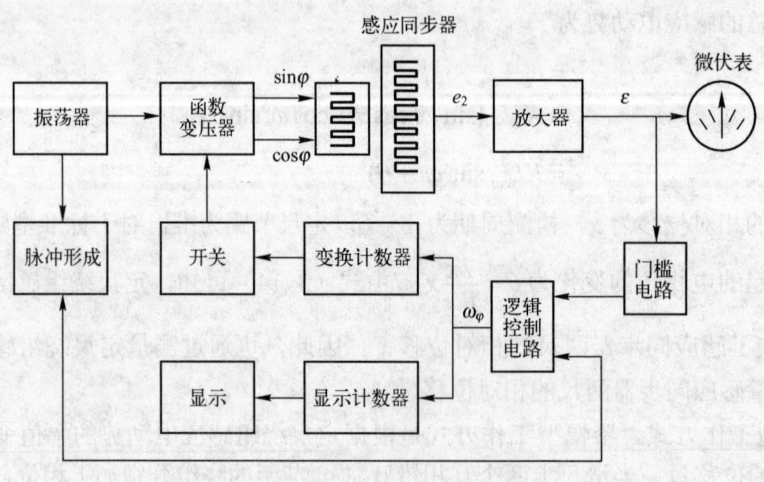

图 3-23　感应同步器数字位置测量系统

（5）感应同步器的安装

感应同步器的安装方法如图 3-24 所示。感应同步器的定尺组件与滑尺组件由尺子和尺座组成，分别安装在机床的不动部件和移动部件上，防护罩的作用是保护感应同步器不被铁屑和油污浸入。定尺和滑尺的装配要求如图 3-25 所示，以保证定尺和滑尺在全部工件长度上能正常耦合，减小测量误差。

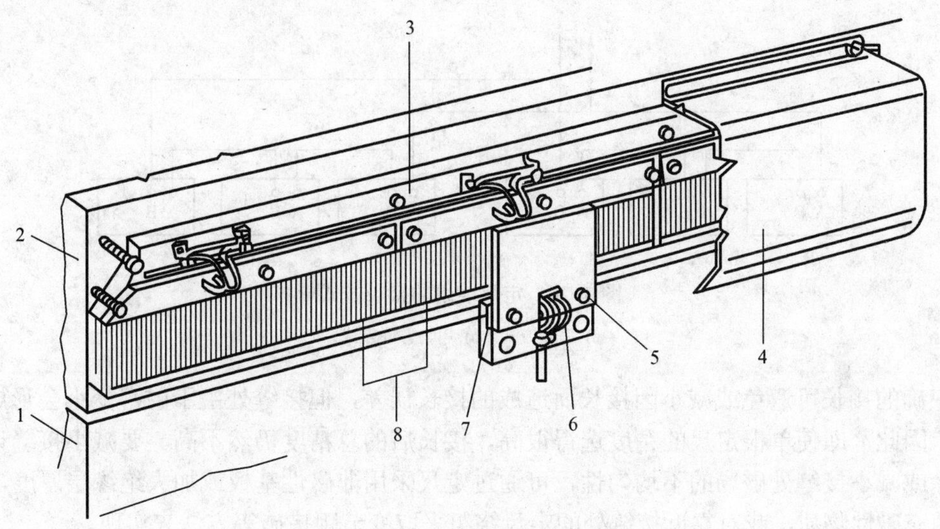

图 3-24　感应同步器的安装方法

1—机床不动部件　2—机床移动部件　3—定尺座　4—护罩　5—滑尺　6—滑尺座　7—调整板　8—定尺

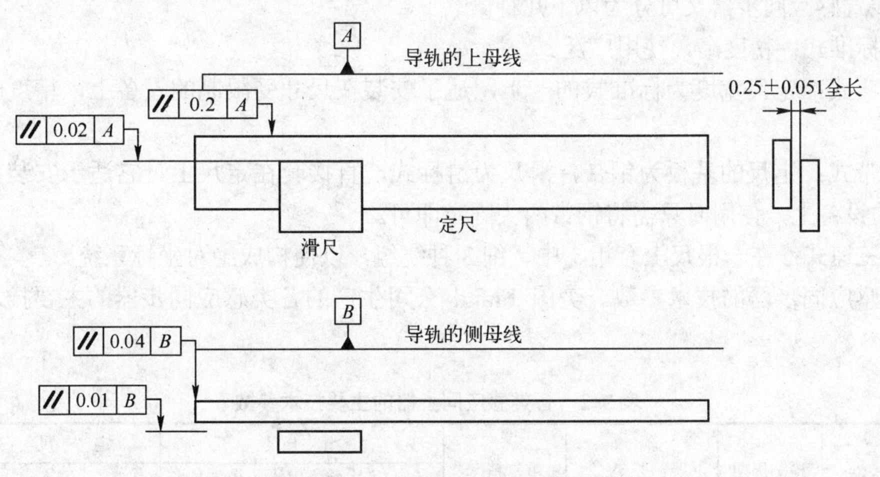

图 3-25　定尺和滑尺装配要求

直线式感应同步器的定尺长度一般为 175mm，当需要增加测量范围时，可将多根定尺加以拼接。在拼接定尺时，需根据电信号调整两根定尺接缝的大小，使其零位误差曲线在拼接时平滑过渡。10 根以内的定尺接长时，可将定尺绕组串联；10 根以上的定尺接长时，为使线圈电阻和电感不致太大，可将定尺分成数量相同的几组，每组定尺绕组串联后，再并联起来，如图 3-26 所示，同时可以不降低信噪比。

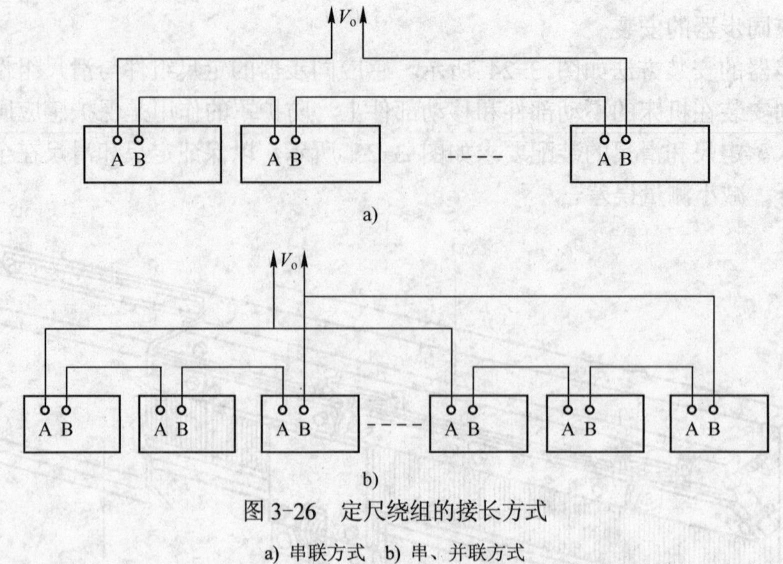

图 3-26 定尺绕组的接长方式

a) 串联方式 b) 串、并联方式

正确的接长可避免或减小因接长而造成的接长误差，但接缝处由于磁密变小会形成接缝误差，因此，即使单根定尺的精度选得很高，接长后的总精度仍然不高。要减小接缝误差就要消除或减小接缝处磁场的不均匀性，可通过定尺采用非磁性基板或加大绝缘层厚度，在接缝处填充磁性物质，或对靠近接缝处的定尺绕组采取变节距措施等方法来实现。

（6）感应同步器的分类和技术参数

1）感应同步器的分类。按其结构，感应同步器可分为直线式和圆盘式。

直线式感应同步器又可分为以下几种。

① 标准式：精度高，使用广泛。

② 窄式：定尺宽度为标准式的一半，适于安装在尺寸受限制的设备上，精度略低于标准式。

③ 带式：定尺的基板为钢带，滑尺为滑标式，直接套在定尺上。它适于安装在表面不易加工的设备上，使用时只需将钢带两头固定即可。

④ 三速式：在一根尺上有粗、中、细 3 种绕组，以便构成绝对坐标系统。

2）感应同步器的技术参数。美国 Frand 公司生产的各类感应同步器的主要技术参数见表 3-2。

表 3-2 各类感应同步器的主要技术参数

感应同步器		检测周期	精 度	重复精度	滑 尺			定 尺		电压传递系数[①] T
					阻抗/Ω	输入电压/V(交流)	最大允许功率/W	阻抗/Ω	输入电压/V(交流)	
直线式	标准式	2mm	±0.0025mm	0.25μm	0.9	1.2	0.5	4.5	0.027	44
		2.54mrn	±0.00254mm	0.00254μm	1.6	0.8	2.0	3.3	0.042	43
	窄式	2mm	±0.005mm	0.5μm	0.53	0.6	0.6	2.2	0.008	73
	三速式	4000mm 100mm 2mm	±7.0mm ±0.15mm ±0.005mm	0.5μm	0.95	0.8	0.6	4.2	0.004	200
	带式	2mm	±0.01mm/m	0.01μm	0.5	0.5	—	10/m	0.0065	77

（续）

感应同步器		检测周期	精　　度	重复精度	滑　尺			定　尺		电压传递系数[①] T
					阻抗/Ω	输入电压/V(交流)	最大允许功率/W	阻抗/Ω	输入电压/V(交流)	
圆盘式	12/720	1′	±1″	0.1″	8	—	—	4.5	—	120
	12/360	2°	±1″	0.1″	1.9	—	—	1.6	—	80
	7/360	2°	±3″.	0.3″	2.0	—	—	1.5	—	145
	3/360	2°	±4″	0.4″	5.0	—	—	1.5	—	500
	2/360	2°	+9″	0.9″	8.4	—	—	6.3	—	2000

① 电压传递系数是滑尺输入电压与定尺输出电压之比。

5．编码器

编码器是数控机床中常用的角度检测装置，常与伺服电动机或丝杠同轴安装，用来检测伺服电动机或丝杠的转角。按编码器的不同读数方法，可分为绝对编码器和增量编码器两种；按其工作原理不同，可分为接触式、光电式和电磁式等。

光电式编码器的精度与可靠性都优于其他两种，因此数控机床上只使用光电式脉冲编码器。由霍尔效应构成的电磁感应编码器或脉冲发生器也有用做速度检测的。光电脉冲编码器按每转发出的脉冲数的多少来分，又有多种型号，但数控机床中最常用的见表 3-3。

表 3-3　脉冲编码器参数

脉冲编码器/（脉冲/转）	每转脉冲移动量/mm	每转脉冲移动量/in[①]
2000	2，3，4，6，8	0.1，0.15，0.2，0.3，0.4
2500	5，10	0.25，0.5
3000	3.6，12	0.15，0.3，0.6

① 1in=25.4mm。

图 3-27 所示为一种增量式光电编码器的示意图。工作时，玻璃刻线盘随被检测轴一同回转，玻璃刻线盘上均匀地刻有许多径向直线，刻线的宽度和两根刻线之间的间隔宽度基本相同，刻线是不透明的。扫描刻线盘上沿着径向有 4 个小的刻线区，每个小刻线区内的情况与玻璃刻线盘相同。每个小刻线之间错开 1/2 刻线宽度，即 1/4 刻线周期。光源发出的光线经过柱面透镜投射到玻璃刻线盘上，当玻璃刻线盘上的刻线正好转到与扫描刻线盘上的间隙相对时，光线被全部遮住，没有光线投射到光电管上。从此位置玻璃刻线盘再转过来半个刻线周期，则玻璃刻线盘上的刻线正好转到与扫描刻线盘上的刻线相对齐，则投射到光电管上的光线强度最大。当玻璃刻线盘转中时，投射到光电管上的光线将产生明暗交替的变化，相应光电管的输出信号和将产生强、弱交替的变化。由于 4 个小刻线区顺序错开 1/4 刻线周期，所以 4 个光电管的输出信号也顺序滞后 1/4 周期，其变化规律与光栅输出信号相同，所以可将 4

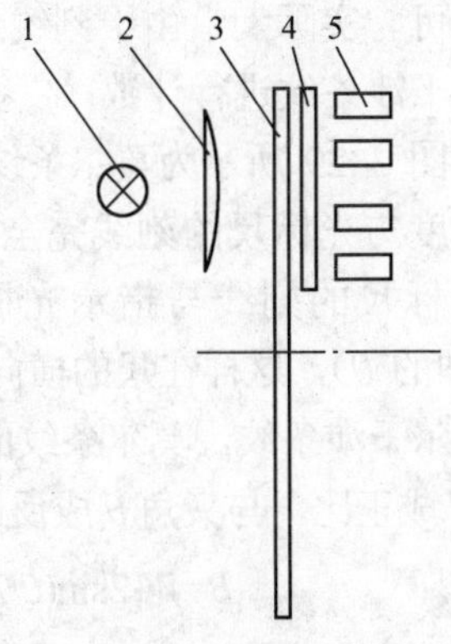

图 3-27　光电式增量编码器示意图

1—光源　2—柱面透镜　3—玻璃刻线盘　4—扫描刻线盘　5—光电管

个输出信号进行与光栅输出信号同样的方法处理。

为了得到转轴的转数，在玻璃刻线盘和扫描刻线盘上再加刻一个刻线情况相同的参考标志刻线区。此刻线区可以是一根粗线，也可以是一组细线。转轴旋转一圈，它发出一个脉冲信号，可用来计数转轴转过的圈数。

6．光栅

光栅测量装置包括光标尺和光电读数装置两部分。光标尺是一条上面刻有一系列平行等距离密集刻线的透明玻璃片，或是制有全反射等间距密集的长条形金属镜面。前者称为投射式光栅，后者称为反射式光栅。在数控系统中用得比较多的是透射式光栅。常用透射式光栅的光标尺的刻线密度有 25 条/mm、50 条/mm、100 条/mm 和 250 条/mm 四种。光标尺实际上是一根有很密刻线的尺子，每条刻线的间隔代表一个准确的微小尺寸。光电读数装置由光源、指示光栅和光电管组成，如图 3-28 所示。

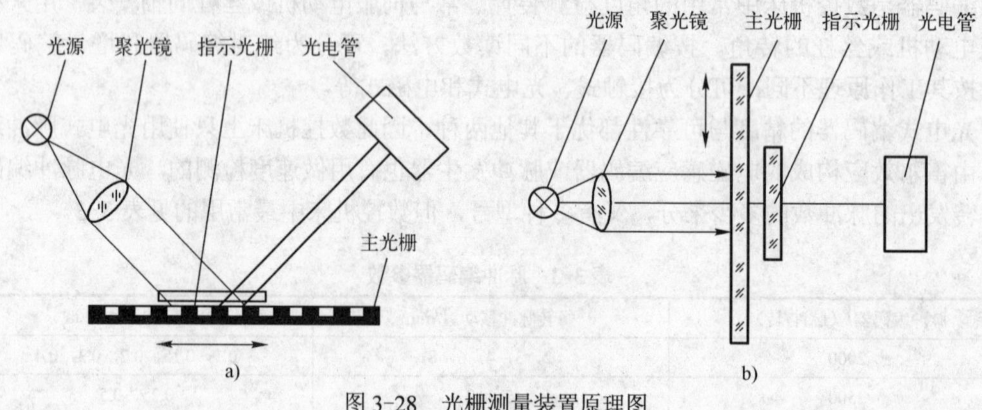

图 3-28　光栅测量装置原理图

a) 反射式光栅　b) 透射式光栅

（1）光栅的读数

理论上，用光栅测量位移时，只要数出测量对象上某一个确定的点相对于光栅移过的刻线即可。实际上，由于刻线过密，直接对刻线计数很困难，因而目前利用光栅的莫尔条纹或相位干涉条纹进行计数。

图 3-29 所示为莫尔条纹光栅，此时指示光栅的刻度与光标尺的刻线完全一样是等距的。安装时光标尺的刻线与指示光栅的刻度有一个夹角（图中的 θ），这样在尺的横向方向就产生黑白相间的莫尔干涉条纹。莫尔条纹的间距 B 与光栅的间距 W 成正比，与夹角 θ 成反比，即

$$B=W[2\sin(\theta/2)] \qquad (3\text{-}17)$$

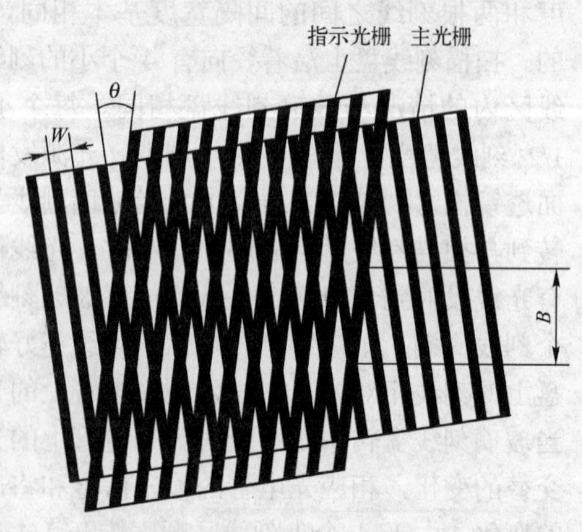

图 3-29　莫尔干涉条纹

当指示光栅相对于光标尺移动时，莫尔条纹沿其垂直方向上、下移动。移过的莫尔条纹数等于移过的光栅的刻线数。沿着莫尔条纹的移动方向放置 4 枚光电管，其间距为莫尔条纹的 1/4，这样就可以产生相位差 90° 的 4 个信号。通过细

分和辨向电路将这些信号进行处理，即可检测位移量及运动方向。

（2）光栅的测量电路

下面以光栅四倍频电子细分电路为例介绍光栅的光栅测量电路。图 3-30 所示为四倍频电子细分电路的原理图。

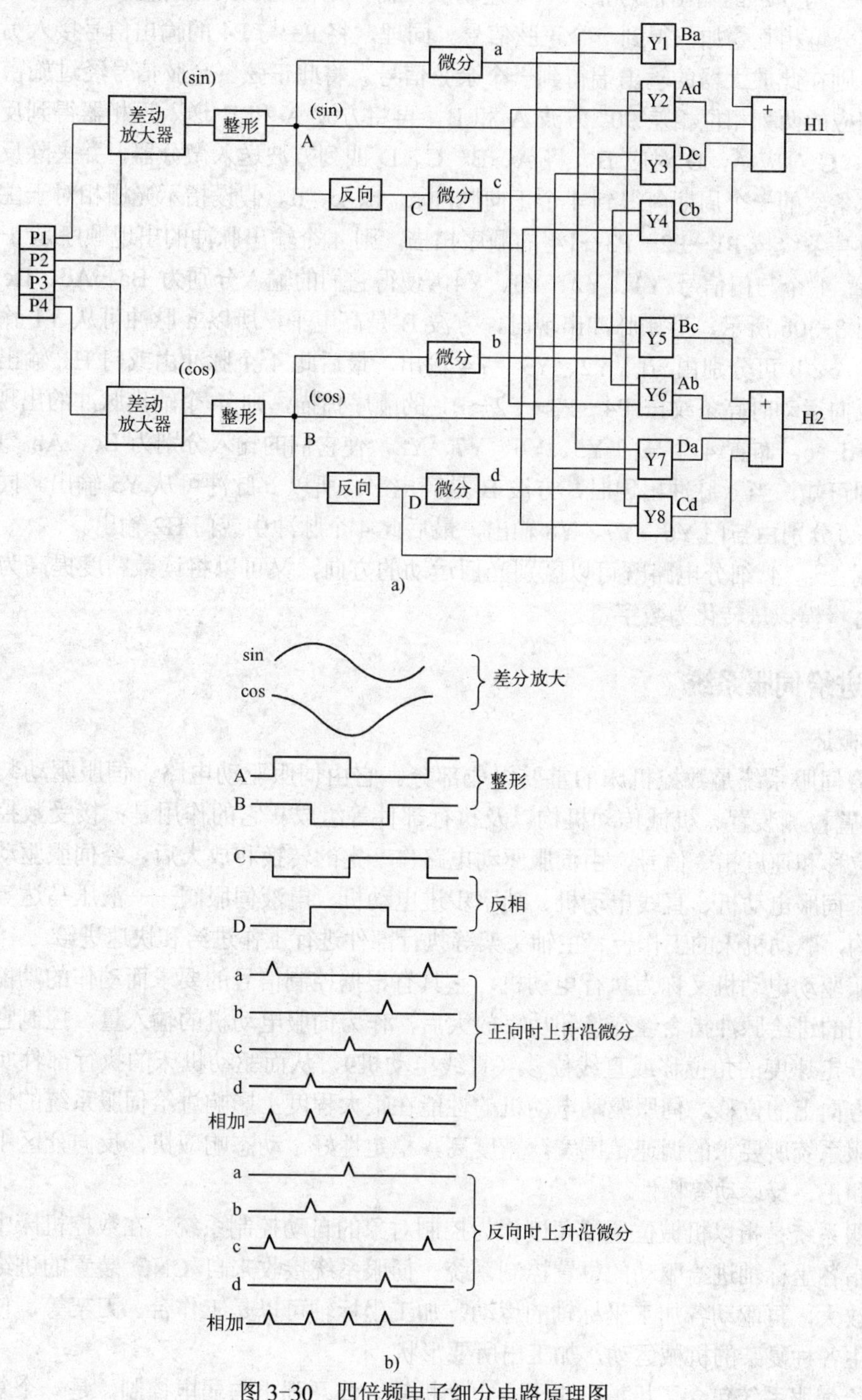

图 3-30 四倍频电子细分电路原理图

a) 原理框图 b) 波形图

在一个莫尔条纹宽度内沿着莫尔条纹的移动方向放置 P1、P2、P3、P4 四枚光电管，其间距为莫尔条纹的 1/4。这 4 枚光电管输出信号中的直流分量大小相等，其交流分量 P1 与 P3 相差 180°，P2 与 P4 相差 180°。

将 P1 与 P2 的输出信号接入一个差动放大器，则在此放大器的输出端直流分量相互抵消，交流分量相互叠加，得到一个正弦信号。同理，将 P3 与 P4 的输出信号接入另一个差动放大器，则在此放大器的输出端得到一个余弦信号。将此正弦、余弦信号经过施密特整形电路得到相应的两列相位相差 90° 方波 A 和 B，再将方波 A 和 B 送入反相器得到反向后的方波 C、D，C 对应 A，D 对应 B。将 A、B、C、D 四列方波送入微分器，并去除反向脉冲，则在莫尔条纹的一个周期内得到 4 个正向脉冲 a、b、c、d。假设指示光栅相对于主光栅作正向移动时亮条纹按 P1→P2→P3→P4 的顺序扫描，则 4 个输出脉冲的出现顺序是 a→d→c→b→a，布置 4 个与门信号 Y1、Y2、Y3、Y4，使得它们的输入分别为 Ba、Ad、Dc、Cd，波形图如图 3-30b 所示，当 a 脉冲出现时，方波 B 是高电平，所以 a 脉冲可从 Y1 输出。同理可知，d、c、b 可分别由与门 Y2、Y3、Y4 输出，最后此 4 个脉冲由或门 H1 输出。同样，光栅作反向运动时亮条纹按 P4→P3→P2→P1 的顺序扫描，则 4 个输出脉冲的出现顺序是 c→b→a→d→c，布置 4 个与门 Y5、Y6、Y7、Y8，使它们的输入分别为 Bc、Ab、Da、Cd，由波形图可知，当 c 脉冲出现时，方波 B 是高电平，所以 c 脉冲可从 Y5 输出。同理可知，b、a、d 可分别由与门 Y6、Y7、Y8 输出，最后此 4 个脉冲由或门 H2 输出。

采用上述 4 细分电路既可以区别光栅运动的方向，又可以将读数精度提高为原来的 4 倍，同时将模拟量转化为数字量。

3.2.2 进给伺服系统

1．概述

进给伺服系统是数控机床的重要组成部分。它由伺服驱动电路、伺服驱动装置（电动机）、位置检测装置、机械传动机构以及执行部件等组成。它的作用是：接受数控系统发出的进给位移和速度指令信号，由伺服驱动电路作一定的转换和放大后，经伺服驱动装置（直流或交流伺服电动机、直线电动机、功率步进电动机、电液伺服阀——液压马达等）和机械传动机构，驱动机床的工作台、主轴头架等执行部件进行工作进给和快速进给。

伺服驱动电动机又称为执行电动机，它具有根据控制信号的要求而动作的功能。由数控系统送出的进给脉冲指令经变换和功率放大后，作为伺服电动机的输入量，控制它在指定方向上作一定速度的角位移或直线位移（直线电动机），从而驱动机床的执行部件实现给定的速度和方向上的位移。伺服驱动电动机的性能在很大程度上影响进给伺服系统的性能。它应满足伺服系统所要求的调速范围宽，精度高，稳定性好，动态响应快，反向死区小，能频繁起、停和正、反运动等特性。

伺服系统是指以机械位置或角度作为控制对象的自动控制系统。在数控机床中，伺服系统主要指各坐标轴进给驱动的位置控制系统。伺服系统接收来自 CNC 装置的进给脉冲，经变换和放大，再驱动各加工坐标轴的运动。加工坐标轴可以是工作台、刀架等，使刀具相对工件产生各种复杂的机械运动，加工出所要形状。

进给伺服系统包含了机械、电子、电动机等，涉及强电与弱电控制，是一个复杂的控制系统。数控机床的最高运动速度、跟踪及定位精度、加工表面质量、生产率及工作可靠性等指标，主要决定于伺服系统的性能。

2．伺服系统的组成

数控机床伺服系统的一般结构如图 3-31 所示，它是一个双闭环系统，内环是速度环，外环是位置环。

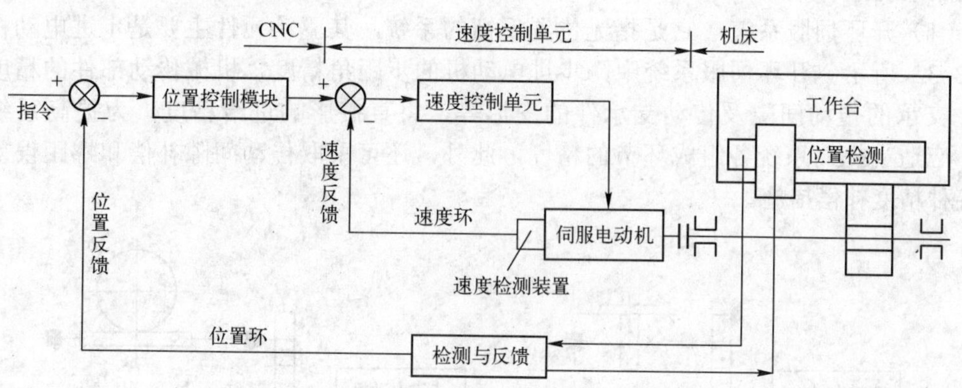

图 3-31　数控机床伺服系统的一般结构

速度环中用做速度反馈的速度检测装置通常为测速发电机和脉冲编码器。速度控制单元是一个独立的单元部件，它由速度调节器、电流调节器及功率驱动放大器等组成。位置环由 CNC 装置中的位置控制模块、速度控制单元、位置检测及反馈控制等组成。

3．数控机床对伺服系统的基本要求

数控机床集高效率、高精度和高柔性于一身，为此对于进给伺服系统的位置控制、速度控制、伺服电动机、机械传动等方面都有很高的要求。通常可概括为以下几方面。

1）可逆运行。要求伺服系统能灵活地正、反向运行，同时要求在方向变化时，不应有反向间隙误差和运动的损失。

2）速度范围宽。为适应不同的加工条件（材料、类型、尺寸等），要求数控机床的进给伺服系统能在很宽的范围内无级变化。目前，最先进的水平是在进给脉冲当量为 1μm 的情况下，进给速度在 0～240m/min 范围内连续可调。

3）具有足够的传动刚性和较高的速度稳定性。伺服系统在不同的负载情况下或切削条件发生变化时，应使进给速度保持恒定。

4）快速响应。其加、减速度应足够大，以缩短过渡时间，以及在负载突变时，系统的恢复能力强。

5）高精度。具有较高的定位精度。

6）低速大转矩。

7）伺服系统对伺服电动机的要求。选择电动机方面：① 从最低速到最高速，电动机都能平稳运转，转矩波动要小，尤其在低速如 0.1r/min 或更低速时，仍有平稳的速度且无爬行现象；② 电动机应具有大的长时间过载能力，以满足低速大转矩的要求；③ 为了满足快速响应的要求，电动机应有较小的转动惯量和较大的堵转转矩，并具有尽可能小的时间常数和起动电压，电动机应具有耐受 4 000rad/s^2 以上角加速度的能力，才能保证电动机可在 0.2s 内从静止起动到额定转速；④ 电动机应能承受频繁起动、制动和反转。

4．伺服系统的分类

按控制方式，可分为开环伺服系统、闭环伺服系统和半闭环伺服系统；按使用的伺服电动机类型，可分为直流伺服系统和交流伺服系统；按驱动类型可分为进给伺服系统和主轴伺服系统。

（1）开环伺服系统　它是指无位置反馈的系统，其驱动元件主要是步进电动机，如图 3-32 所示。开环伺服系统中，步进电动机的步距角精度，机械传动部件的精度，丝杠、支承的传动间隙及传动支承件的变形等，将直接影响进给精度，为提高系统的精度，应适当提高系统各组成环节的精度，此外，还可采取传动间隙补偿和螺距误差补偿等各种精度补偿措施。

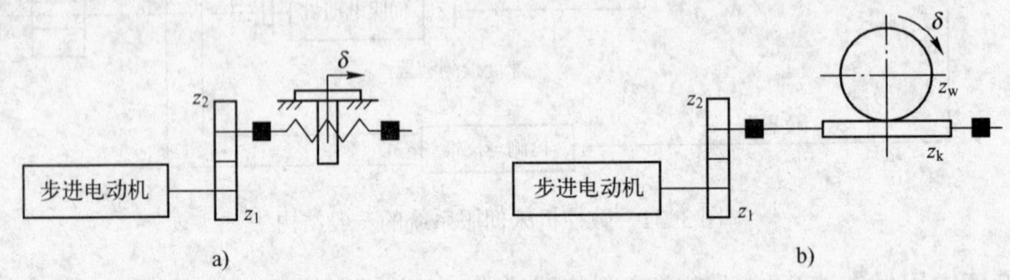

图 3-32　开环伺服系统

（2）闭环伺服系统　闭环系统是误差控制随动系统。数控机床进给系统的误差是 CNC 输出的位置指令和机床工作台（或刀架）实际位置的差值。有位置检测装置（直线测量），测量实际位移量或实际所处位置，并将测量值反馈给 CNC 装置，与指令进行比较，求得误差，依此构成闭环位置控制，如图 3-33 所示。

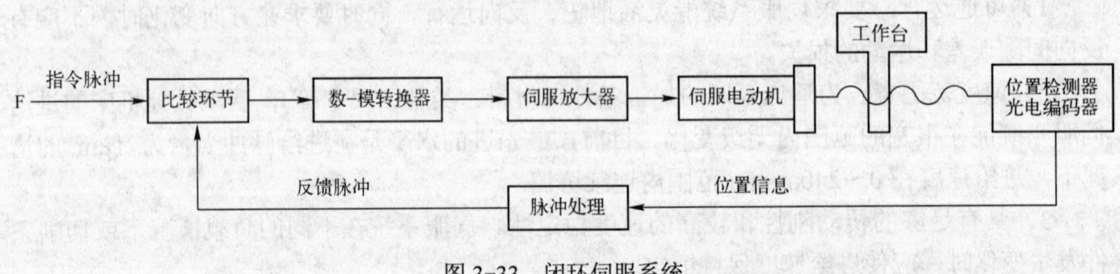

图 3-33　闭环伺服系统

（3）半闭环伺服系统　位置检测元件安装在中间经过机械传动部件的位置转换（间接测量）——角度测量，如图 3-34 所示。

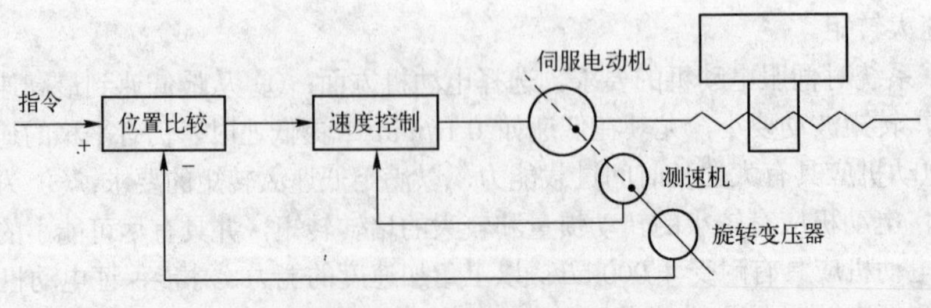

图 3-34　半闭环伺服系统

3.2.3 进给伺服电动机及驱动控制

1．步进电动机及其驱动控制

步进电动机是一种能够将电脉冲信号转换成角位移或线位移的机电元件，它实际上是一种单相或多相同步电动机。单相步进电动机由单路电脉冲驱动，输出功率一般很小，其用途为微小功率驱动。多相步进电动机由多相方波脉冲驱动，用途很广。使用多相步进电动机时，单路电脉冲信号可先通过脉冲分配器转换为多相脉冲信号，在经功率放大后分别送入步进电动机各相绕组，每输入一个脉冲到脉冲分配器，电动机各相的通电状态就发生变化，转子会转过一定的角度（称为步距角）。正常情况下，步进电动机转过的总角度和输入的脉冲数成正比；连续输入一定频率的脉冲时，电动机的转速与输入脉冲的频率保持严格的对应关系，不受电压波动和负载变化的影响。由于步进电动机能直接接收数字量的输入，所以特别适合于微机控制。此外，步进电动机能按控制脉冲的要求立即起动、停止、反转或改变转速，而且每一转都有固定的步数；在不失步的情况下运行时，步距误差不会长期积累。因此，步进电动机在开环控制系统中应用很广。

（1）步进电动机的种类

目前常用的步进电动机有以下 3 类。

1）反应式步进电动机（VR）。反应式步进电动机是一种定子、转子磁场均由软磁材料制成，只有控制绕组，基于磁导的变化产生反应转矩的步进电动机（又称为变磁阻步进电动机）。其结构简单，生产成本低，步距角可以做得相当小，但动态性能相对较差。

2）永磁式步进电动机（PM）。永磁式步进电动机是一种由永磁体建立励磁磁场的步进电动机，也称为永磁转子型步进电动机，有单定子结构和两定子结构两种类型。它的出力大，动态性能好，但步距角一般比较大。

3）永磁感应子式步进电动机（HB）。永磁感应子式步进电动机定子结构与反应式步进电动机相同，而转子由环形磁钢和两段铁心组成。它综合了反应式和永磁式两者的优点，步距角小，出力大，动态性能好，是性能较好的一类步进电动机。

（2）步进电动机的工作原理

图 3-35 所示为最常见的三相反应式步进电动机的结构示意图。电动机的定子上有 6 个均布的磁极，其夹角是 60°。各磁极上套有线圈，按图连成 A、B、C 三相绕组。转子上均布 40 个小齿，所以每个齿的齿距为 θ_b=360°/40=9°，而定子每个磁极的极弧上也有 5 个小齿，且定子和转子的齿距和齿宽均相同。由于定子和转子的小齿数目分别是 30 和 40，其比值是一个分数，这就产生了所谓的齿错位的情况。若以 A 相磁极小齿和转子的小齿对齐，如图 3-35 所示，那么 B 相和 C 相磁极的齿就会分别和转子齿相错 1/3 的齿

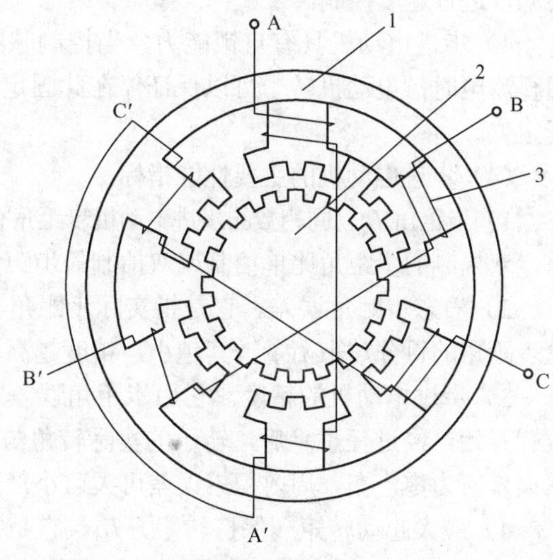

图 3-35 三相反应式步进电动机的结构示意图

1—定子 2—转子 3—定子绕组

距，即 3°。因此，B、C 磁极下的磁阻比 A 磁极下的磁阻大。若给 B 相通电，B 相绕组产生定子磁场，其磁力线穿越 B 相磁极，并力图按磁阻最小的路径闭合，这就使转子受到反应转矩（磁阻转矩）的作用而转动，直到 B 磁极上的齿与转子齿对齐，恰好转子转过 3°；此时 A、C 磁极下的齿又分别与转子齿错开 1/3 齿距。接着停止对 B 相绕组通电，而改为 C 相绕组通电，同理受反应转矩的作用，转子按顺时针方向再转过 3°。依次类推，当三相绕组按 A→B→C→A 顺序循环通电时，转子会按顺时针方向，以每个通电脉冲转动 3° 的规律步进式转动起来。若改变通电顺序，按 A→C→B→A 顺序循环通电，则转子就按逆时针方向以每个通电脉冲转动 3° 的规律转动。因为每一瞬间只有一相绕组通电，并且按三种通电状态循环通电，故称为单三拍运行方式。单三拍运行时的步距角 θ_b 为 30°。三相步进电动机还有两种通电方式，它们分别是双三拍运行，即按 AB→BC→CA→AB 顺序循环通电的方式，以及单、双六拍运行，即按 A→AB→B→BC→C→CA→A 顺序循环通电的方式。六拍运行时的步距角将减小一半。反应式步进电动机的步距角计算公式为

$$\theta_b=\frac{360°}{NE_r} \tag{3-18}$$

式中 E_r——转子齿数；

N——运行拍数，$N=km$，m 为步进电动机的绕组相数，k=1 或 2。

和反应式步进电动机不同，永磁式步进电动机的绕组电流要求正、反向流动，故驱动电路一般要做成双极性驱动。永磁感应子式步进电动机的绕组电流也要求正、反向流动，故驱动电路通常也要做成双极性驱动。

（3）步进电动机的基本特点

1）步进电动机的每相绕组不是恒定通电，而是脉动式通电，由专用电源供给电脉冲。

2）每输入一个脉冲电信号，转子即转过一个角度，称为步距角。

3）反应式步进电动机可以按特定指令旋转某一角度进行角度控制，也可以连续不断地转动，进行速度控制。

4）步进电动机具有自锁能力。当控制脉冲停止输入，让最后一个脉冲控制的绕组继续通直流电时，电动机转子可以保证停在此固定的位置上，从而可使步进电动机实现停车时转子定位。

（4）步进电动机的主要性能指标

1）步距角 θ_b。同相数的步进电动机步距角有两种，即 1.5°/0.75°、1.2°/0.6°、3°/1.5°，单、双拍制的步距角比单拍制或双拍制的步距角减少一半。

2）静态步距角误差。它是指实际步距角与理论步距角之间的偏差，以偏差的角度或理论步距角的百分数来衡量，其越小，精度越高。

3）步进电动机的精度。它用步距角误差或积累误差来衡量。积累误差是指转子从任意位置开始，经过任意步后，转子的实际转角与理论转角之差的最大值。电动机转一周，其积累误差应为零，在一周内积累误差可大可小，可正可负。

4）最大起动转矩（保持转矩）Tq。它是指步进电动机通电但没有转动时，定子锁住转子的力矩，单位为 N·m。它是电动机所能带动的极限负载转矩，是衡量电动机的一个重要指标。

5）起动频率。它是指步进电动机不失步起动所能施加的最高控制脉冲频率。

6）空载起动频率。它是指电动机空载情况下的起动频率。

7）运行频率。它是指步进电动机带一定负载起动后，连续缓慢提高脉冲频率直到不失步运行的最高频率。它比起动频率大得多，因此，步进电动机常采用升降速控制，起停时频率降低，正常运行时，频率升高。

（5）步进电动机的选用

步进电动机的转矩特性曲线如图 3-36 所示。

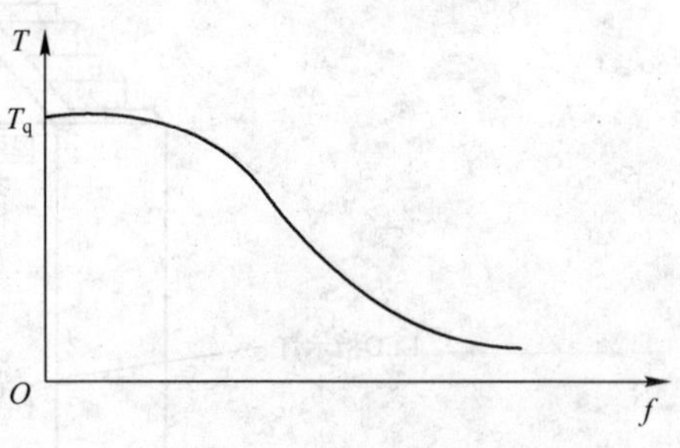

图 3-36　步进电动机转矩特性曲线

已知负载转矩，可以在起动转矩特性曲线中查出起动频率。这是起动频率的极限值，实际使用时，只要起动频率小于或等于这一极限值，步进电动机就可以直接带负载起动。若已知步进电动机的连续运行频率 f，就可以从转矩特性曲线中查出转矩 T_q，这也是转矩的极限值，有时称其为失步转矩。也就是说，若步进电动机以频率 f 运行，则它所拖动的负载转矩必须小于 T_q，否则就会导致失步。

（6）步进电动机驱动器及其应用

随着步进电动机在各方面的广泛应用，步进电动机的驱动装置也从分立元件电路发展到集成元件电路，目前已研制出系列化、模块化的步进电动机驱动器。虽然各生产厂家的驱动器标准不统一，但其接口定义基本相同，只要了解接口中接线端子、标准接口及拨动开关的定义和使用，即可利用驱动器构成步进电动机控制系统。下面以上海开通数控有限公司 KT350 系列混合式步进电动机驱动器为例加以介绍。

图 3-37 所示为 KT350 系列步进电动机驱动器的外形及接口图。其中，接线端子排 A、$\overline{A}$、B、$\overline{B}$、C、$\overline{C}$、D、$\overline{D}$、E、$\overline{E}$ 接至电动机的各相；AC 为电源进线，用于接 50Hz、80V 的交流电源，端子 G 用于接地；连接器 CN1 为一个 9 芯连接器，可与控制装置连接。RPW、CP 为两个 LED 指示灯；SW 是一个四位拨动开关，用于设置步进电动机的控制方式。

图 3-38 所示为四位拨动开关示意图。其中，第 1 位用于脉冲控制模式的选择，OFF 位置为单脉冲控制方式，ON 位置为双脉冲控制方式；第 2 位用于运行方向的选择（仅在单脉冲方式时有效），OFF 位置为标准运行，ON 位置为单方向运行；第 3 位用于整/半步运行模式选择，OFF 位置时，电动机以半步方式运行，ON 位置时，电动机以整步方式运行；第 4 位用于运行状态控制，OFF 位置时，驱动器接受外部脉冲控制运行，ON 位置时驱动试机运行（不需外部脉冲）。

2．直流伺服电动机及其驱动控制

（1）直流伺服电动机

直流伺服电动机具有良好的起动、制动和调速特性，可以很方便地在宽范围内实现平滑无级调速，故多用在对伺服电动机的调速性能要求较高的生产设备中。

直流伺服电动机的结构如图 3-39 所示，主要包括以下 3 部分。

1）定子。定子磁极磁场由定子的磁极产生。根据产生磁场的方式，直流伺服电动机可分为永磁式和他励式。永磁式磁极由永磁材料制成，他励式磁极由冲压硅钢片叠压而成，外绕线圈通以直流电流便产生恒定磁场。

2）转子。转子又称为电枢，由硅钢片叠压而成，表面嵌有线圈，通以直流电时，在定子磁场作用下产生带动负载旋转的电磁转矩。

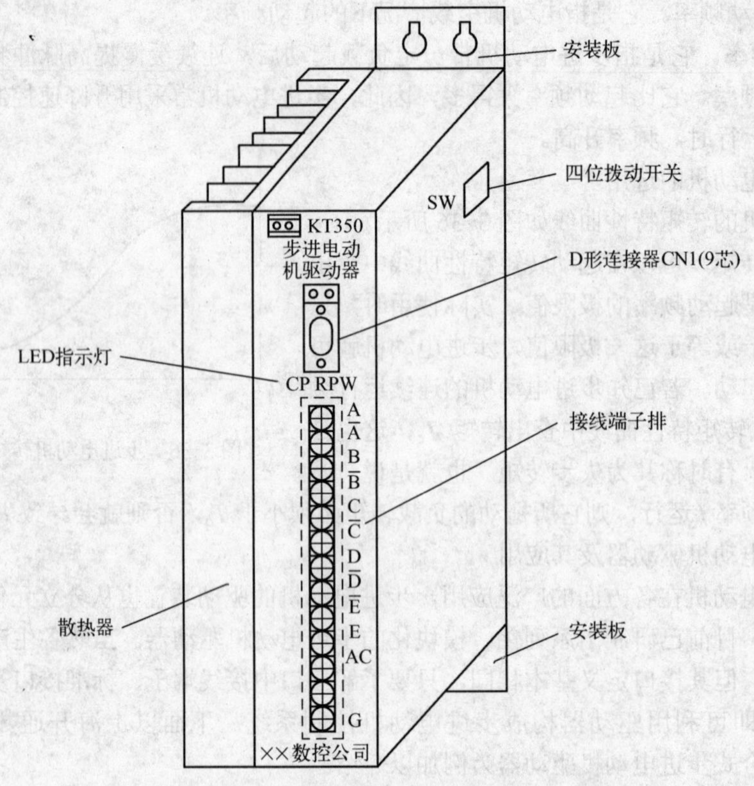

图 3-37　KT350 系列步进电动机驱动器的外形及接口图

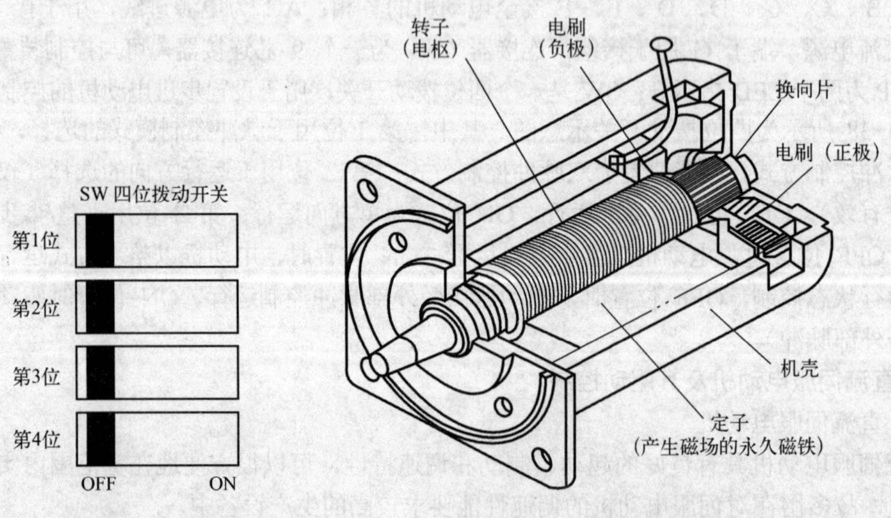

图 3-38　四位拨动开关示意图　　　　图 3-39　直流伺服电动机结构

3）电刷和换向片。为使所产生的电磁转矩保持恒定方向，转子能沿固定方向均匀地连续旋转，电刷与外加直流电源相接，换向片与电枢导体相接。

直流伺服电动机的工作原理与一般直流电动机的工作原理完全相同。他励直流电动机转子上的载流导体（即电枢绕组）在定子磁场中受到电磁转矩的作用，使电动机转子旋转。

（2）直流伺服进给驱动控制

数控机床直流伺服进给系统多采用永磁式直流伺服电动机作为执行元件，为了与伺服系统所要求的负载特性相吻合，常采用控制电动机电枢电压的方法来控制输出转矩和转速。目前使用最广泛的方法是晶体管脉宽调制器-直流电动机调速（PWM-M），简称为 PWM 变换器。它具有响应快、效率高、调整范围宽、噪声污染低、结构简单、工作可靠等优点。

脉宽调速（PWM）的基本原理是利用大功率晶体管的开关作用，将恒定的直流电源电压转成一定频率的方波电压，并加在直流电动机的电枢上，通过对方波脉冲宽度的控制，改变电枢的平均电压来控制电动机的转速。图 3-40 所示为 PWM 降压斩波器原理及输出波形。图 3-40a 中的晶体管 V 工作在“开”和“关”状态，假定 V 先导通一段时间 t_1，此时全部电压加在电动机的电枢上（忽略管压降），然后使 V 关断，时间为 t_2，此时电压全部加在 V 上，电枢回路的电压为 0。反复导通和关闭晶体管 V，得到如图 3-40b 所示的电压波形。

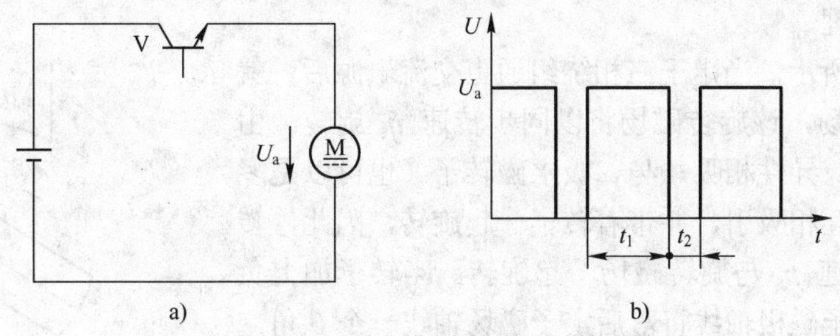

图 3-40　PWM 降压斩波器原理及输出波形

在(t_1+t_2)时间内，加在电动机电枢回路上的平均电压为

$$U_a = \frac{t_1}{t_1+t_2}U = aU \tag{3-19}$$

式中，$a=\dfrac{t_1}{t_1+t_2}$为占空比，$0 \leqslant a \leqslant 1$；$U_a$ 的变化范围在 $0 \sim U$ 之间，均为正值，即电动机只能在某一个方向调速，称为不可逆调速。当需要电动机在正、反两个方向上都能调速时，需要使用桥式（H 形）降压斩波电路，如图 3-41a 所示。桥式电路中，V_1、V_4 同时导通、同时关断，V_2、V_3 同时导通、同时关断，但同一桥臂上的晶体管（如 V_1 和 V_3、V_2 和 V_4）不允许同时导通，否则将使直流电源短路。设先使 V_1、V_4 同时导通 t_1 时间后关断，间隔一定的时间后，再使 V_1、V_3 同时导通一段时间 t_2 后关断，如此反复进行，得到输出电压波形如图 3-41b 所示。

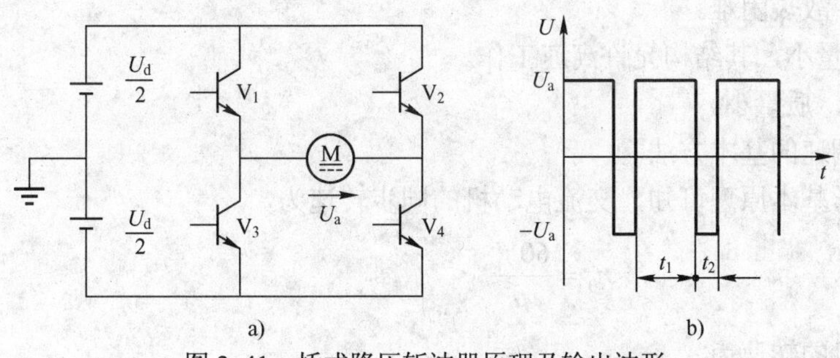

图 3-41　桥式降压斩波器原理及输出波形

加在电动机上的平均电压为

$$U_{\mathrm{a}}=\frac{t_1-t_2}{t_1+t_2}U_{\mathrm{d}}=(2a-1)U_{\mathrm{d}} \tag{3-20}$$

当 $0\leqslant a\leqslant 1$ 时，U_{a} 值的范围是 $-U_{\mathrm{d}}\sim U_{\mathrm{d}}$。因此电动机可以在正、反两个方向上调速。

3．交流伺服电动机

现代交流伺服系统几乎都采用三相交流永磁结构，即同步型交流伺服电动机（SM），它是一台机组，由永磁同步电动机、转子位置传感器、速度传感器等组成。

（1）结构

永磁同步电动机主要由 3 部分组成：定子、转子和检测元件（转子位置传感器和测速发电机）。其中，定子有齿槽，内有三相绕组，形状与普通感应电动机的定子相同。但其外圆多呈多边行，且无外壳，以利于散热，避免电动机发热对机床精度的影响。

（2）工作原理

如图 3-42 所示，当定子三相绕组通上交流电源后，就产生一个旋转磁场，该旋转磁场将以同步转速 n_{s} 旋转。由于磁极同性相斥、异性相吸，与二极永磁转子（也可以是多极）的永磁磁极互相吸引，并带着转子一起旋转，因此，转子也将以同步转速 n_{s} 与旋转磁场一起旋转。当转子加上负载转矩之后，转子磁极轴线将落后定子磁场轴线一个 θ 角，随着负载增加，θ 角也随之增大；当负载减小时，θ 角也减小；只要不超过一定限度，转子始终跟着定子的旋转磁场以恒定的同步转速 n_{s} 旋转。转子速度 $n_{\mathrm{r}}=n_{\mathrm{s}}=60f/p$，即由电源频率 f 和磁极对数 p 决定。

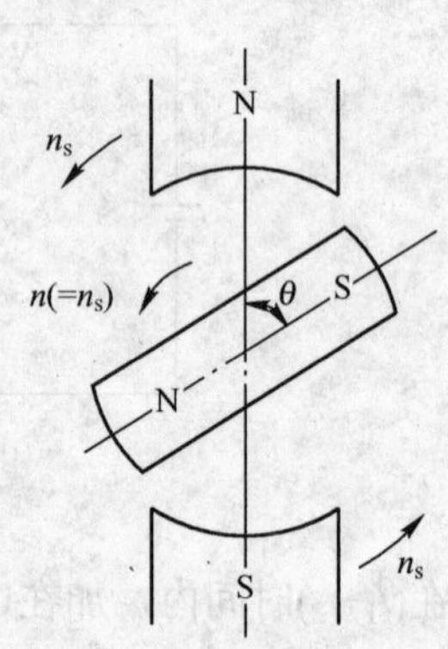

图 3-42　交流伺服电动机原理图

当负载超过一定极限后，转子不再按同步转速旋转，甚至可能不转，这就是同步电动机的失步现象，此负载的极限称为最大同步转矩。

（3）永磁同步伺服电动机的性能

1）交流伺服电动机的机械特性比直流伺服电动机的机械特性要硬，其直线更为接近水平线。另外，断续工作区范围更大，尤其是高速区，这有利于提高电动机的加、减速能力。

2）高可靠性。用电子逆变器取代了直流电动机换向器和电刷，其工作寿命由轴承决定。因无换向器及电刷，也省去了此项目的保养和维护。

3）主要损耗在定子绕组与铁心上，故散热容易，便于安装热保护；而直流电动机损耗主要在转子上，散热困难。

4）转子惯量小，其结构允许高速工作。

5）体积小，质量小。

（4）交流调速的基本方法

由电动机学基本原理可知，交流电动机的同步转速为

$$n_0=\frac{60f_1}{p} \tag{3-21}$$

异步电动机的转速为

$$n = \frac{60 f_1 (1-s)}{p} = n_0 (1-s) \tag{3-22}$$

式中 f_1——定子供电频率（Hz）；

p——电动机定子绕组磁极对数；

s——转差率。

由式（3-21）和式（3-22）可知，要改变电动机转速可采用以下几种方法。

1）改变磁极对数 p。这是一种有级的调速方法。它是通过对定子绕组接线的切换以改变磁极对数调速的。

2）改变转差率调速。这实际上是对异步电动机转差率的处理而获得的调速方法。常用的有降低定子电压调速、电磁转差离合器调速、线绕式异步电动机转子串电阻调速或串磁极调速等。

3）变频调速。变频调速是平滑改变定子供电电压频率 f_1 而使转速平滑变化的调速方法。这是交流电动机的一种理想调速方法。电动机从高速到低速其转差率都很小，因而变频调速的效率和功率因数都很高。

（5）SPWM 变频控制器

永磁交流同步伺服电动机的同步转速与电源的频率存在严格的对应关系，即在电源电压和频率固定不变时，它的转速是稳定不变的。当采用变频电源供电时，可方便地获得同频率成正比的可变转速。

SPWM 变频控制器，即正弦波 PWM 变频控制器，它是 PWM 变频控制器调制方法的一种。图 3-43 所示 SPWM 交-直-交变频器，由不可控整流器经滤波后形成恒定幅值的直流电压加在逆变器上，控制逆变器功率开关器件的通和断，使其输出端获得不同宽度的矩形脉冲波形。通过改变矩形脉冲波的宽度可控制逆变器输出交流基波电压的幅值；改变调制周期可控制其输出频率，从而在逆变器上同时进行输出电压与频率的控制，满足变频调速对 U/f 协调控制的要求。

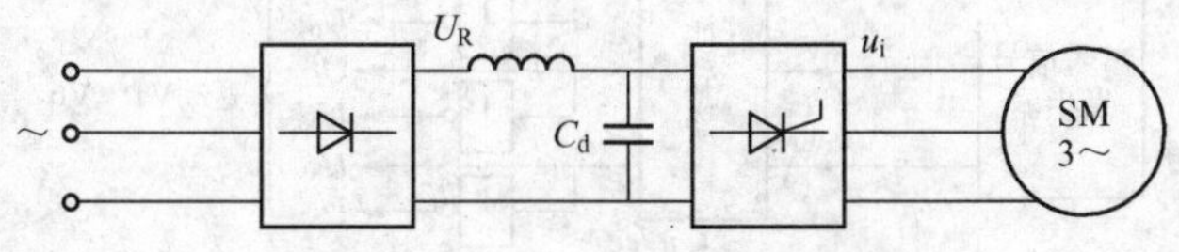

图 3-43　SPWM 交-直-交变频器

1）SPWM 波与等效的正弦波。把一个正弦波分成 n 等份，例如 n=12，曲线与横轴所包围的面积都用一个与此面积相等的等高矩形脉冲波代替，这样可得到 n 个等高不等宽的脉冲序列，它对应于一个正弦波的正半周，如图 3-44b 所示。对于负半周，同样可以这样处理。如果负载正弦波的幅值改变，则与其等效的各等高矩形脉冲的宽度也相应改变，这就是与正弦波等效的正弦脉宽调制波（SPWM）。

2）三相 SPWM 电路。和控制波形为直流电压的 PWM 相比，SPWM 调制的控制信号为幅值和频率均可调的正弦波参考信号，载波信号为三角波。正弦波和三角波相交可得到一组矩形脉冲，其幅值不变，而脉冲宽度是按正弦规律变化的 SPWM 波形。

对于三相 SPWM，逆变器必须产生互差 120° 的三相正弦波脉宽调制波。为了得到这些三相调制波，三角波载波信号可以共用，但是必须有一个三相正弦波发生器产生可变频、可变幅且互差 120°的三相正弦波参考信号，然后将它们分别与三角波载波信号相比较后，产生三相脉宽调制波。

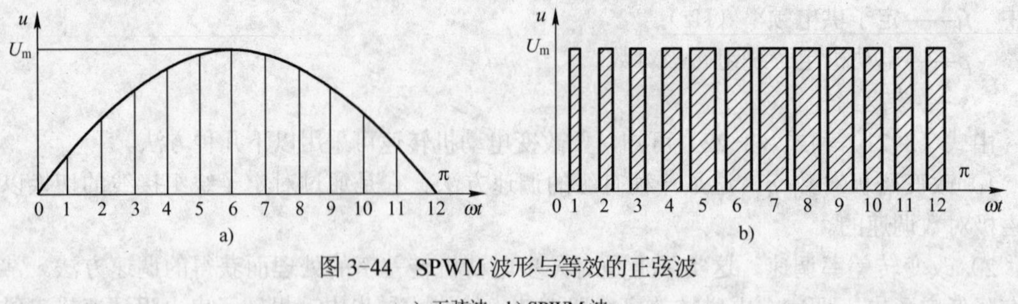

图 3-44　SPWM 波形与等效的正弦波

a) 正弦波　b) SPWM 波

图 3-45 所示为三相 SPWM 变频控制器电路。图 3-45a 所示为主电路，Vl～V6 是逆变器的 6 个功率开关器件，各与一个续流二极管反并联，由三相整流桥提供恒值直流电压 U_d 供电。图 3-45b 所示为控制电路，一组三相对称的正弦参考电压信号 u_{rU}、u_{rV}、u_{rW} 由参考信号发生器提供，其频率决定逆变器输出的基波频率，应在所要求的输出频率范围内可调。参考信号幅值也可在一定范围内变化，决定输出电压的大小。三角波载波信号 MT 是共用的，分别与每相参考电压比较后产生逆变器功率开关器件的驱动控制信号。

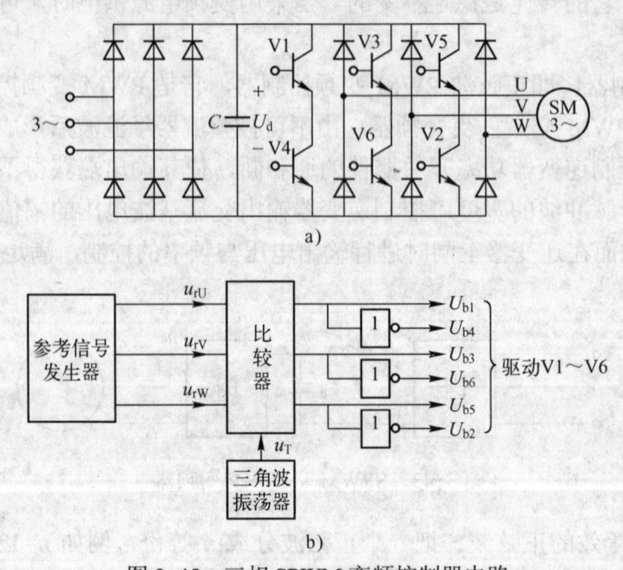

图 3-45　三相 SPWM 变频控制器电路

a) 主电路　b) 控制电路

3.3　进给模块 PMC 控制

1. 数控机床倍率开关 PMC 控制

（1）进给速度倍率信号

图 3-46a 所示为某数控机床操作面板上的进给倍率开关图。用户可以通过进给倍率开关选择百分比（%）来增加或减少编程进给速度，主要用于程序检测。例如，当在程序中指定

的进给速度为 150mm/min 时，将倍率设定为 50%，使机床以 75mm/min 的速度移动。进给速度倍率信号为 8 位二进制编码信号（倍率值在范围 0%～254%内以 1%为单位倍率进行选择），进给倍率信号为负逻辑信号（即为 0）有效。FANUC-0i 系统进给倍率信号地址为 G12，系统点动连续进给速度信号地址为 G10。

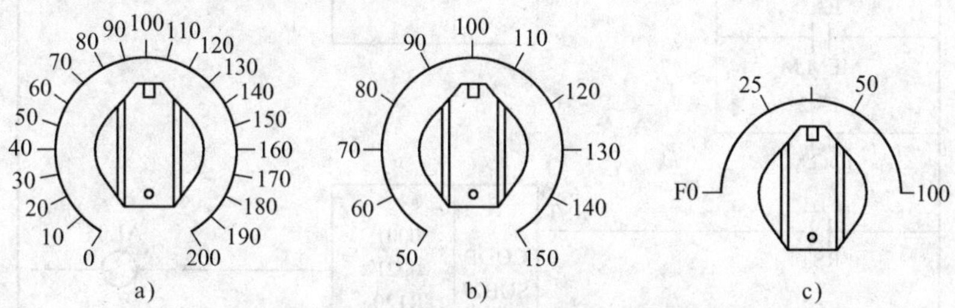

图 3-46　某数控机床操作面板上的倍率开关

a) 进给倍率开关　b) 主轴倍率开关　c) 快移倍率开关

（2）进给倍率开关的 PMC 控制过程

数控机床的进给倍率开关可以控制自动运行（MEM、MDI、DNC）进给速度的倍率，同时还可以控制点动连续进给（JOG）的速度。进给倍率控制流程如图 3-47 所示。PMC 控制梯形图如图 3-48 所示（FANUC-0i 系统）。

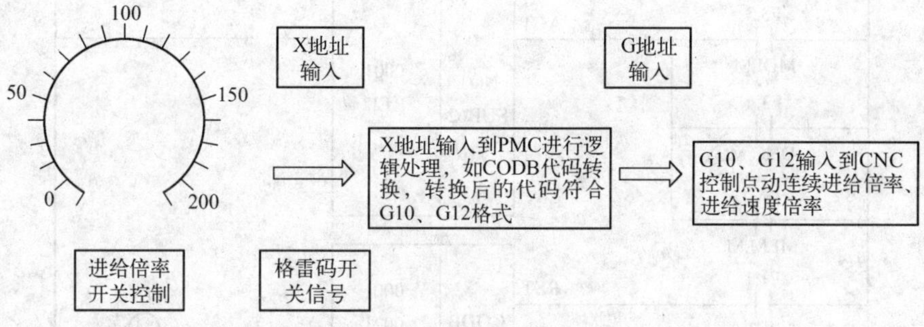

图 3-47　进给倍率控制流程

1）倍率开关的输入信号地址为 X40.0、X40.1、X40.2、X40.3、X40.4（以二进制代码形式组成 21 种状态），通过逻辑与传输指令 MOVE(SUB8)发送到继电器 R120 的位 R120.0、R120.1、R120.2、R120.4 中。

2）F3.2、F3.3、F3.4、F3.5 分别为系统的点动连续进给（JOG）、手动数据输入（MDI）、在线加工（DNC）及自动运行（MEM）状态信号，该信号作为功能指令的选通条件。通过代码转换指令 CODB（SUB27）把开关位置指定表格的数据转换成二进制代码数值，分别传送到继电器 R122（进给速度倍率）、R124（点动连续进给速度）中。

3）系统（CNC）的进给速度倍率信号、点动连续进给速度信号（二进制代码）是负逻辑控制，要通过逻辑非指令 NOT（SUB62）分别把继电器 R122、R124 的二进制数值转换后，输送到系统（CNC）进给倍率信号 G12 和点动连续进给速度信号 G10 中，从而完成系统 PMC 控制。

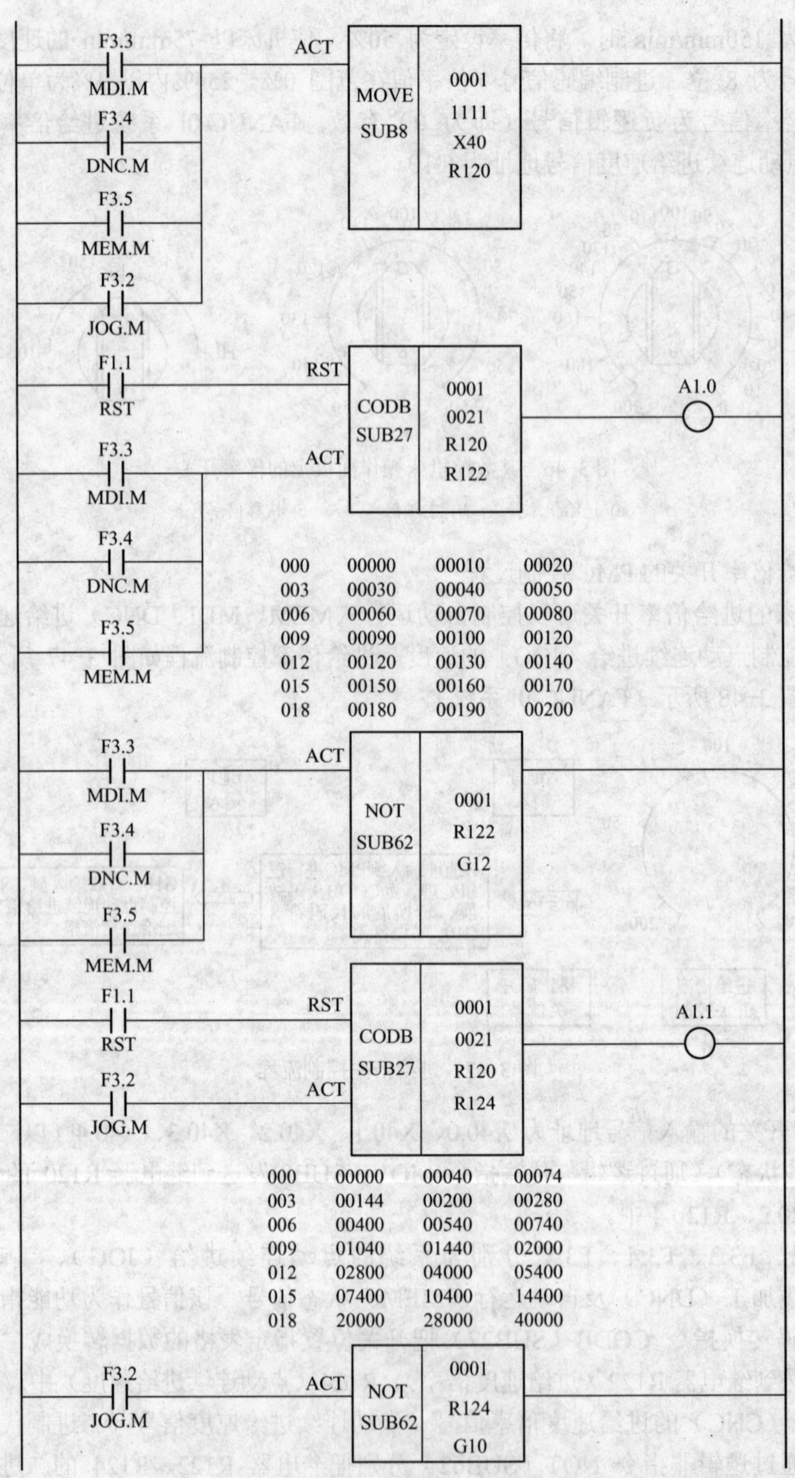

图 3-48 数控机床进给速度倍率和点动速度的 PMC 梯形图

思考与练习题

1．数控机床进给模块包含了哪些主要部件？
2．简述数控机床典型进给伺服系统图。
3．数控机床伺服系统有哪些类型？各自有何特点？
4．伺服电动机与丝杠之间的连接有哪几种形式？各有何特点？
5．简述如何区别滚珠丝杠的内、外循环方式。
6．滚珠丝杠副的支承方式有哪几种？各自有何优缺点？
7．常见的机床导轨主要有哪几种？
8．机床防护罩的主要作用是什么？
9．简述旋转变压器的特点、结构及工作原理。
10．感应同步器有哪几种信号处理方式？各自有何特点？
11．鉴幅型感应同步器数字位置测量系统由哪几部分组成？各有什么功能？
12．编码器在数控机床中主要起什么作用？
13．光栅的测量装备有哪些？分别起什么作用？
14．什么是伺服系统？数控机床进给伺服系统主要由哪几部分组成？
15．简述数控机床对伺服系统的要求。
16．伺服系统按控制方式可分为哪几种？请分别画出控制方式的结构图。
17．步进电动机的转速与哪些因素有关？应如何改变其转向？
18．直流伺服电动机主要由哪几部分构成？
19．简述 PWM 的基本原理。
20．如何改变交流伺服电动机的转速？
21．简述 SPWM 和 PWM 的区别。
22．画出进给倍率开关的 PMC 控制过程示意图。
23．进给倍率开关的 PMC 的控制信号有哪些？如何进行地址分配？

第 4 章　数控机床刀库模块

4.1　刀库模块概述

一个零件往往需要进行多工序的加工，而简单的数控机床只能完成单工序的加工，如数控车、钻床等。因此在制造一个零件的过程中，大量的时间用于更换刀具、装卸零件、测量检验等非切削时间上，切削加工时间只占很小一部分。为此，往往采用“工序集中”的原则来提高效率，但还是不能从根本上解决效率低下的问题。因此，科技人员开发了带有刀库和自动换刀装置（ATC）模块的数控机床，即目前常见的“加工中心”机床。它可以实现“一次装夹，全程自动加工”的功能，大大提高了机床的加工效率，同时大幅提高了工件的加工精度，极大地缩短了加工时间并减轻了机床操作人员的工作强度。

刀库模块主要由刀库和自动换刀装置构成。图 4-1 所示为卧式加工中心的刀库模块示意图。

图 4-1　卧式加工中心的刀库模块

4.1.1　刀库的类型

刀库主要是提供贮刀位置，并依据数控系统程序的控制，正确选择刀具加以定位，以进行刀具交换。刀库的容量、布局，因不同的数控机床类型，其形式也有所不同。根据刀库的容量、外形和取刀方式可分为以下几种。

1．圆盘式刀库

圆盘式刀库通常应用在中小型立式加工中心上。圆盘式刀库也称为固定地址换刀刀库，即每个刀位上都有编号，1～12、18、24 等，即为刀号地址。图 4-2 所示为各种圆盘式刀库的实物图。

现以一具体实物图为例来具体说明圆盘式刀库的具体组成：在刀库支架上安装有刀库组

件，主要由换刀电动机（旋转、定位刀库）、活动气压缸、液压缸（刀库平移所需动力）、刀座编号、标准刀具、移动式刀库仓库门、空刀夹等构成，如图 4-3 所示。

图 4-2　各种圆盘式刀库的实物图

图 4-3　圆盘式刀库的组成

2．链式刀库

圆盘式刀库容量较小，而链式刀库的出现填补了大容量刀库的空缺。链式刀库的特点是可存放较多数量的刀具，一般可达 100 把以上。其借助链条将要更换的刀具传动到指定位置，由机械手将刀具装到主轴上，换刀动作通常采用电动机或液压系统完成。图 4-4 所示为各种链式刀库的实物图。链式刀库主要应用在大中型数控机床及精密加工中心上。

图 4-4　各种链式刀库的实物图

4.1.2　自动换刀装置

为了完成对工件的多工序加工而设置的存贮及更换刀具的装置称为自动换刀装置

（Automatic Tool Changer ，ATC）。自动换刀装置应当满足的基本要求是：① 刀具换刀时间短且换刀可靠；② 刀具重复定位精度高；③ 足够的刀具贮存量；④ 刀库占地面积小。

1．数控车床自动换刀装置

回转刀架是数控车床最常用的一种典型换刀装置，它通过刀架的旋转、分度定位来实现机床的自动换刀。其刀架可以设计成四方形、六方形或多边形；刀架回转中心的布局形式通常有立式和卧式两种。该型 ATC 多用于数控车床或车削中心。在目前普及型的数控车床上最常见的是立式回转的四方电动刀架，即刀库容量为四把刀具。数控车削中心最常见的是多边形转塔刀库。

（1）四方电动刀架

图 4-5 所示为数控车床及四方电动刀架，其四方电动刀架的换刀过程如下。

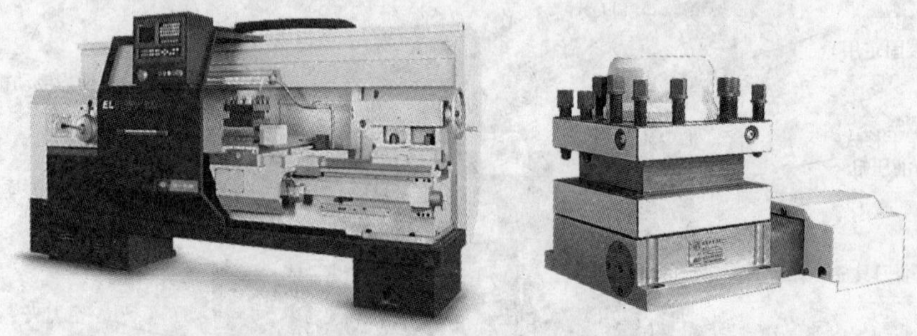

图 4-5　数控车床及其四方电动刀架

1）刀架抬起。刀架电动机与刀架内一蜗杆相连，刀架电动机转动时与蜗杆配套的蜗轮转动，此蜗轮与一条丝杠为一体（称为“蜗轮丝杠”），当丝杠转动时会上升（与丝杠旋合的螺母与刀架是一体的，当松开时刀架不动作，所以丝杠会上升），丝杠上升后使位于丝杠上端的压板上升，即松开刀架。

2）刀架转位。刀架松开后，丝杠继续转动，刀架在摩擦力的作用下与丝杠一起转动，即换刀。在刀架的每一个刀位上有一个磁感应器，当转到系统所需的刀位时，磁感应器发出信号，刀架电动机开始反转，即刀架转位。

3）刀架锁紧。刀架是用类似于棘轮的机构安装的，只能沿一个方向旋转，当丝杠反转时刀架不能动作，丝杠就带着压板向下运动将刀架锁紧，完成换刀。

（2）数控车削中心机床及其转塔刀架

如图 4-6 所示，数控车削中心的转塔刀架各刀位预先装好所需刀具，换刀时依次转至加工位置，继续进行加工。但通常会安装动力刀头（*C* 轴），即具有附加伺服动力源，接通主运动，带动刀具旋转，对工件进行车削加工（型腔、槽），省去了自动装卸刀具、夹紧及刀具扳动等复杂操作，缩短了换刀时间，提高了换刀可靠性。车削中心转塔刀库如图 4-7 所示。

2．铣削类机床自动换刀装置

铣削类机床的典型代表为数控铣床和加工中心，其自动换刀装置可以分成有机械手换刀机构装置和无机械手换刀装置两类。

（1）无机械手换刀方式

这种换刀方式由刀库与机床主轴的相对运动来实现刀具的交换。无机械手换刀装置结构简单，成本低廉，换刀可靠。但因刀库结构所限，其刀具容量不多，限制了使用范围，而且换刀时间长，常用于中小型加工中心。无机械手换刀装置的刀库组件形式如图 4-8 所示。

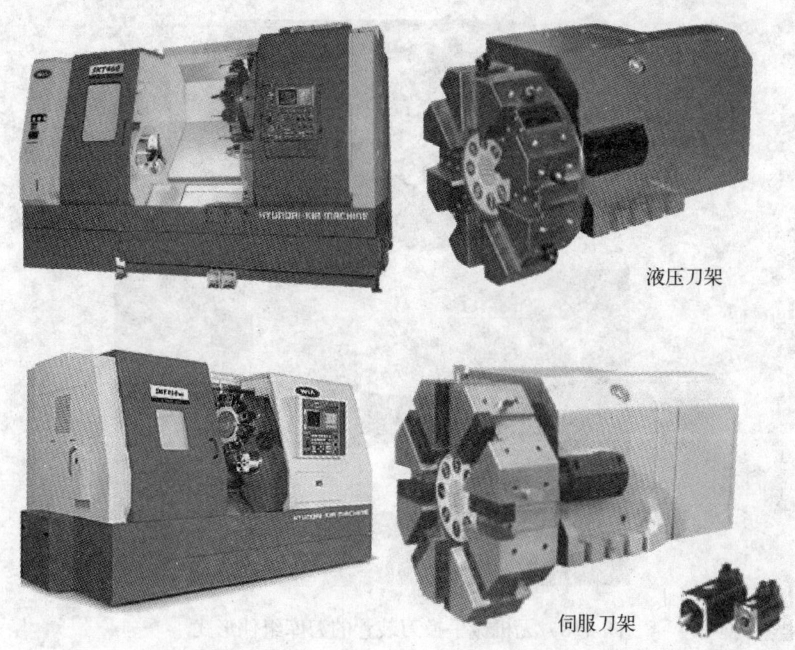

图 4-6　数控车削中心机床及其转塔刀架

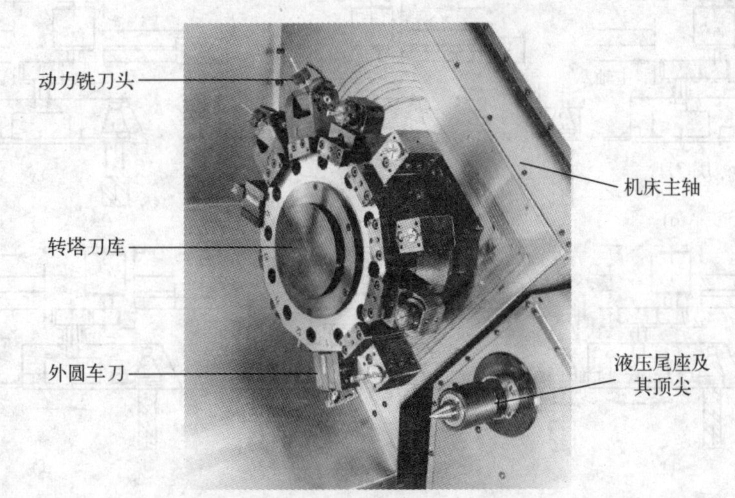

图 4-7　车削中心转塔刀库

无机械手换刀方式的过程相对比较缓慢，需要机床主轴上下的移动加上刀库相对左右平移的运动才能实现，具体的换刀动作过程分解如图 4-9 所示。

在图 4-9a 中，主轴移动到 Z 轴固定的换刀位置，主轴准停，刀库旋转到空刀位与主轴平齐；在图 4-9b 中，刀库右移，空刀位上的刀夹夹紧主轴上要拆卸的刀具；在图 4-9c 中，主轴先松开其内部的刀具夹紧机构，主轴向上抬起，释放出刀具，实现退刀；在图 4-9d 中，刀库旋转到需要更换的新刀具位置，刀库停止旋转；在图 4-9e 中，主轴向下运动，主轴端部刀具夹紧机构卡住在换刀位置待换的新刀具；在图 4-9f 中，刀库释放空刀夹，刀库整体左移，退回原位，刀库门关闭。至此，换刀完成。

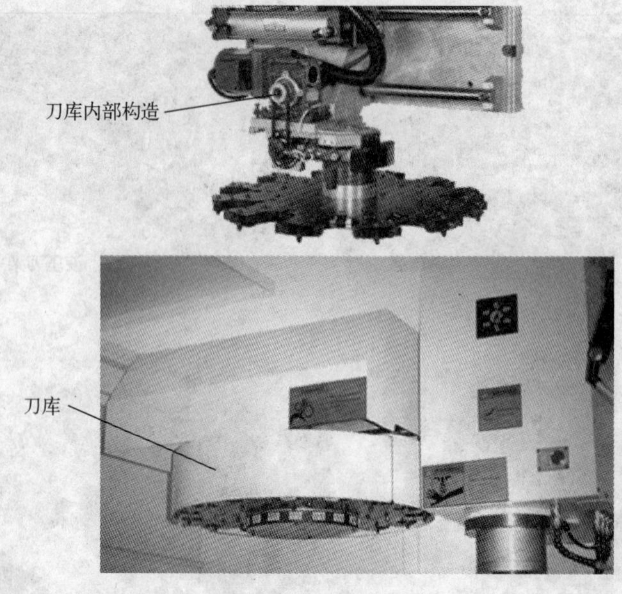

图 4-8　无机械手换刀装置的刀库组件形式

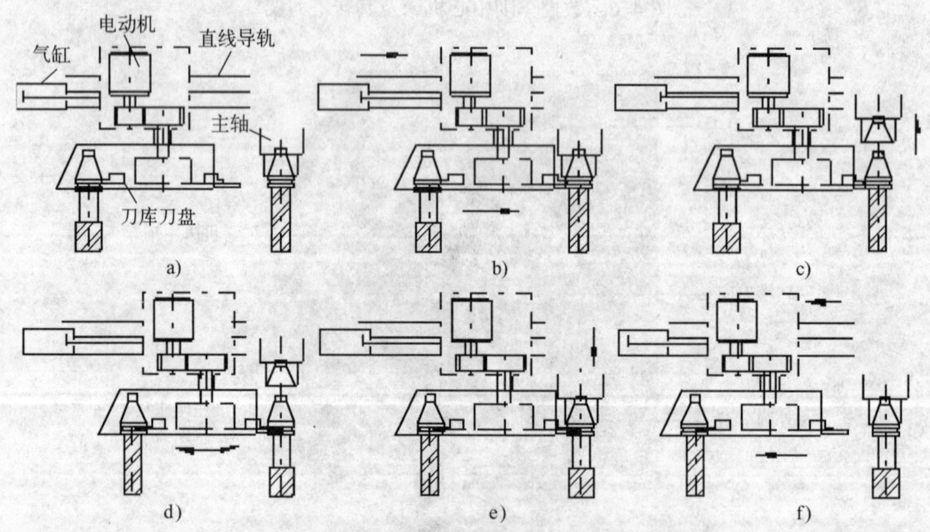

图 4-9　无机械手换刀方式的过程分解图

（2）有机械手换刀方式

有机械手换刀装置的结构组件如图 4-10 所示。无论是圆盘式刀库或链式刀库，都适合使用有机械手换刀方式。有机械手换刀方式的效率和精准度都很高，大大缩短了换刀时间，提高了机床使用率，在现代数控机床中有着广泛的应用。

机械手结构如图 4-11 所示。

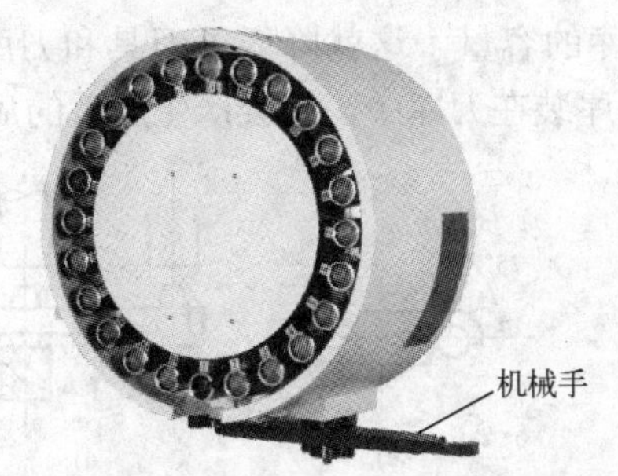

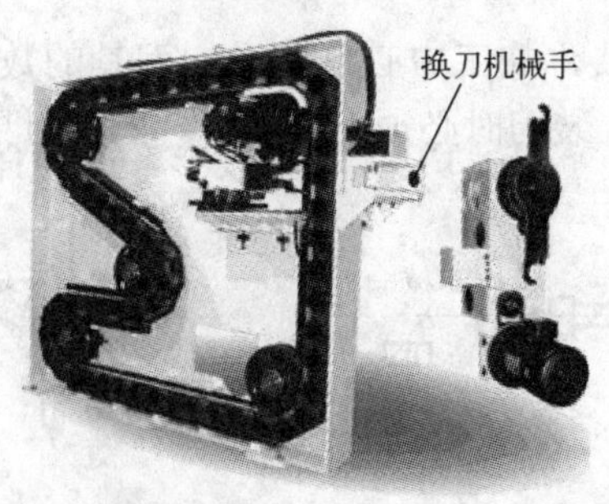

图 4-10　有机械手换刀装置的结构组件

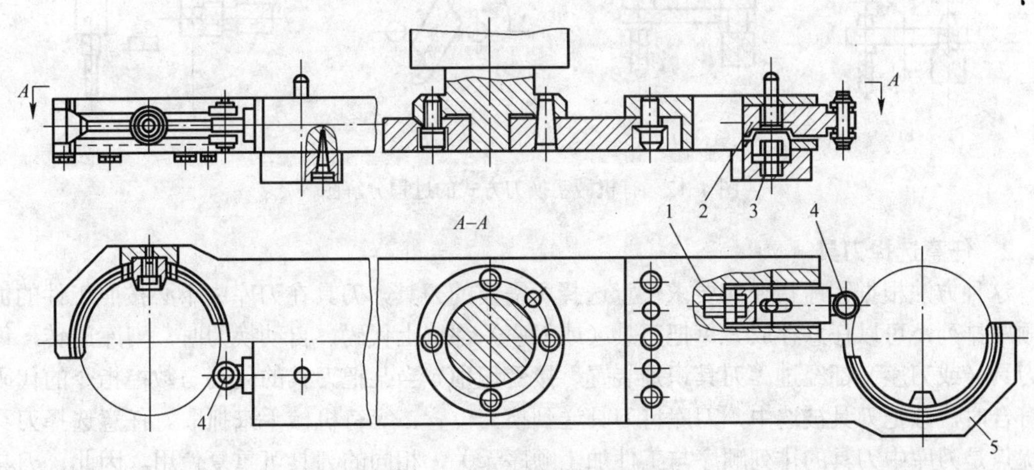

图 4-11　机械手结构

1、3—弹簧　2—锁紧销　4—活动销　5—手爪

以圆盘式刀库为例，如图 4-12 所示，在图 4-12a 中，刀库旋转到需要更换的新刀具的刀号停止，备刀完成；在图 4-12b 中，备刀导套向下旋转 90°，与工作台成垂直位置，主轴箱运动到主轴准停位置，准备换刀；在图 4-12c 中，机械手旋转 90°，两端分别卡住要更换的旧刀和刀库里的新刀；在图 4-12d 中，机械手向下，同时拉出刀库导套上的刀具和主轴上的旧刀；在图 4-12e 中，机械手旋转 180°，更换两把刀的位置；在图 4-12f 中，机械手向上运动，将两把刀同时放入刀库导套和主轴中夹紧；在图 4-12g 中，机械手换刀完成，回归原位；在图 4-12h 中，刀库导套向上旋转 90°，刀库门关闭，换刀动作完成。

有机械手换刀的形式还有其他多种，这里就不一一介绍。

4.1.3　刀具的选择方式

按数控装置的刀具选择指令，从刀库中将所需的刀具转换到取刀位置，称为自动选刀。在刀库中选择刀具通常采用以下几种方法。

1．顺序选择刀具

刀具按预定工序的先后顺序插入刀库的刀座中，使用时按顺序转到取刀位置。用过的刀具放回原来的刀座内，也可以按加工顺序放入下一个刀座内。该方法不需要刀具识别装置，驱动控制也较简单，工作可靠。但刀库中每一把刀具在不同的工序中不能重复使用，为了满足加工需要，加工中心只有增加刀具的数量和刀库的容量，这就降低了刀具和刀库的利用率。此外，装刀时必须十分谨慎，如果刀具不按顺序装在刀库中，将会产生严重的后果。

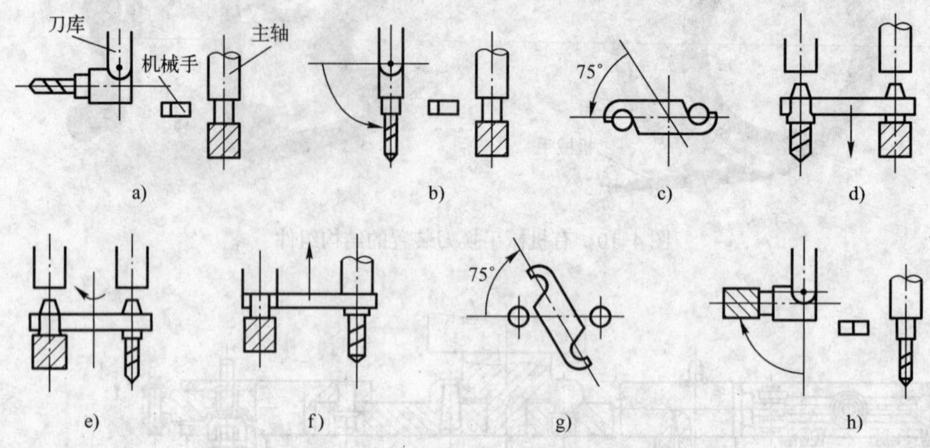

图 4-12 有机械手换刀方式的过程分解图

2. 任意选择刀具

这种方法根据程序指令的要求任意选择所需要的刀具，刀具在刀库中不必按照工件的加工顺序排列，可以任意存放。每把刀具（或刀座）都编上代码，自动换刀时，刀库旋转，每把刀具（或刀座）都经过“刀具识别装置”接受识别。当某把刀具的代码与数控指令的代码相符合时，该把刀具被选中，刀库将刀具送到换刀位置，等待机械手来抓取。任意选择刀具的优点是刀库中刀具的排列顺序与工件加工顺序无关，相同的刀具可重复使用。因此，刀具数量比顺序选择法的刀具可少一些，刀库也相应地小一些。

任意选择刀具必须对刀具编码，以便识别。编码方式主要有以下几种。

（1）刀具编码方式

这种方式是采用特殊的刀柄结构进行编码。由于每把刀具都有自己的代码，因此，可以存放于刀库的任一刀座中。这样刀库中的刀具在不同的工序中也就可以重复使用，用过的刀具也不一定放回原刀座中，这对装刀和选刀都十分有利，刀库的容量也可相应地减小，而且还可避免由于刀具存放在刀库中的顺序差错而造成事故。

（2）刀座编码方式

这种编码方式对刀库中每个刀座都进行编码，刀具也编号，并将刀具放到与其号码相符合的刀座中。换刀时刀库旋转，使各个刀座依次经过识刀器，直至找到规定的刀座，刀库便停止旋转。由于这种编码方式取消了刀柄中的编码环，使刀柄结构大为简化。因此，刀具识别装置的位置不受刀柄尺寸的限制，而且可以放在较适当的位置。另外，在自动换刀过程中必须将用过的刀具放回原来的刀座中，增加了换刀的动作。与顺序选择刀具的方式相比，刀座编码的突出优点是刀具在加工过程中可以重复使用。

（3）编码附件方式

编码附件方式可分为编码钥匙、编码卡片、编码杆和编码盘等，其中应用最多的是编码钥匙。这种方式是先给刀具都缚上一把表示该刀具号的编码钥匙，当把某个刀具放到刀库中时，识别装置可以通过识别刀具上的号码来选取该钥匙旁边的刀具。

（4）非接触式刀具识别装置

非接触式刀具识别装置没有机械直接接触，因而无磨损、无噪声、寿命长、反应速度快，适用于高速、换刀频繁的工作场合。常用的有磁性识别法和光电识别法。非接触式磁性识别法是利用磁性材料和非磁性材料感应强弱不同，通过感应线圈读取代码的。

3．PLC（可编程序控制器）实现随机换刀

由于计算机技术的发展，可以利用软件选刀。加工中心利用它代替了传统的编码环和识刀器。在这种选刀与换刀方式中，刀库上的刀具能与主轴上的刀具任意地直接交换，即随机换刀。主轴上换来的新刀具号及还回刀库上的刀具号，均在 PLC 内部相应的存储单元记忆。随机换刀控制方式需要在 PLC 内部设置一个模拟刀库的数据表，其长度和表内设置的数据与刀库的位置数和刀具号相对应。这种方法主要由软件完成选刀，从而消除了由于识刀装置的稳定性、可靠性所带来的选刀失误。

4.2 FANUC 系统刀库典型 PMC 程序

根据前面介绍的内容可知，刀库可分为盘式刀库和链式刀库。链式刀库一般用于刀具较多的机床上，目前国内大中型数控加工中心机床上使用较多。

根据刀库旋转动力可分为液压马达、普通电动机、伺服电动机、凸轮机械、无动力（靠主轴带动）等。使用前两种方式的比较多，都使用感应开关计数，而且控制方式相似。近年来，由于伺服电动机的优良控制特性，伺服电动机越来越多地使用在刀库的旋转控制中，控制方式主要有 PMC 轴控制、I/O LINK 轴控制两种。

4.2.1 固定换刀式 PMC 程序

固定换刀在刀具不多的情况下采用，一般没有机械手，换刀时先还刀，再取刀；刀具号和刀套号固定，不需要刀具检索，从哪个刀套取的刀具要还回原来的刀套上去；数据表不需要更新。一般来说，斗笠式刀库多为固定换刀，使用 M06T××，PLC 或宏程序检测到 M06 信号脉冲和 T 信号脉冲，将主轴上的刀具还回到对应刀套中去，之后刀库旋转到要交换的刀套位置，换刀。

下面讲述的斗笠式刀库均为固定换刀式刀库，而且刀盘正转，刀套号增大，反转则减小。换刀思路如图 4-13 所示。

由于宏程序在处理和编程上的方便性，在利用 PMC 实现刀库动作时，结合宏程序进行，可以大大节省 PMC 编程的内容，减少工作量。使用宏程序还可以加强可读性，在时序的处理上，可以避免类似梯形图中的复杂处理，利用程序的执行顺序方便地完成。宏程序在当前复杂梯形图的编写中越来越多地被使用。

（1）宏程序

以下为宏程序范例，为了方便说明，均进行了注释。

```
O9001
N1 IF[#1000EQ1]GOTO19 (T CODE=SP TOOL)          T代码等于主轴刀号，换刀结束
N2 #199=#4003 (G90/G91 MODLE)
```

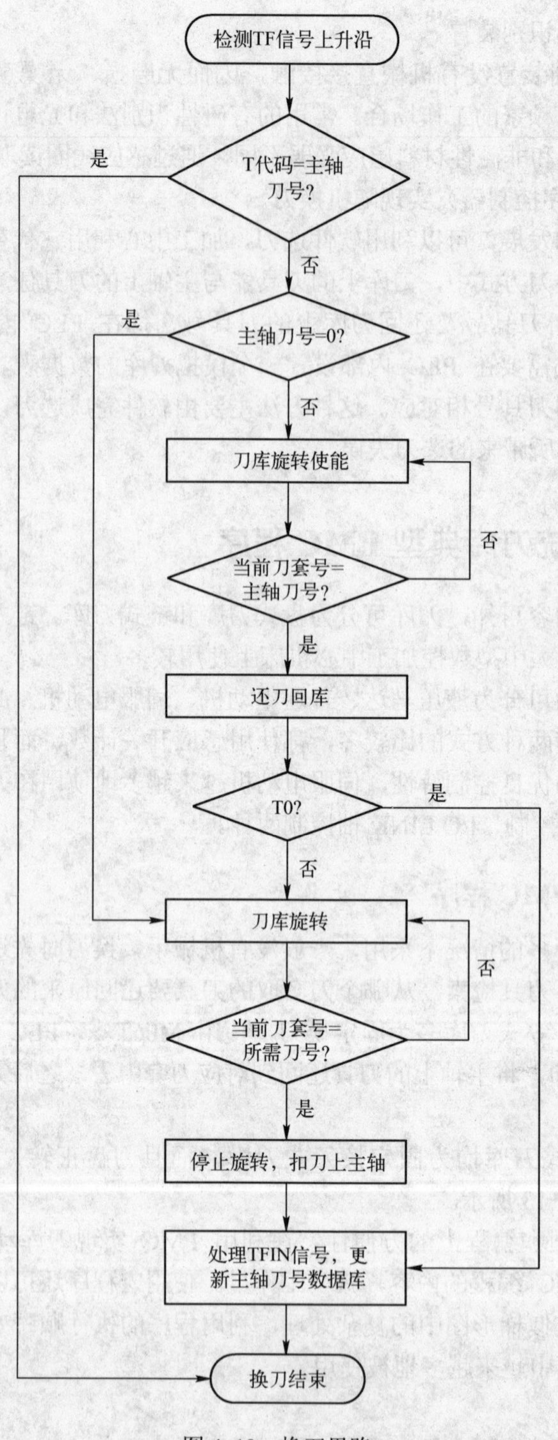

图 4-13　换刀思路

N3 #198=#4006 (G20/21 MODLE)	保留之前的模态信息
N4 IF[#1002EQ1]GOTO7 (SP TOOL=0)	如果主轴刀号为 0，则直接抓刀
N5 G21G91G30P2Z0M19	回第二参考点，M19 定向，准备还刀
N6 GOTO8	

```
N7 G21G91G28Z0M19                          回第一参考点，M19 定向，准备抓刀
N8 M50                                     刀库准备好（使能）
N9 M52                                     刀库向右（靠近主轴）
N10 M53                                    松刀吹气
N11 G91G28Z0                               回第一参考点
N12 IF[#1001EQ1]GOTO15 (T CODE=0)          如果指令 T0，则无需抓刀
N13 M54                                    刀盘旋转
N14 G91G30P2Z0                             回第二参考点
N15 M55                                    刀具卡紧
N16 M56                                    刀盘向左（远离主轴）
N17 M51                                    旋转结束
N18 G#199G#198                             恢复模态
N19 M99
```

在以上的宏程序中，利用#1000～#1002 宏变量对应 PMC 信号 G54 的相应位，可直接和 PMC 进行联系，极大地方便了处理。

（2）宏程序相关参数定义

1）变量解释。

#1000（G54#0）：判断指令 T 代码和主轴上的刀号是否一致，若一致，则#1000=1。

#1001（G54#1）：判断指令 T 代码是否为 0，若为 T0，则#1001=1。

#1002（G54#2）：判断主轴上是否有刀，若没有刀，则#1002=1。

2）M 代码定义。

M19：主轴准停（需调整准停点以方便换刀）。

M50：刀库旋转使能（通知 PMC，可以执行换刀动作了）。

M51：刀库旋转结束。

M52：刀库向右（靠近主轴）。

M53：松刀、吹气。

M54：刀盘旋转。

M55：刀具夹紧。

M56：刀盘向左（远离主轴）。

3）数据表含义。

D0：主轴当前刀号（初始状态时默认主轴上无刀，即 D0=0）。对于更具体的数据表和计数器的定义详见后续梯形图注释。

4）系统参数设定要求。设定 P6071=6（使用 M6 调用 O9001 宏程序），按实际要求设定 Z 轴 P1240（第一参考点位置）和 P1241（第二参考点位置参数）。第一参考点为主轴抓刀等待位，第二参考点为刀库换刀位。

（3）从宏程序的分解上来看，换刀时的三种情况

1）主轴上无刀，指令 T 代码。直接抓刀，执行动作如下。

N7　　返回第一参考点

N8　　刀库旋转使能 M50

N9　刀库向右 M52
N10　松刀、吹气 M53
N13　刀库旋转到位 M54
N14　回第二参考点
N15　刀具夹紧 M55
N16　刀盘向左 M56
N17　旋转结束 M51

2）主轴上有刀，指令 T0。T0 为还主轴上的刀回刀库指令，而不抓刀上主轴。

N5　回第二参考点
N8　刀库旋转使能 M50
N9　刀库向右 M52
N10　松刀、吹气 M53
N11　回第一参考点
N15　刀具夹紧 M55
N16　刀盘向左 M56
N17　旋转结束 M51

3）主轴上有刀，指令 T××。先将主轴上的刀还回刀库再抓刀。

N5　回第二参考点
N8　刀库旋转使能 M50
N9　刀库向右 M52
N10　松刀、吹气 M53
N11　回第一参考点
N13　刀盘旋转到位 M54
N14　回第二参考点
N15　刀具夹紧 M55
N16　刀盘向左 M56
N17　旋转结束 M51

4.2.2 PMC 程序实例

在确定了宏程序内容之后，应该说整个换刀的流程和动作就已经确定了，剩余的内容就是将宏程序的内容和实际的机械动作联系起来，而 PMC 程序主要是处理上述宏程序中涉及的 M 代码，将 M 代码和对应的继电器动作联系起来。

以下为具体的 PMC 程序和相关解释（机床用户只需根据实际情况修改程序开始的 *X* 点和 *Y* 点以及刀库容量 C0 的值，即可套用以下程序，而对于 PMC 中用到的数据表在初始状态时均无需更改）：

```
X0000.0                                   R0500.0
--| |-------------------------------------( )--
                                          SP.UNCL

X0000.1                                   R0500.1
--| |-------------------------------------( )--
                                          SP.CLA
```

```
X0000.2                                              R0500.2
──┤├──────────────────────────────────────────────────()──
                                                     MAG.RHT
X0000.3                                              R0500.3
──┤├──────────────────────────────────────────────────()──
                                                     MAG.LEF
X0000.4                                              R0500.4
──┤├──────────────────────────────────────────────────()──
                                                     TL.CNT
X0000.5                                              R0500.5
──┤├──────────────────────────────────────────────────()──
                                                     UNCL.K
X0000.6                                              R0500.6
──┤├──────────────────────────────────────────────────()──
                                                     MGCCW.K
X0000.7                                              R0500.7
──┤├──────────────────────────────────────────────────()──
                                                     MGCW.K
R9091.0 BYT
──────────────────────────────────────────────────┤

──┤├──────── SUB23          |0020
────────────────────
LOG_0
                 ┌──────────┬──────────┐
                 │          │          │
                 │   NUME   │          │
R9091.1 ACT      │          │  C0000   │
──┤├─────────────┤          │          │
  LOG_1          │          │  MG.MUM  │
                 │          │          │
                 └──────────┴──────────┘
```

(* 定义斗笠刀库的输入点 X0.0：刀具松开到位开关 *)

(* X0.1：刀具卡紧到位开关 *)

(* X0.2：刀库在右检测开关（靠近主轴，换刀位） *)

(* X0.3：刀库在左检测开关（远离主轴，等待位） *)

(* X0.4：刀库计数开关/刀具在位检测（*B*点） *)

```
(*                                                              *)
(* 定义手动刀库按钮X0.5：手动松刀按钮                           *)
(* X0.6：手动刀盘反转按钮                                       *)
(* X0.7：手动刀盘正转按钮                                       *)
(*                                                              *)
(* 定义刀库容量C0：刀库容量（本例为20把刀）                     *)
(* 注：由于采用C0为刀库容量，则下面必须使用1号计数器             *)

 R0501.0                                              Y0000.0
 ─┤├──────────────────────────────────────────────────( )─
 MAGCW.Y

 R0501.1                                              Y0000.1
 ─┤├──────────────────────────────────────────────────( )─
 MAGCCW.Y

 R0501.2                                              Y0000.2
 ─┤├──────────────────────────────────────────────────( )─
 UNCL.Y

 R0501.3                                              Y0000.3
 ─┤├──────────────────────────────────────────────────( )─
 MAGR.Y

 R0501.4                                              Y0000.4
 ─┤├──────────────────────────────────────────────────( )─
 MAGL.Y

 R0501.5                                              Y0000.5
 ─┤├──────────────────────────────────────────────────( )─
 CW.L

 R0501.6                                              Y0000.6
 ─┤├──────────────────────────────────────────────────( )─
 CCW.L

(*                                                              *)
(* 定义斗笠刀库的输出点       Y0.0：刀库正转马达                *)
(*                            Y0.1：刀库反转马达                *)
(*                            Y0.2：主轴松刀输出                *)
(*                            Y0.3：刀盘向右输出                *)
(*                            Y0.4：刀盘向左输出                *)
(*                                                              *)
(* 定义面板显示灯(可去除)：   Y0.5：刀库正转指示灯              *)
(*                            Y0.6：刀库反转指示灯              *)
(*                                                              *)

 R0500.1    R0500.0  ACT   ┌───────┬──────────┐        R0502.0
 ─┤├────────┤/├────────────┤ SUB24 │ 0020     ├────────( )─ 刀具卡紧到位
 SP.CLA     SP.UNCL        │       │          │        TL_CLA
                           │ TMRB  │          │
                           │       │0000000200│
```

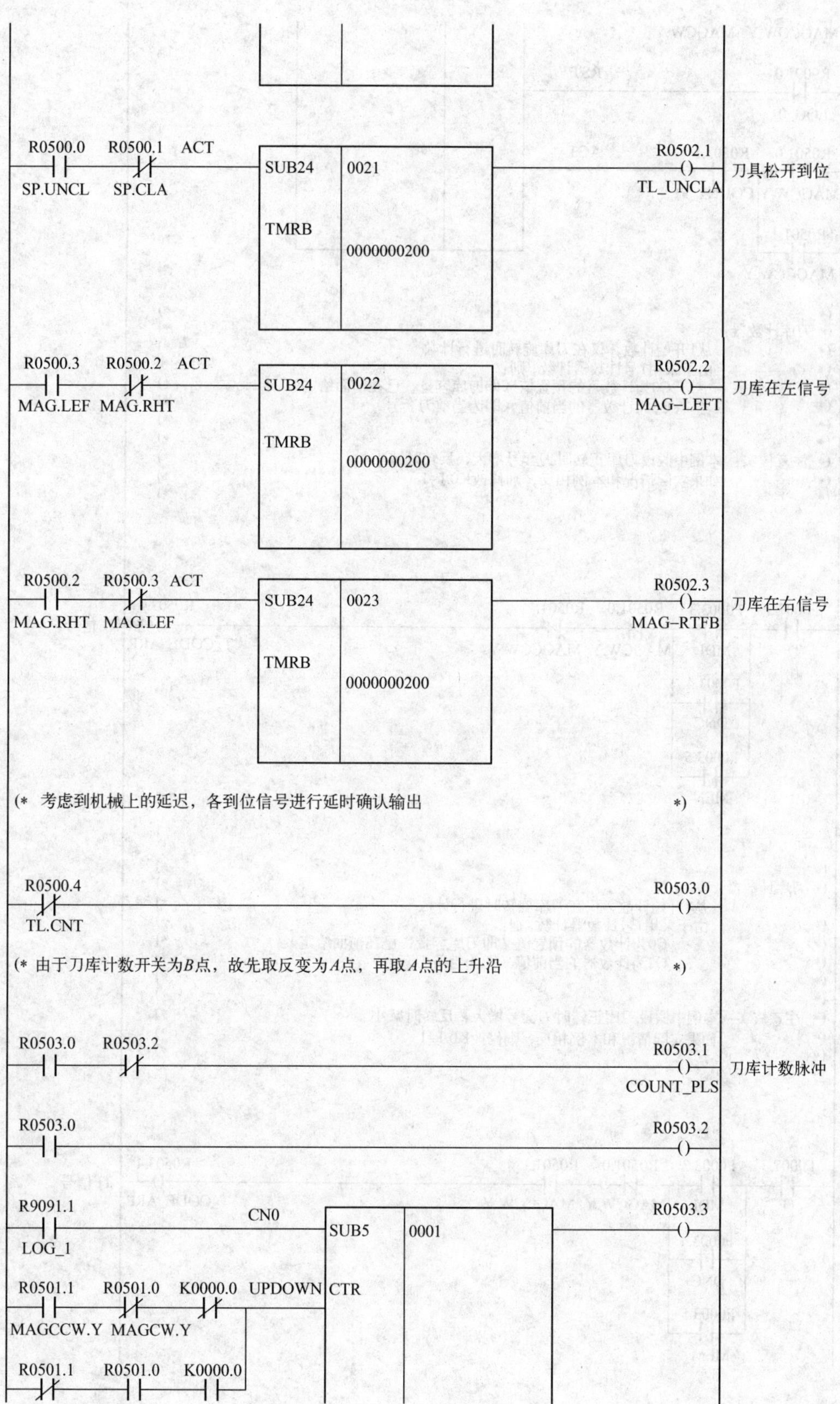

R0500.0
R0500.1
ACT
SP.UNCL
SP.CLA
SUB24
0021
TMRB
0000000200
R0502.1
TL_UNCLA
刀具松开到位
R0500.3
R0500.2
ACT
MAG.LEF
MAG.RHT
SUB24
0022
TMRB
0000000200
R0502.2
MAG–LEFT
刀库在左信号
R0500.2
R0500.3
ACT
MAG.RHT
MAG.LEF
SUB24
0023
TMRB
0000000200
R0502.3
MAG–RTFB
刀库在右信号
(* 考虑到机械上的延迟，各到位信号进行延时确认输出 *)
R0500.4
TL.CNT
R0503.0
(* 由于刀库计数开关为B点，故先取反变为A点，再取A点的上升沿 *)
R0503.0
R0503.2
R0503.1
COUNT_PLS
刀库计数脉冲
R0503.0
R0503.2
R9091.1
LOG_1
CN0
SUB5
0001
R0503.3
R0501.1
R0501.0
K0000.0
UPDOWN
CTR
MAGCCW.Y
MAGCW.Y
R0501.1
R0501.0
K0000.0

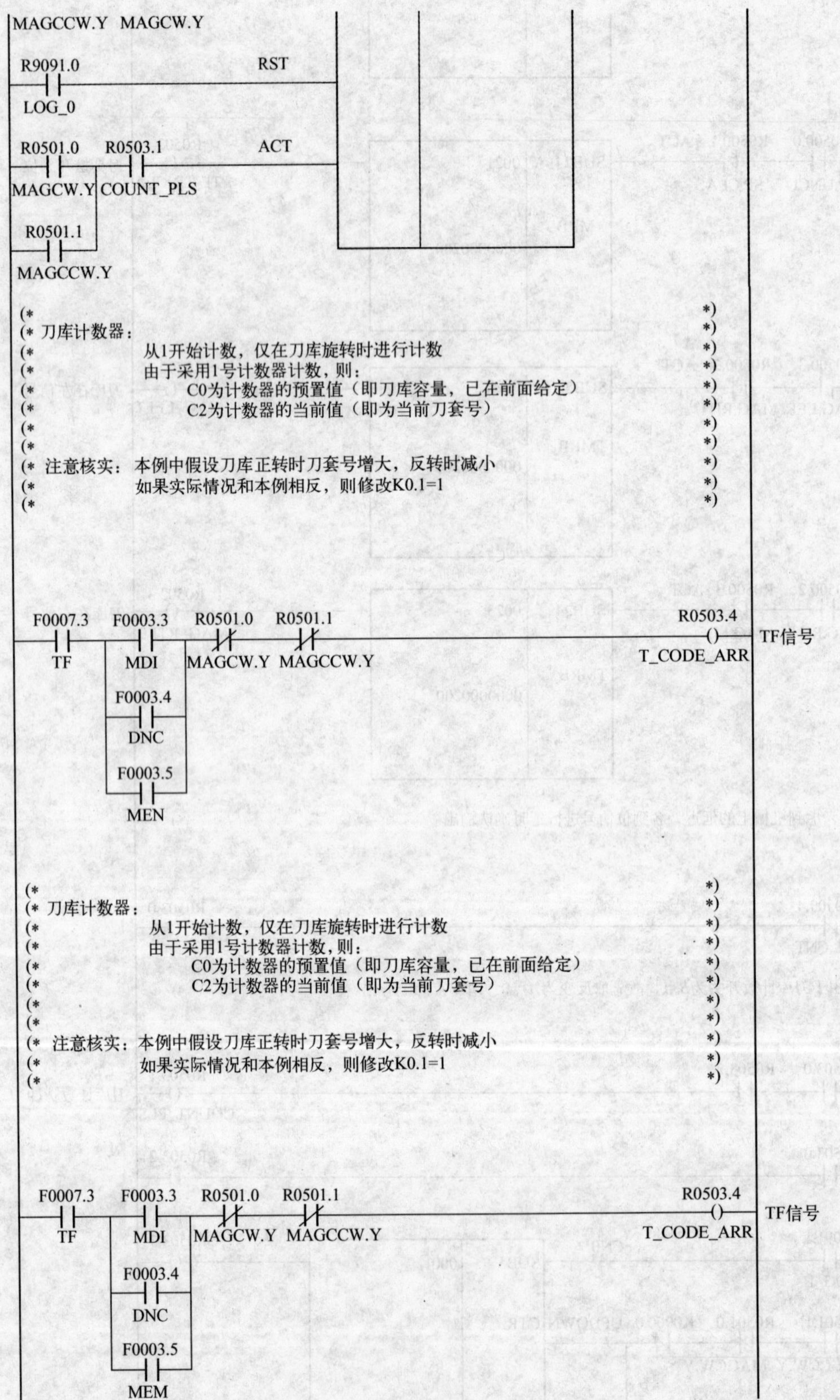
MAGCCW.Y MAGCW.Y
R9091.0
LOG_0
RST
R0501.0 R0503.1
MAGCW.Y COUNT_PLS
ACT
R0501.1
MAGCCW.Y
(* *)
(* 刀库计数器： *)
(* 从1开始计数，仅在刀库旋转时进行计数 *)
(* 由于采用1号计数器计数，则： *)
(* C0为计数器的预置值（即刀库容量，已在前面给定） *)
(* C2为计数器的当前值（即为当前刀套号） *)
(* *)
(* *)
(* 注意核实：本例中假设刀库正转时刀套号增大，反转时减小 *)
(* 如果实际情况和本例相反，则修改K0.1=1 *)
(* *)
F0007.3 F0003.3 R0501.0 R0501.1
TF MDI MAGCW.Y MAGCCW.Y
R0503.4
T_CODE_ARR
TF信号
F0003.4
DNC
F0003.5
MEN
(* *)
(* 刀库计数器： *)
(* 从1开始计数，仅在刀库旋转时进行计数 *)
(* 由于采用1号计数器计数，则： *)
(* C0为计数器的预置值（即刀库容量，已在前面给定） *)
(* C2为计数器的当前值（即为当前刀套号） *)
(* *)
(* *)
(* 注意核实：本例中假设刀库正转时刀套号增大，反转时减小 *)
(* 如果实际情况和本例相反，则修改K0.1=1 *)
(* *)
F0007.3 F0003.3 R0501.0 R0501.1
TF MDI MAGCW.Y MAGCCW.Y
R0503.4
T_CODE_ARR
TF信号
F0003.4
DNC
F0003.5
MEM

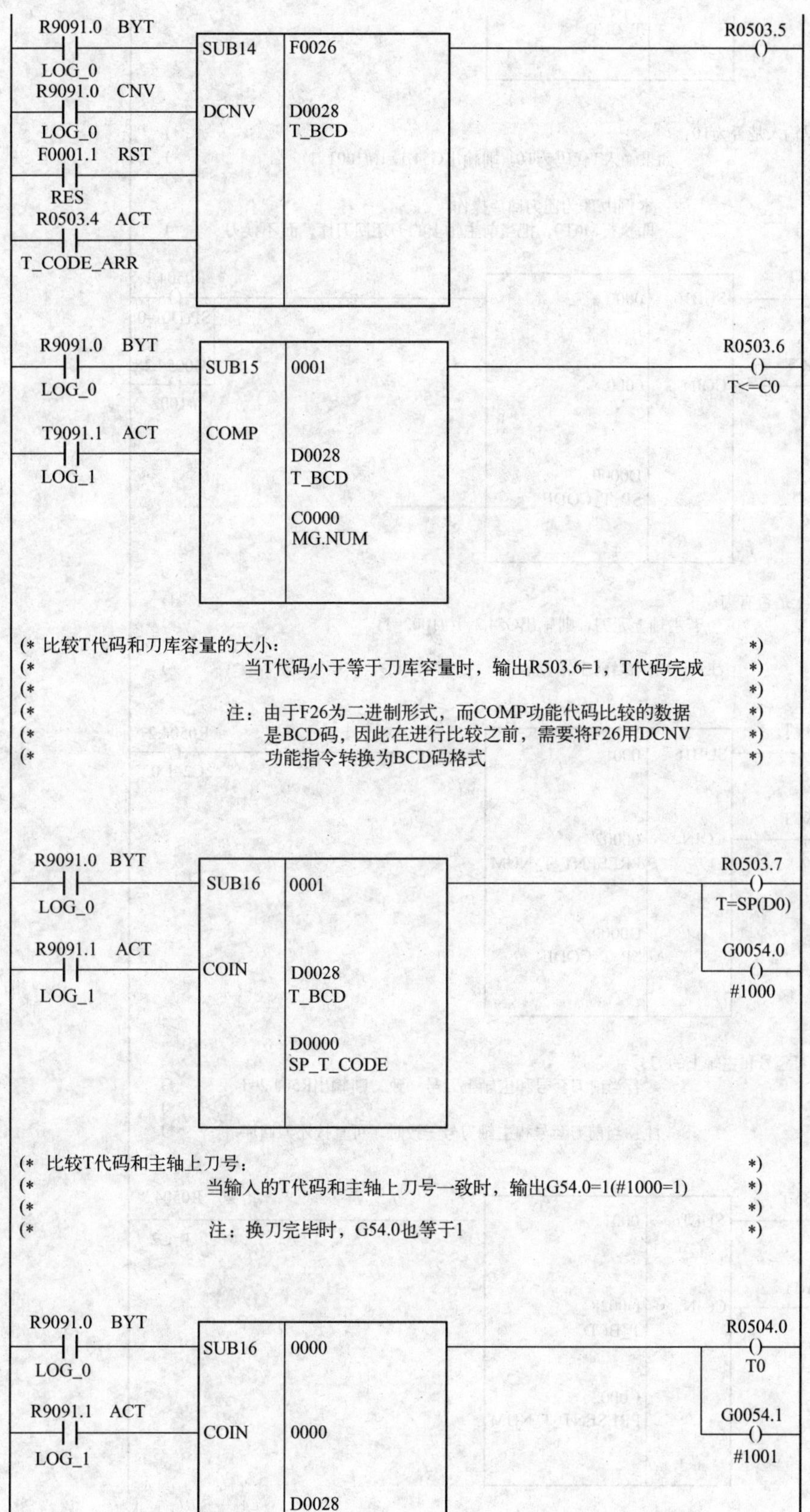
R9091.0 BYT
LOG_0
R9091.0 CNV
LOG_0
F0001.1 RST
RES
R0503.4 ACT
T_CODE_ARR
SUB14
DCNV
F0026
D0028
T_BCD
R0503.5
R9091.0 BYT
LOG_0
T9091.1 ACT
LOG_1
SUB15
COMP
0001
D0028
T_BCD
C0000
MG.NUM
R0503.6
T<=C0
(* 比较T代码和刀库容量的大小: *)
(* 当T代码小于等于刀库容量时，输出R503.6=1，T代码完成 *)
(* *)
(* 注：由于F26为二进制形式，而COMP功能代码比较的数据 *)
(* 是BCD码，因此在进行比较之前，需要将F26用DCNV *)
(* 功能指令转换为BCD码格式 *)
R9091.0 BYT
LOG_0
R9091.1 ACT
LOG_1
SUB16
COIN
0001
D0028
T_BCD
D0000
SP_T_CODE
R0503.7
T=SP(D0)
G0054.0
#1000
(* 比较T代码和主轴上刀号: *)
(* 当输入的T代码和主轴上刀号一致时，输出G54.0=1(#1000=1) *)
(* *)
(* 注：换刀完毕时，G54.0也等于1 *)
R9091.0 BYT
LOG_0
R9091.1 ACT
LOG_1
SUB16
COIN
0000
0000
D0028
R0504.0
T0
G0054.1
#1001

```
        T_BCD

(* 比较T代码输入是否为T0:                                              *)
(*            如果输入T代码为T0，则输出G54.1=1(#1001=1)                  *)
(*                                                                     *)
(*            注：本例中T0为还刀回库操作                                 *)
(*                即执行M6T0，把当前主轴上的刀还回刀库，而不换刀          *)

R9091.0  BYT                                              R0504.1
--| |------------ SUB16   0000  -------------------------+---( )--
 LOG_0                                                   |  SP(D0)=0
R9091.1  ACT                                             |  G0054.2
--| |------------ COIN    0000                           +---( )--
 LOG_1                                                      #1002
                          D0000
                          SP_T_CODE

(* 检查主轴上是否有刀:                                                  *)
(*            若主轴上无刀，则输出G54.2=1(#1002=1)                       *)
(*                                                                     *)
(*            注：D0中为当前主轴刀号                                     *)

R9091.0  BYT                                              R0504.2
--| |------------ SUB16   0001  -----------------------------( )--
 LOG_0                                                      C2=D0
R9091.1  ACT
--| |------------ COIN    00002
 LOG_1                    PRESENT_T_NUM

                          D0000
                          SP_T_CODE

(* 比较当前刀套号和主轴上的刀号:                                        *)
(*            若当前刀套号和主轴上刀号一致，则输出R504.2=1               *)
(*                                                                     *)
(*            注：当前刀套号和主轴刀号一致时，可直接还刀回库              *)

R9091.0  BYT                                              R0504.3
--| |------------ SUB16   0001  -----------------------------( )--
 LOG_0                                                      T=C2
R9091.1  ACT
--| |------------ COIN    D0028
 LOG_1                    T_BCD

                          C0002
                          PRESENT_T_NUM
```

```
(*  比较指令的T代码和当前刀套号:                                                   *)
(*                       当T代码即为当前刀套时，输出R504.3=1                        *)
(*                                                                                 *)
(*                       注：若R504.3=1，则可直接换刀                               *)

 F0001.1    G0008.4                                                    R0504.4
---|/|--------| |-------------------------------------------------------( )---  刀库允许
   RES        EMG                                                      MG.ENB

 R0504.4     R0503.6    R0504.2    R0504.1    R0504.2    R0504.4       R0504.5
 ---| |----+---| |--------|/|--------|/|--------| |--------| |----------( )---  还刀回库使能
T_CODE_ARR |  T<=C0     C2=D0    SP(D0)=0  MAG-LEFT    MG.ENB          CUP-ROT1
 R0504.5   |
 ---| |----+
 CUP-ROT1

(*  需要迟刀回库的条件:                                                            *)
(*        1. 执行了T代码，即TF=1（R503.4=1）                                        *)
(*        2. 指令的T代码小于刀库容量（R503.6=1）                                    *)
(*        3. 主轴上有刀（R504.1=0）且主轴上的刀号不等于当前刀套号（R504.2=0）       *)
(*        3. 非急停，非复位状态（R504.4=1）                                         *)
(*                                                                                 *)
(*                  当上述4个条件都满足时，可执行还刀回库，输出R504.5=1              *)

 R9091.1   RN0     +------+----------------+                           R0504.6
---|/|-------------| SUB6 | 0020           |---------------------------( )---
   LOG_1           |      |                |                           ROT1
 R9091.0   BYT     |      |                |
---| |-------------| ROT  | C0002          |
   LOG_0           |      | PRESENT_T_NUM  |
 R9091.1   DIR     |      |                |
---| |-------------|      | C0000          |
   LOG_1           |      | SP_T_CODE      |
 R9091.0   POS     |      |                |
---| |-------------|      | D0034          |
   LOG_0           |      |                |
 R9091.1   INC     |      |                |
---| |-------------|      |                |
   LOG_1           |      |                |
 R0504.5   ACT     |      |                |
---| |-------------|      |                |
   CUP-ROT1        +------+----------------+

(*  还刀回库前的刀库最短路径旋转方向输出:                                          *)
(*                                                                                 *)
(*              C2为当前刀套号，需要还刀入库的为D0（主轴上刀号），                  *)
(*              即目标刀套号是D0                                                    *)

(*         注:                                                                     *)
(*              R504.6=1：刀库正转（刀套号增加的方向）                              *)
(*              R504.6=0：刀库反转（刀套号减小的方向）                              *)
(*              D34：从当前位旋转到目标位所需的步数（无需再处理）                   *)
(*                                                                                 *)
```

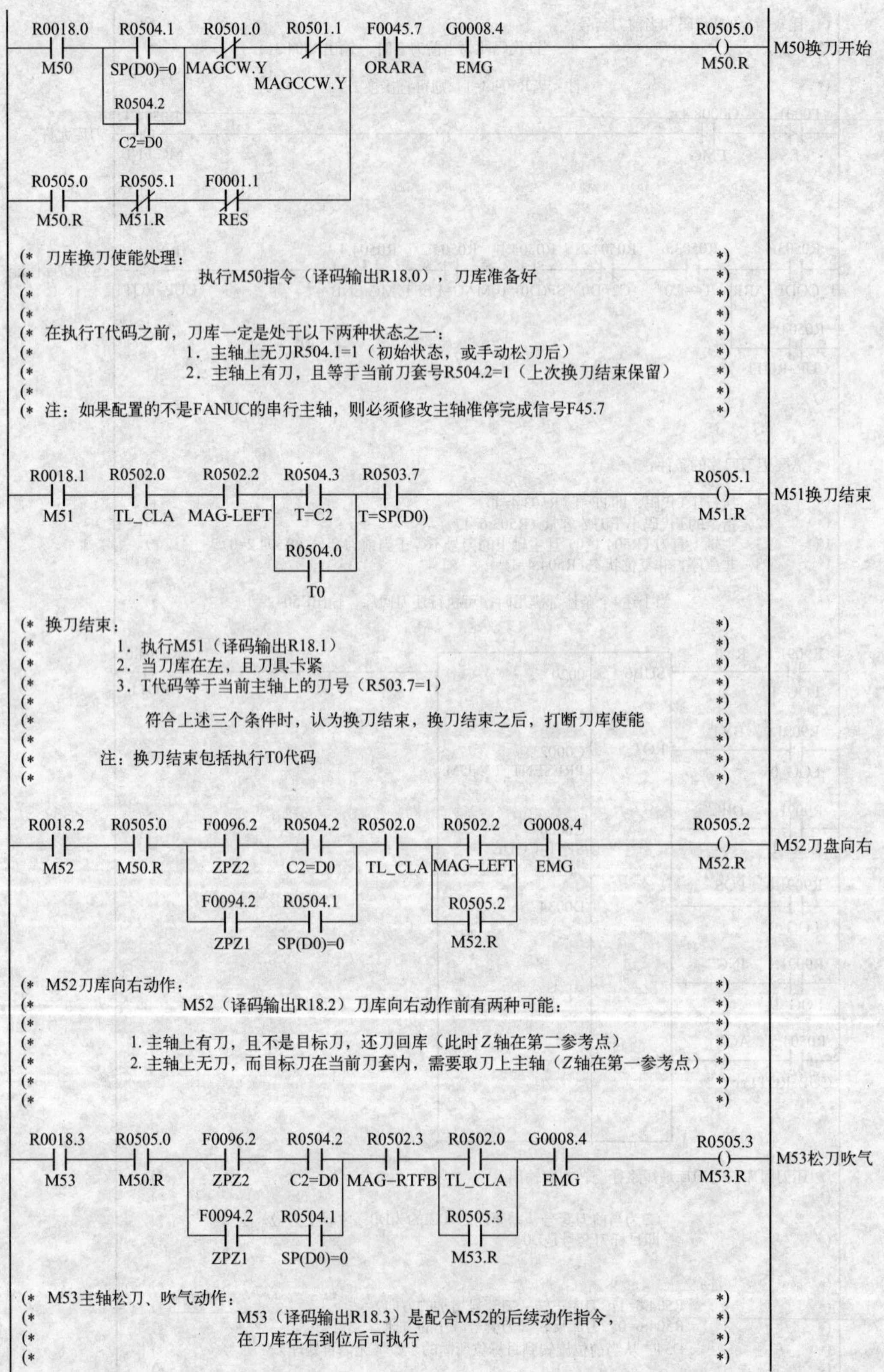
R0018.0 M50
R0504.1 SP(D0)=0
R0504.2 C2=D0
R0501.0 MAGCW.Y
R0501.1 MAGCCW.Y
F0045.7 ORARA
G0008.4 EMG
R0505.0 M50.R
M50换刀开始
R0505.0 M50.R
R0505.1 M51.R
F0001.1 RES
(* 刀库换刀使能处理: *)
(* 执行M50指令（译码输出R18.0），刀库准备好 *)
(* 在执行T代码之前，刀库一定是处于以下两种状态之一: *)
(* 1．主轴上无刀R504.1=1（初始状态，或手动松刀后） *)
(* 2．主轴上有刀，且等于当前刀套号R504.2=1（上次换刀结束保留） *)
(* 注：如果配置的不是FANUC的串行主轴，则必须修改主轴准停完成信号F45.7 *)
R0018.1 M51
R0502.0 TL_CLA
R0502.2 MAG-LEFT
R0504.3 T=C2
R0504.0 T0
R0503.7 T=SP(D0)
R0505.1 M51.R
M51换刀结束
(* 换刀结束: *)
(* 1．执行M51（译码输出R18.1） *)
(* 2．当刀库在左，且刀具卡紧 *)
(* 3．T代码等于当前主轴上的刀号（R503.7=1） *)
(* 符合上述三个条件时，认为换刀结束，换刀结束之后，打断刀库使能 *)
(* 注：换刀结束包括执行T0代码 *)
R0018.2 M52
R0505.0 M50.R
F0096.2 ZPZ2
R0504.2 C2=D0
F0094.2 ZPZ1
R0504.1 SP(D0)=0
R0502.0 TL_CLA
R0502.2 MAG–LEFT
R0505.2 M52.R
G0008.4 EMG
R0505.2 M52.R
M52刀盘向右
(* M52刀库向右动作: *)
(* M52（译码输出R18.2）刀库向右动作前有两种可能: *)
(* 1. 主轴上有刀，且不是目标刀，还刀回库（此时Z轴在第二参考点） *)
(* 2. 主轴上无刀，而目标刀在当前刀套内，需要取刀上主轴（Z轴在第一参考点） *)
R0018.3 M53
R0505.0 M50.R
F0096.2 ZPZ2
R0504.2 C2=D0
F0094.2 ZPZ1
R0504.1 SP(D0)=0
R0502.3 MAG–RTFB
R0502.0 TL_CLA
R0505.3 M53.R
G0008.4 EMG
R0505.3 M53.R
M53松刀吹气
(* M53主轴松刀、吹气动作: *)
(* M53（译码输出R18.3）是配合M52的后续动作指令， *)
(* 在刀库在右到位后可执行 *)

```
R9091.0          BYT       +----------+--------------+
--| |--------------------- | SUB23    | 0000         |------
LOG_0                      |          |              |
R0505.3  R0502.1  ACT      |          |              |
--| |------| |------------ | NUME     | D0000        |
M53.R    TL_UNCLA          |          | SP_T_CODE    |
                           +----------+--------------+
```

(* 数据交换： *)
(* 当执行M53即主轴松刀、吹气指令之后，如果收到刀具松开到位信号， *)
(* 则认为还刀回库动作完成，此时主轴上无刀，故将D0赋值为0 *)

```
R0018.4 R0505.0 F0094.2 R0502.1   R0502.3   R0504.0 R0504.3   R0505.4
--| |-----| |-----| |-----| |--------| |--------|/|-----|/|--------( )-- M54刀库旋转
  M54     M50.R   ZPZ1    TL_UNCLA  MAG-RTFB  T0      T=C2      M54.R
```

(* M54刀库旋转： *)
(* M54（译码输出R18.4） *)
(* *)
(* 在主轴上无刀之后，刀库开始旋转找目标刀套 *)
(* 故执行M54的前提有以下几点: *)
(* 1．Z轴必须在高点（非换刀点） *)
(* 2．刀库在右（换刀点） *)
(* 3．目标刀号不等于当前刀套号 *)
(* 4．指令非T0 *)
(* 上述四点必须同时满足，才执行M54动作 *)
(* *)
(* 注：显然，如果需要还刀回库，M54指令是在还刀回库动作之后的刀库旋转指令 *)

```
R9091.1  RN0     +------+-----------------+           R0505.5
--| |----------- | SUB6 | 0020            |-------------( )--
LOG_1            |      |                 |            ROT2
R9091.0  BYT     |      |                 |
--| |----------- | ROT  | C0002           |
LOG_0            |      | PRESENT_T_NUM   |
R9091.1  DIR     |      |                 |
--| |----------- |      | D0028           |
LOG_1            |      | T_BCD           |
R9091.0  POS     |      |                 |
--| |----------- |      | D0042           |
LOG_0            |      |                 |
R9091.1  INC     |      |                 |
--| |----------- |      |                 |
LOG_1            |      |                 |
R0018.4  ACT     |      |                 |
--| |----------- |      |                 |
M54              +------+-----------------+
```

(* 寻找目标刀号的最短旋转路径输出: *)
(* C2为刀库当前刀套号，目标刀套即为T指令刀号D28 *)
(* *)
(* 注: *)
(* R505.5=1：刀库正转（刀套号增加的方向） *)
(* R505.5=0：刀库反转（刀套号减小的方向） *)
(* D42：从当前位旋转到目标位所需的步数（无需再处理） *)

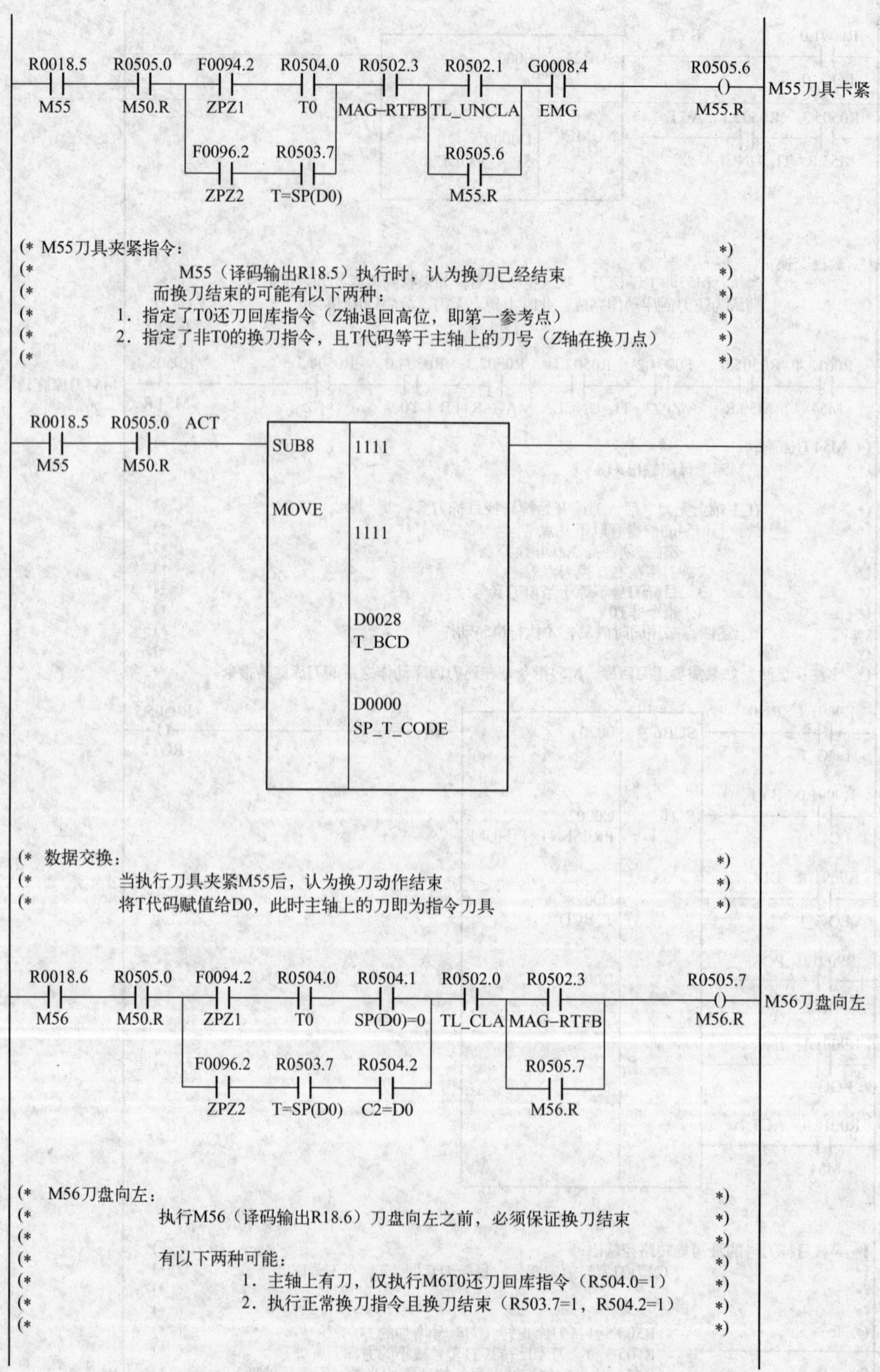
R0018.5
M55
R0505.0
M50.R
F0094.2
ZPZ1
R0504.0
T0
R0502.3
MAG−RTFB
R0502.1
TL_UNCLA
G0008.4
EMG
R0505.6
M55.R
M55刀具卡紧
F0096.2
ZPZ2
R0503.7
T=SP(D0)
R0505.6
M55.R
(* M55刀具夹紧指令： *)
(* M55（译码输出R18.5）执行时，认为换刀已经结束 *)
(* 而换刀结束的可能有以下两种： *)
(* 1．指定了T0还刀回库指令（Z轴退回高位，即第一参考点） *)
(* 2．指定了非T0的换刀指令，且T代码等于主轴上的刀号（Z轴在换刀点） *)
(* *)
R0018.5
M55
R0505.0
M50.R
ACT
SUB8
MOVE
1111
1111
D0028
T_BCD
D0000
SP_T_CODE
(* 数据交换： *)
(* 当执行刀具夹紧M55后，认为换刀动作结束 *)
(* 将T代码赋值给D0，此时主轴上的刀即为指令刀具 *)
R0018.6
M56
R0505.0
M50.R
F0094.2
ZPZ1
R0504.0
T0
R0504.1
SP(D0)=0
R0502.0
TL_CLA
R0502.3
MAG−RTFB
R0505.7
M56.R
M56刀盘向左
F0096.2
ZPZ2
R0503.7
T=SP(D0)
R0504.2
C2=D0
R0505.7
M56.R
(* M56刀盘向左： *)
(* 执行M56（译码输出R18.6）刀盘向左之前，必须保证换刀结束 *)
(* *)
(* 有以下两种可能： *)
(* 1．主轴上有刀，仅执行M6T0还刀回库指令（R504.0=1） *)
(* 2．执行正常换刀指令且换刀结束（R503.7=1，R504.2=1） *)
(* *)

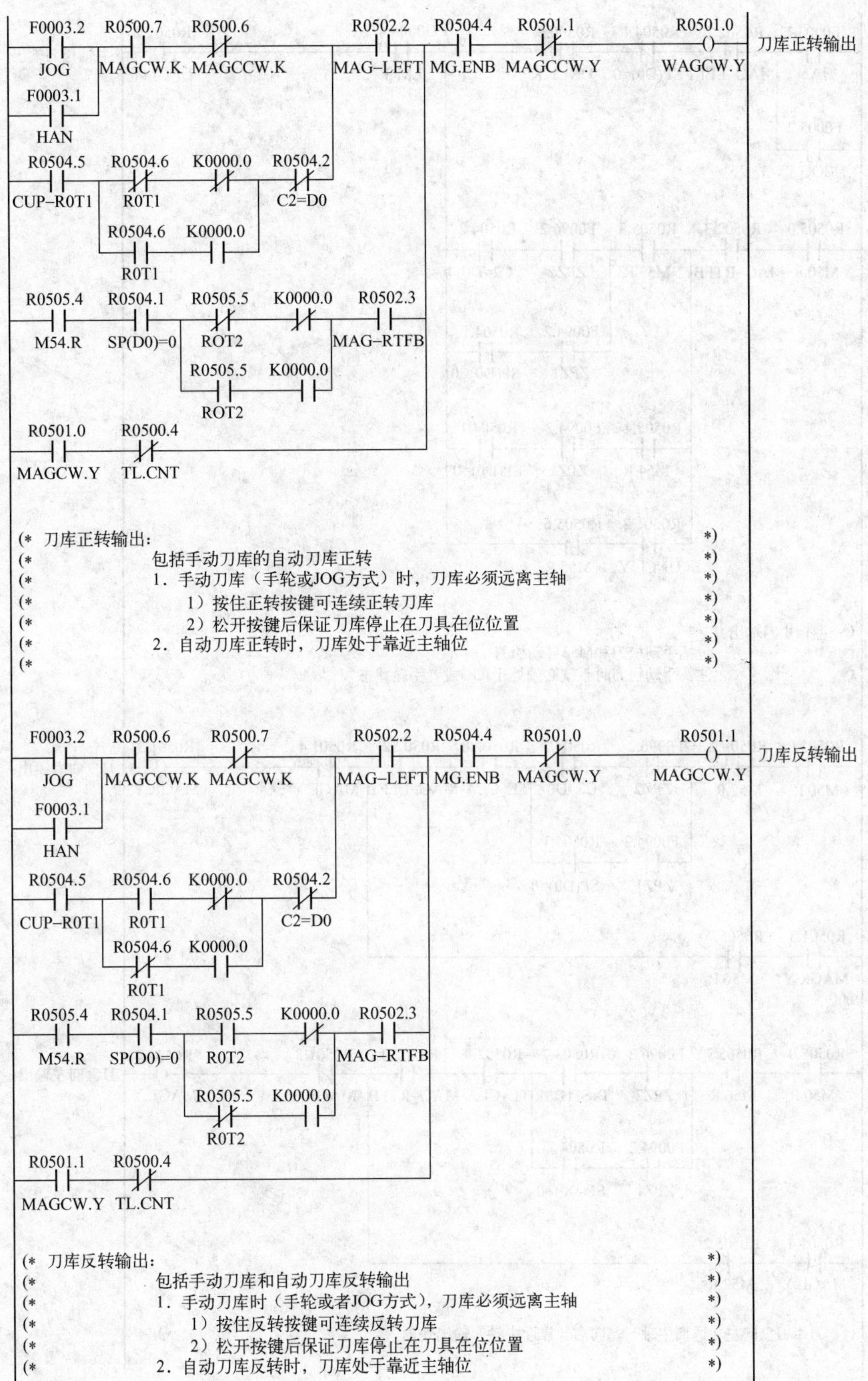
F0003.2
JOG
R0500.7
MAGCW.K
R0500.6
MAGCCW.K
R0502.2
MAG−LEFT
R0504.4
MG.ENB
R0501.1
MAGCCW.Y
R0501.0
WAGCW.Y
刀库正转输出
F0003.1
HAN
R0504.5
CUP−R0T1
R0504.6
R0T1
K0000.0
R0504.2
C2=D0
R0504.6
K0000.0
R0T1
R0505.4
M54.R
R0504.1
SP(D0)=0
R0505.5
ROT2
K0000.0
R0502.3
MAG−RTFB
R0505.5
K0000.0
ROT2
R0501.0
MAGCW.Y
R0500.4
TL.CNT
(* 刀库正转输出: *)
(* 包括手动刀库的自动刀库正转 *)
(* 1．手动刀库（手轮或JOG方式）时，刀库必须远离主轴 *)
(* 1）按住正转按键可连续正转刀库 *)
(* 2）松开按键后保证刀库停止在刀具在位位置 *)
(* 2．自动刀库正转时，刀库处于靠近主轴位 *)
(* *)
F0003.2
JOG
R0500.6
MAGCCW.K
R0500.7
MAGCW.K
R0502.2
MAG−LEFT
R0504.4
MG.ENB
R0501.0
MAGCW.Y
R0501.1
MAGCCW.Y
刀库反转输出
F0003.1
HAN
R0504.5
CUP−R0T1
R0504.6
R0T1
K0000.0
R0504.2
C2=D0
R0504.6
K0000.0
R0T1
R0505.4
M54.R
R0504.1
SP(D0)=0
R0505.5
R0T2
K0000.0
R0502.3
MAG−RTFB
R0505.5
K0000.0
R0T2
R0501.1
MAGCW.Y
R0500.4
TL.CNT
(* 刀库反转输出: *)
(* 包括手动刀库和自动刀库反转输出 *)
(* 1．手动刀库时（手轮或者JOG方式），刀库必须远离主轴 *)
(* 1）按住反转按键可连续反转刀库 *)
(* 2）松开按键后保证刀库停止在刀具在位位置 *)
(* 2．自动刀库反转时，刀库处于靠近主轴位 *)

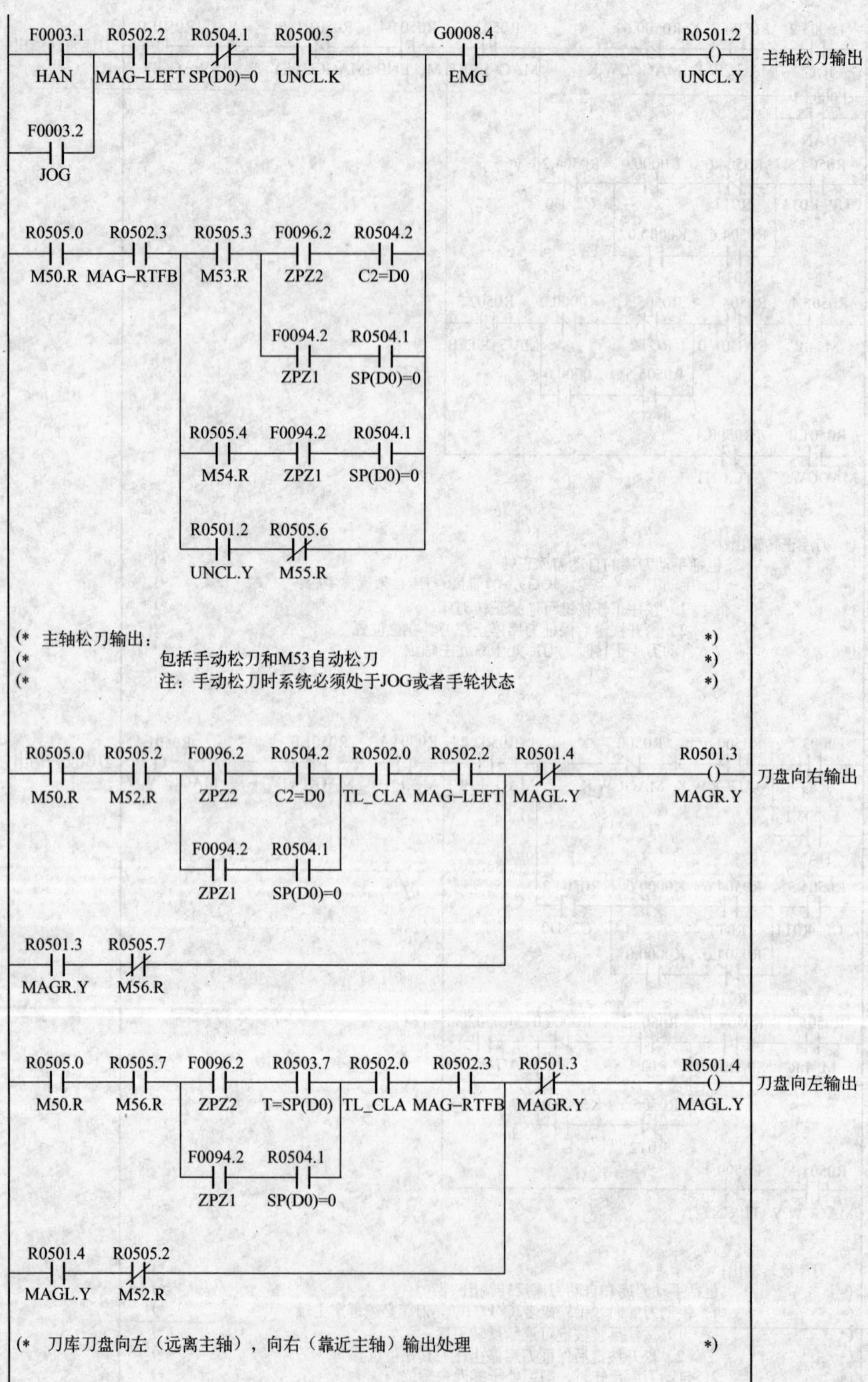
F0003.1 HAN
R0502.2 MAG−LEFT
R0504.1 SP(D0)=0
R0500.5 UNCL.K
G0008.4 EMG
R0501.2 UNCL.Y
主轴松刀输出
F0003.2 JOG
R0505.0 M50.R
R0502.3 MAG−RTFB
R0505.3 M53.R
F0096.2 ZPZ2
R0504.2 C2=D0
F0094.2 ZPZ1
R0504.1 SP(D0)=0
R0505.4 M54.R
F0094.2 ZPZ1
R0504.1 SP(D0)=0
R0501.2 UNCL.Y
R0505.6 M55.R
(* 主轴松刀输出: *)
(* 包括手动松刀和M53自动松刀 *)
(* 注：手动松刀时系统必须处于JOG或者手轮状态 *)
R0505.0 M50.R
R0505.2 M52.R
F0096.2 ZPZ2
R0504.2 C2=D0
R0502.0 TL_CLA
R0502.2 MAG−LEFT
R0501.4 MAGL.Y
R0501.3 MAGR.Y
刀盘向右输出
F0094.2 ZPZ1
R0504.1 SP(D0)=0
R0501.3 MAGR.Y
R0505.7 M56.R
R0505.0 M50.R
R0505.7 M56.R
F0096.2 ZPZ2
R0503.7 T=SP(D0)
R0502.0 TL_CLA
R0502.3 MAG−RTFB
R0501.3 MAGR.Y
R0501.4 MAGL.Y
刀盘向左输出
F0094.2 ZPZ1
R0504.1 SP(D0)=0
R0501.4 MAGL.Y
R0505.2 M52.R
(* 刀库刀盘向左（远离主轴），向右（靠近主轴）输出处理 *)

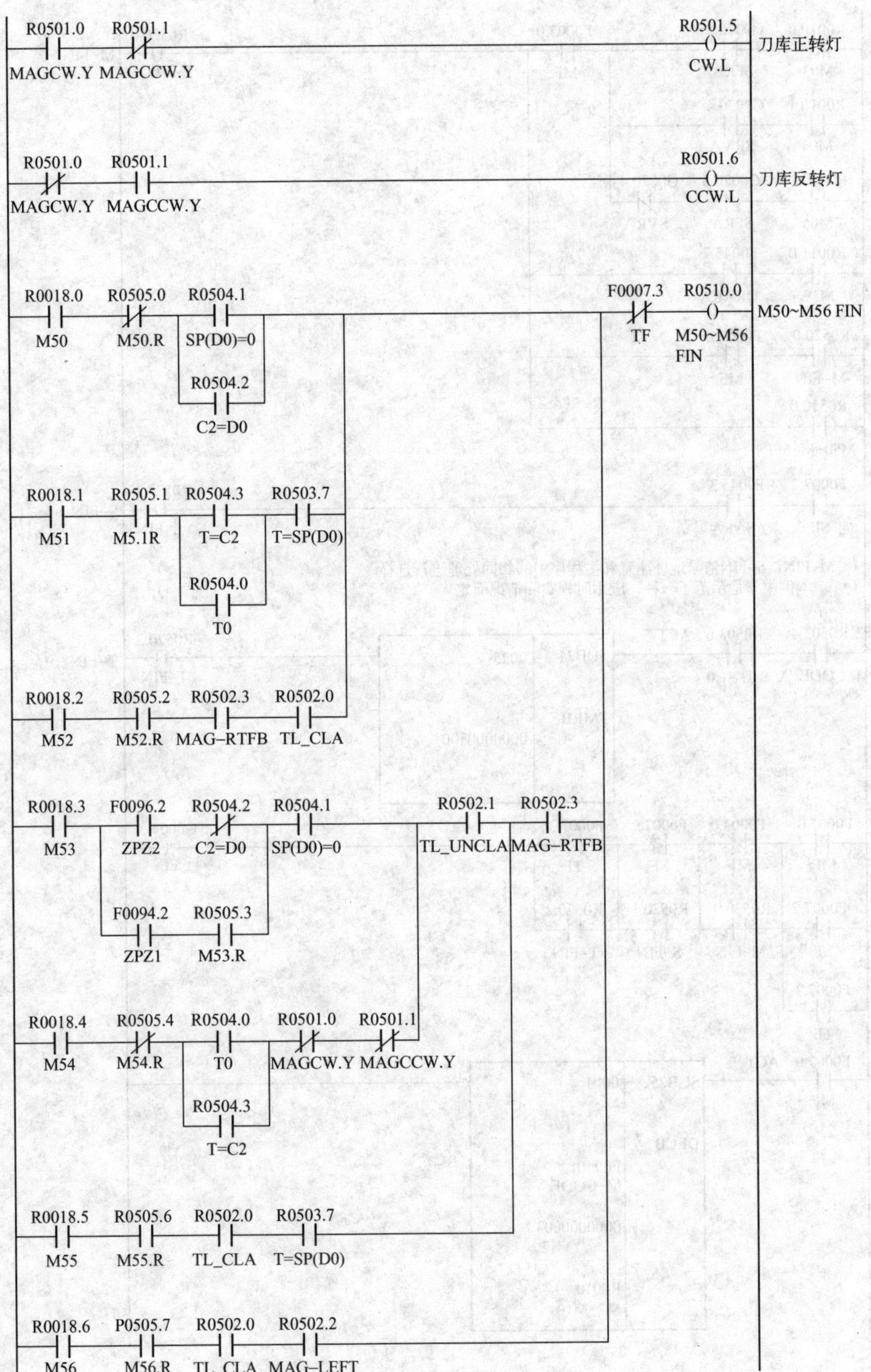
R0501.0 R0501.1 R0501.5
MAGCW.Y MAGCCW.Y CW.L
刀库正转灯
R0501.0 R0501.1 R0501.6
MAGCW.Y MAGCCW.Y CCW.L
刀库反转灯
R0018.0 R0505.0 R0504.1 F0007.3 R0510.0
M50 M50.R SP(D0)=0 TF M50~M56 FIN
M50~M56 FIN
R0504.2
C2=D0
R0018.1 R0505.1 R0504.3 R0503.7
M51 M5.1R T=C2 T=SP(D0)
R0504.0
T0
R0018.2 R0505.2 R0502.3 R0502.0
M52 M52.R MAG–RTFB TL_CLA
R0018.3 F0096.2 R0504.2 R0504.1 R0502.1 R0502.3
M53 ZPZ2 C2=D0 SP(D0)=0 TL_UNCLA MAG–RTFB
F0094.2 R0505.3
ZPZ1 M53.R
R0018.4 R0505.4 R0504.0 R0501.0 R0501.1
M54 M54.R T0 MAGCW.Y MAGCCW.Y
R0504.3
T=C2
R0018.5 R0505.6 R0502.0 R0503.7
M55 M55.R TL_CLA T=SP(D0)
R0018.6 P0505.7 R0502.0 R0502.2
M56 M56.R TL_CLA MAG–LEFT

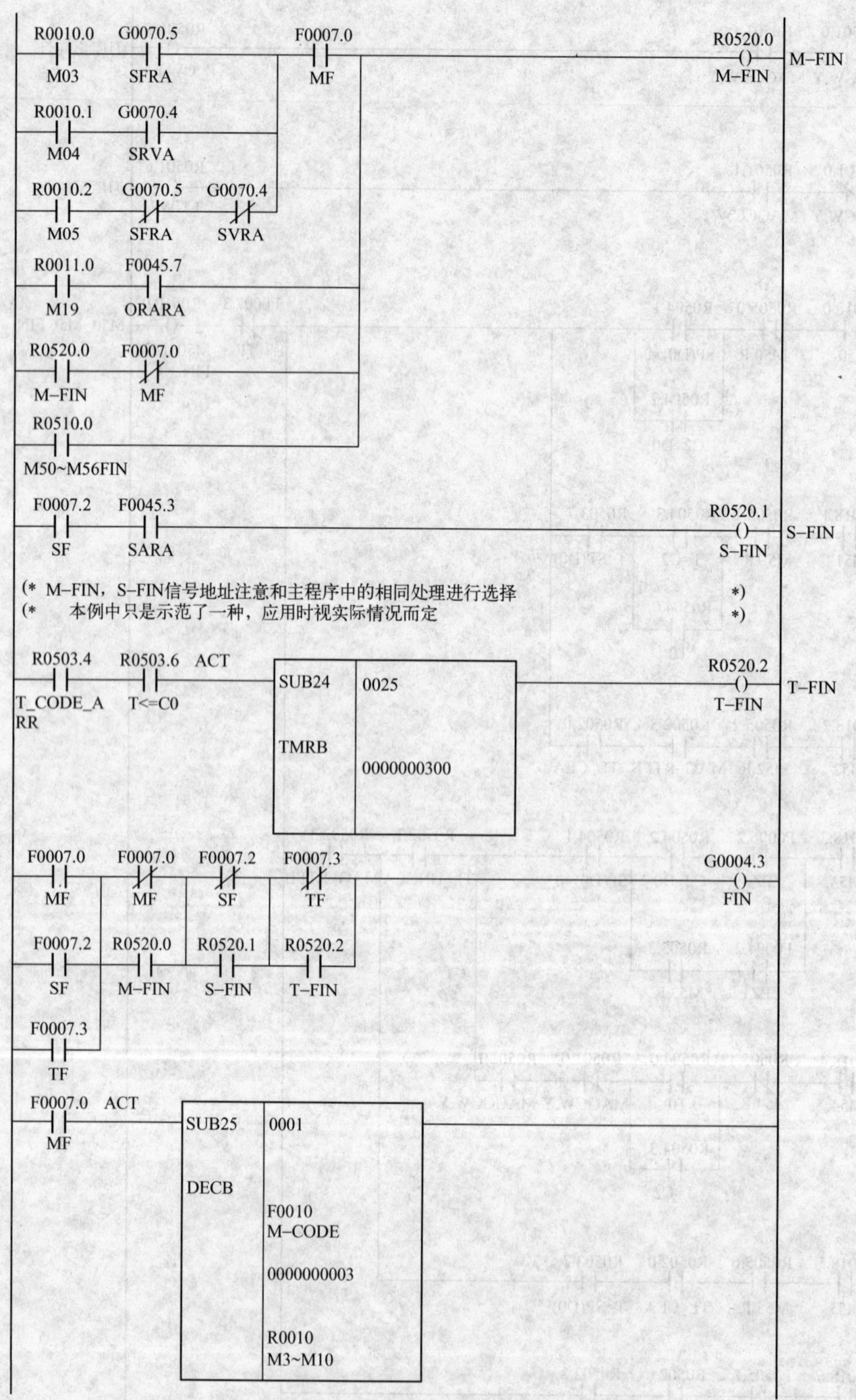
R0010.0 G0070.5 F0007.0 R0520.0
M03 SFRA MF M-FIN M-FIN
R0010.1 G0070.4
M04 SRVA
R0010.2 G0070.5 G0070.4
M05 SFRA SVRA
R0011.0 F0045.7
M19 ORARA
R0520.0 F0007.0
M-FIN MF
R0510.0
M50~M56FIN
F0007.2 F0045.3 R0520.1
SF SARA S-FIN S-FIN
(* M-FIN，S-FIN信号地址注意和主程序中的相同处理进行选择 *)
(* 本例中只是示范了一种，应用时视实际情况而定 *)
R0503.4 R0503.6 ACT
T_CODE_ARR T<=C0
SUB24 0025
TMRB
0000000300
R0520.2
T-FIN T-FIN
F0007.0 F0007.0 F0007.2 F0007.3 G0004.3
MF MF SF TF FIN
F0007.2 R0520.0 R0520.1 R0520.2
SF M-FIN S-FIN T-FIN
F0007.3
TF
F0007.0 ACT
MF
SUB25 0001
DECB
F0010
M-CODE
0000000003
R0010
M3~M10

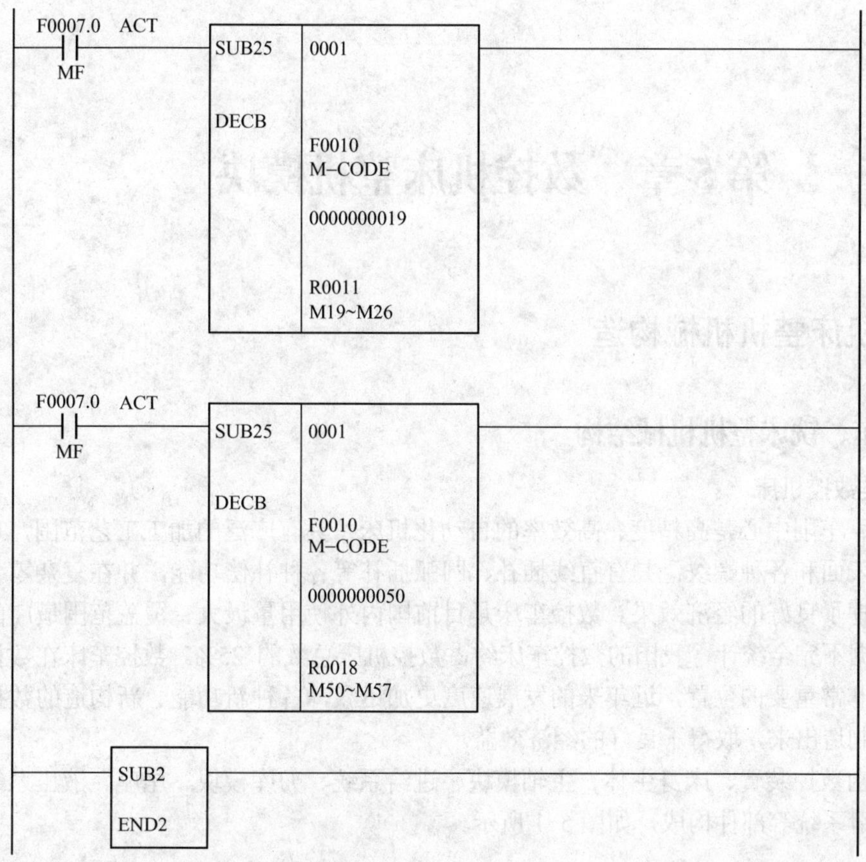

注意：为了 PMC 程序的处理方便，除各 M 代码译码 R 地址外，本 PMC 程序中的所有 R 中间继电器地址均在 R500～R520 之间。

对于以上 PMC 程序和相关宏程序，由于宏程序中大量地采用了宏变量，在指令 M6T××× 时，必须注意程序段预读对程序执行的影响，所以在高速高精度功能（比如 AIAPC、AICC 功能等）生效的情况下，指令 M6T×××必须进行防止预读的处理（可在每段宏语句前加上禁止预读 M 代码），否则容易由于预读宏指令引起 PMC 误动作，造成乱刀现象。

思考与练习题

1．刀库模块的主要作用是什么？
2．数控铣床与加工中心的区别是什么？
3．刀库有几种类型？各用于何种机床？
4．自动换刀装置的类型有哪些？
5．简述 ATC 系统两种换刀模式的工作过程。
6．刀具的选刀形式如何分辨？

第 5 章　数控机床整机模块

5.1　数控机床整机机械构造

5.1.1　数控车、铣床整机机械结构

1．车削类数控机床

数控车床、车削中心是高精度、高效率的自动化机床；具有广泛的加工工艺范围，可以加工各种外圆表面和各种螺纹；具有直线插补、圆弧插补等各种补偿功能，并在复杂零件的批量生产中发挥了良好的经济效果。数控车床是目前国内外使用量最大、覆盖范围最广的一种数控机床。据不完全统计，我国的数控车床约占数控机床总数的 25%。数控车床在数控类型机床中占有非常重要的位置，近年来的发展速度更加迅猛，各种新功能、新构造的数控车床不断被研发制造出来，取得了良好的经济效益。

数控车床由数控装置、床身主体、主轴模块、进给系统、刀库模块、尾座、液压系统、冷却系统、润滑系统等部件构成，如图 5-1 所示。

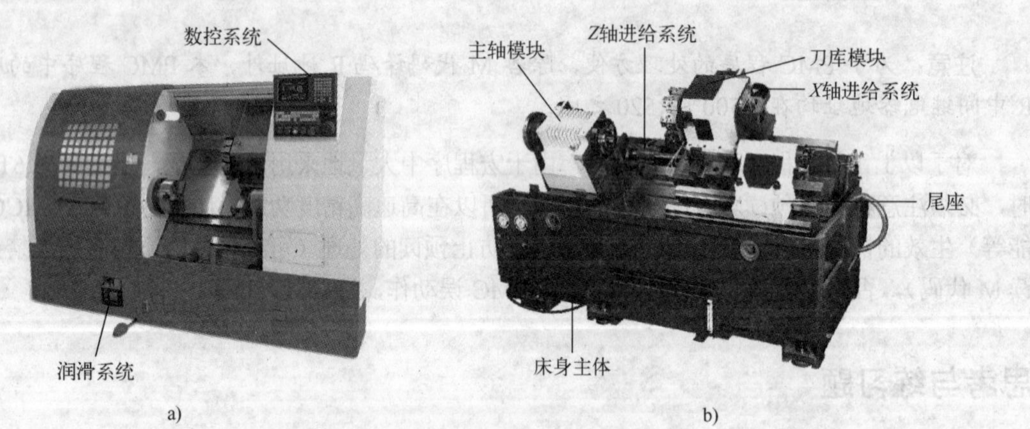

图 5-1　数控车床整体构造及整机机械构造

a) 数控车床整机　b) 数控车床纯机械构造

图 5-1a 所示为完整的数控车床整机图，拆除主轴箱体外壳、安全防护罩、数控系统模块后，就变成图 5-1b 所示的纯机械构造体。数控车床主要由主轴模块、进给系统模块、刀库模块、床身主体、辅助功能（尾座、冷却、润滑）模块构成。相应的主轴模块、进给模块、刀库模块已经在之前的章节中详细讲解过，在此不再赘述。

2．铣削类数控机床

铣削类数控机床以数控铣床、加工中心为典型代表。数控铣床形式多样，不同类型的数

控铣床在组成上有许多相似之处，其总体构造主要由主轴箱、进给伺服系统、数控装置、辅助装置、机床基础件等构成，如图 5-2 所示。

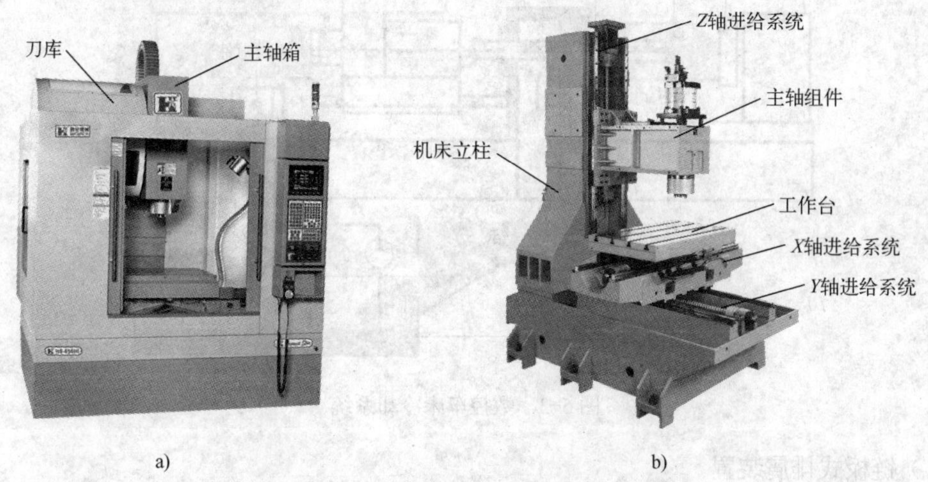

图 5-2　数控铣床整体构造及整机机械构造

在数控铣床的基础上，添加刀库及自动换刀装置后，即变成加工中心。加工中心的构造与数控铣床基本一致，特别增加的刀库模块在本书之前相应章节已有详细论述，在此不再赘述。

5.1.2　数控机床辅助装置

数控机床的辅助装置主要包括冷却系统、排屑系统和润滑系统等。

1．冷却系统

机床冷却系统将切削液浇注到切削区，通过切削液的热传导、对流和汽化等方式，将切屑、工件和刀具上的热量带走。其降低了切削温度，从而有效地减少了工艺系统的热变形，减少了刀具的磨损，同时切削液还具有一定的润滑作用。

切削液通常采用 3 种类型：纯油、可溶油及合成溶剂。切削液的性能和用途取决于它的热导率、比热容、汽化热、流速等因素，用户最好是采用机床制造商指定的切削液。

冷却系统的组成因各机床类型的不同而各有差别，现在以常见的数控车床冷却系统为例来进行分析。

如图 5-3 所示，某数控车床在进行回转工件的内孔加工（钻、镗）工序，冷却系统由贮液箱、水泵及电动机、底阀、电磁阀、管路、过滤器等构成。冷却液由冷却泵提送，经过相应管道输送到内孔加工部位，喷淋而出，带走加工部位产生的热量同时带走切屑，经底板收集、过滤、回流到贮液箱。

其他类型机床冷却系统的组成和工作原理与之相似，在此不再赘述。

2．自动排屑装置

现代数控机床的加工效率高、排屑量大，需要及时收集和输送切屑，以保障机床排屑顺畅，不影响机床的正常加工。常用的排屑装置有以下几种类型。

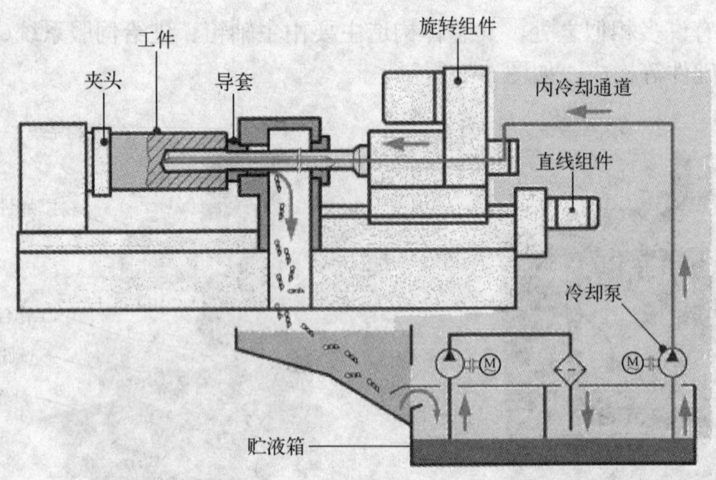

图 5-3 数控车床冷却系统

（1）链板式排屑装置

如图 5-4 所示，链板式排屑装置可以收集和输送金属及非金属切屑，但不适合粉末状切屑，其广泛应用于数控车床及加工中心。

（2）永磁式排屑装置

如图 5-5 所示，永磁式排屑装置是利用永磁材料产生的强磁效应，将粉状、颗粒状及长度小于 100mm 的铁屑与冷却液介质中的碎屑分离，吸附在排屑机的工作面上，送到指定工位。该装置可广泛应用于数控机床、组合机床、加工中心等机械加工设备和生产线上进行铁屑输送，可用于干式、湿式加工铁屑的处理。

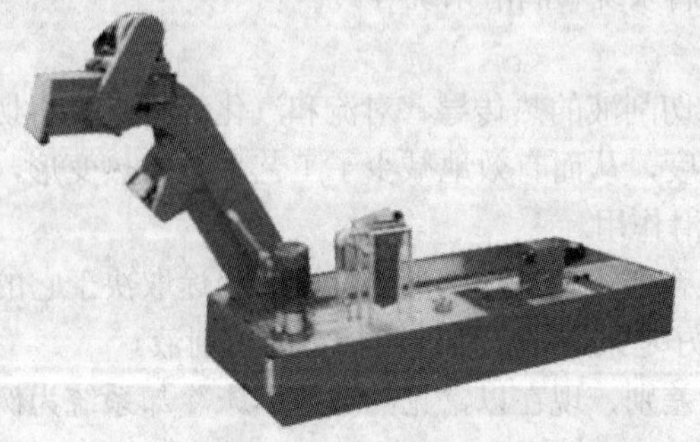
图 5-4 链板式排屑装置

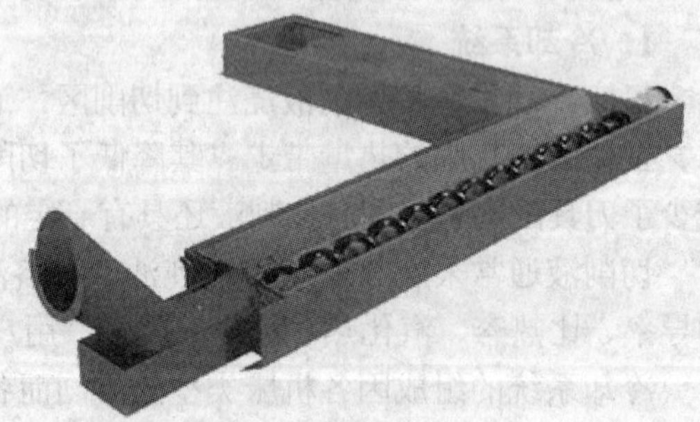
图 5-5 永磁式排屑装置

（3）刮板式排屑装置

如图 5-6 所示，刮板式排屑装置主要用于干式或湿式加工中长度不超过 150mm 非团状、细小碎屑的分离和清除。在处理磨削加工中的金属砂粒、磨粒，以及汽车行业中的铝屑效果比较好，刮板两边装有特制链条，刮屑板的高度及分布间距可随机设计，并可根据用户需要加钢网反冲、刮屑器、涡流分离器、油水分离器等，形成综合过滤系统提高产品表面加工精度，节约切削液，降低工人劳动强度。

（4）螺旋式排屑装置

如图 5-7 所示，螺旋式排屑装置通过减速器驱动带有螺旋叶的旋转轴推动物料，集中在出料口，落入指定位置。该装置结构紧凑，占用空间小，尤其适用于排屑空间狭小，其他排屑形式不易安装的机床。螺旋式排屑装置分有芯和无芯两种，它一般与其他类型的排屑装置配合，将从防护罩或工作台收集来的铁屑输送到排屑装置进屑口，再由排屑装置输送到收集车上。螺旋式排屑装置也可以安装喇叭口，直接将废屑从喇叭口排到集屑车上。

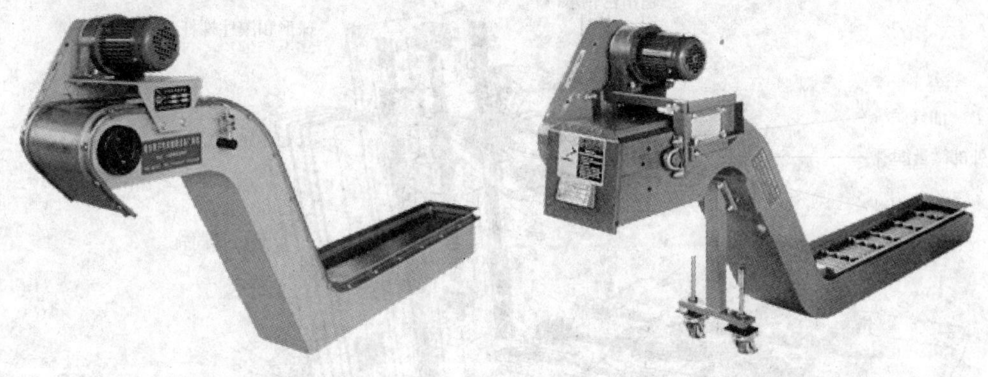

图 5-6　刮板式排屑装置　　　　图 5-7　螺旋式排屑装置

3．润滑系统

数控机床的润滑系统在机床中占据十分重要的位置，它不仅起到润滑的作用，而且还起到机床机构件内部热量散热作用。润滑系统的设计、调试和维修保养，对于保证机床加工精度、延长机床使用寿命等方面都有十分重要的意义。

机床常用的润滑方式有两种：油脂润滑和油液润滑。油脂润滑主要是指对机床主轴支承轴承、滚珠丝杠支承轴承及低速滚动导轨最常用的润滑方式；高速滚动导轨、贴塑导轨及变速齿轮等多采用油液润滑方式。滚珠丝杠及其螺母副两种润滑方式都有使用。

（1）油脂润滑

油脂润滑不需要润滑设备，工作可靠，不需要经常添加和更换，但其摩擦阻力较大。通常在用于支承轴承润滑时，油脂的封入量为润滑空间的 10%。如果是滚珠丝杠螺母副采用油脂润滑，则其油脂封入量为其内部空间的 1/3。如果过量封入，则会加剧运动部件的发热。此外还需要在结构上采取有效的密封措施，以防止切削液或切屑流入，而使得润滑油脂失效。在数控机床上，一般都使用锂基高级润滑脂。用户可以根据机床说明书选择具体润滑脂的牌号。

（2）油液润滑

数控机床上应用最多的是油液润滑方式。油液润滑一般采用集中供油润滑系统。集中供油润滑系统是从一个润滑油供给源把一定压力的润滑油，通过各主、次油路上的分配器，按所需的油量分配到各个润滑点。同时，系统能够具备润滑时间、次数的监控和故障报警以及停机功能，以实现润滑系统的自动控制。集中润滑系统使用方便可靠，润滑剂不被重复使用，有利于提高机床寿命。现以某数控铣床为例，来介绍其集中供油润滑系统，如图 5-8 所示。

在图 5-8 中，润滑管路主要分成两条支流，一条供给进给伺服系统模块的油液润滑，一条供给主轴模块的油气润滑。其中，进给伺服系统 3 个坐标轴（X、Y、Z）的供油管线为图 5-8 中左下角的三条单向供油管，每条油管分别对应一个坐标轴的进给机械组件。利用一个容积式润滑系统分配器（图 5-8 中油管线中的方盒），对油量进行控制供油，每个分配器将油量按比例分配，分成三个润滑点，供给滚珠丝杠两端的支承轴承润滑、滚珠丝杠螺母副润滑。

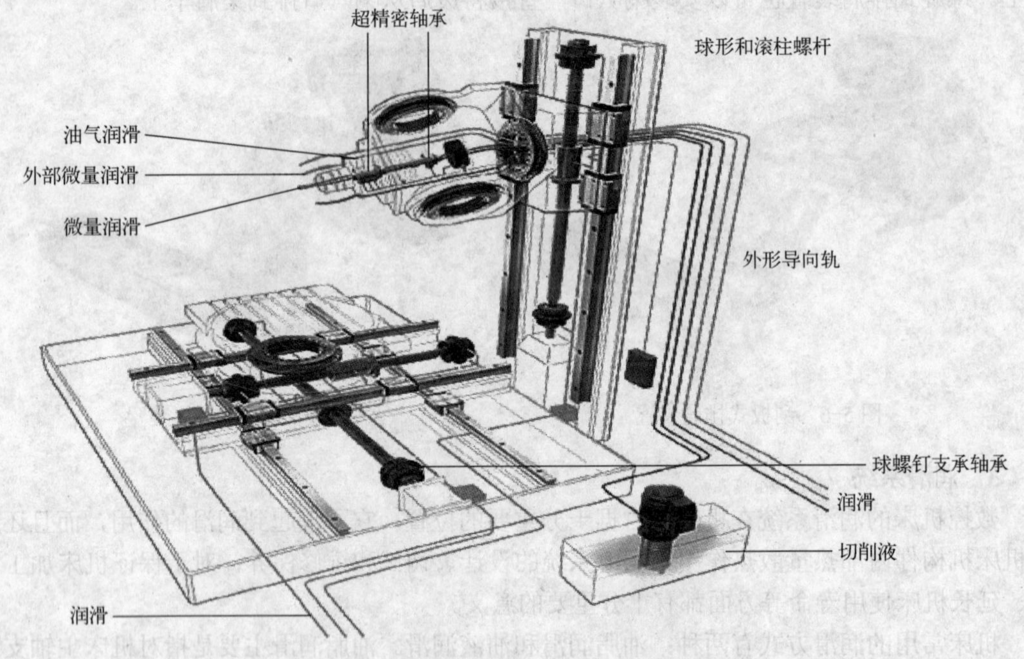

图 5-8　某数控铣床集中供油润滑系统示意图

针对主轴模块（加工中心高速主轴）高速运转的特殊性，其润滑方式采用了油气润滑方式加主轴内部冷却系统。油气润滑管路（图 5-8 中右下角所示标注）输送的是油气混合体。油气润滑系统的工作方式是利用压缩空气油泵，通过分配器，既可供给润滑点油气，也可单纯供油。

油气润滑的主要特点如下。

1）其中的油未被雾化，呈滴状进入润滑点，避免油雾对环境的污染。

2）用量省，而且能有效利用润滑剂，还具有对润滑部位额外良好的冷却效果。

3）保持摩擦副中始终有新鲜充分的润滑剂。

4）配合主轴内部冷却系统工作。

集中供油润滑系统主要由润滑泵、管路、油量分配器、喷头构成，如图 5-9 所示。

按照润滑泵的驱动方式，集中供油润滑系统又可分为手动供油系统和自动供油系统，如图 5-10a 所示。为手压式润滑泵，图 5-10b 所示为电动润滑泵。

按照供油方式的不同，也可分成连续供油系统和间歇供油系统。

图 5-11a 所示为自动间歇式润滑泵。该泵是由微型电动机与蜗杆减速器组成的，当电源接通时，系统就可以实现自动、间歇注油。经济型数控车床的集中润滑系统就常使用自动间歇式润滑泵。图 5-11b 所示为电动泵，安装方便，对液位不足及压力异常具备检测报警功能，且电动泵的控制电路中带有压力开关感知电路，可实现间歇、供油的机电一体化。在加工中心中，常使用该种润滑泵。

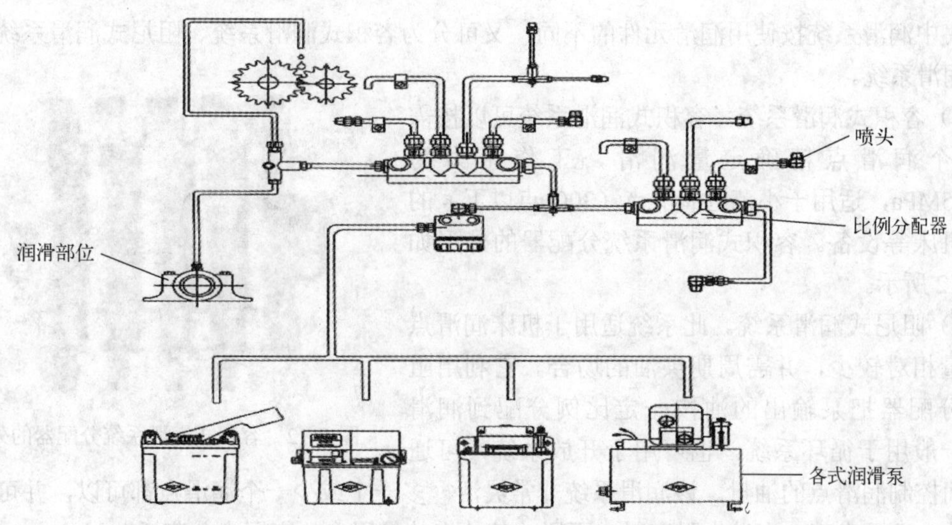

图 5-9　整机集中供油润滑系统示意图

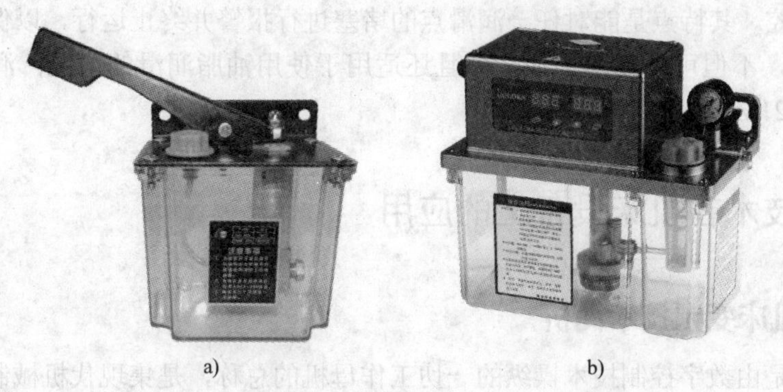

a)　　b)

图 5-10　手压式润滑泵和电动润滑泵实物图

a) 手压式润滑泵　b) 电动润滑泵

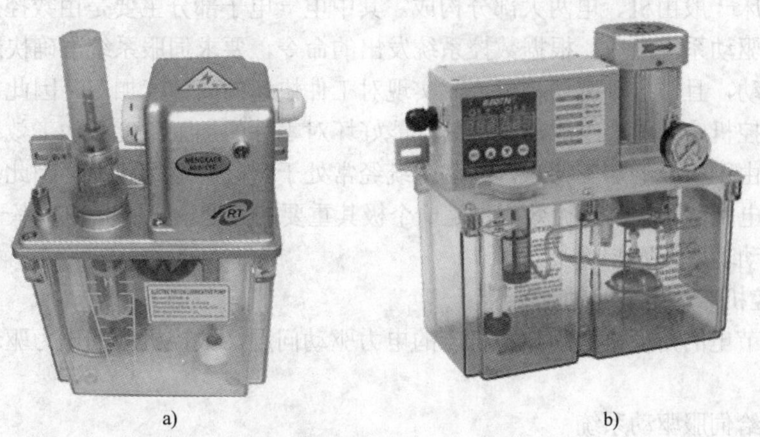

a)　　b)

图 5-11　润滑泵

a) 自动间歇式润滑泵　b) 电动泵

集中润滑系统按使用润滑元件的不同，又可分为容积式润滑系统、阻尼式润滑系统和递进式润滑系统。

1）容积式润滑系统。容积式润滑系统可以按需对每个润滑点精确定量润滑，工作压力为1.2~1.5MPa，适用于小范围润滑点（300 点以下）的数控机床等设备。容积式润滑系统分配器的外形如图 5-12 所示。

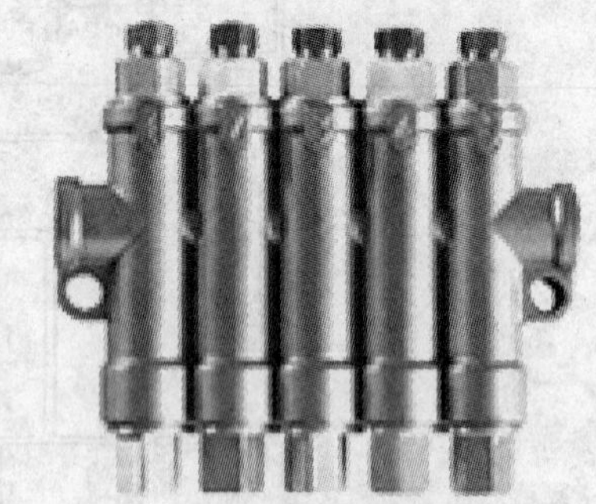

图 5-12 容积式润滑系统分配器的外形

2）阻尼式润滑系统。此系统适用于机床润滑点需油量相对较少，并需周期供油的场合。它利用阻尼式分配器把泵输出的油按一定比例分配到润滑点，一般用于循环系统，也可用于开放系统，可通过时间控制润滑点的油量。该润滑系统非常灵活，多一个或少一个润滑点都可以，并可由用户安装，而且当某一点发生阻塞时，不影响其他点的使用，故应用十分广泛。

3）递进式润滑系统。递进式润滑系统主要由泵站、递进片式分流器组成，并可附有控制装置加以监控。其特点是能对任一润滑点的堵塞进行报警并终止运行，以保护设备；定量准确、压力高，不但可以使用稀油，而且还适用于使用油脂润滑的情况；润滑点可达 100 个，压力可达 21MPa。

5.2 变频技术在机床设备上的应用

5.2.1 数控机床变频技术简析

数控机床是由数字控制技术操纵的一切工作母机的总称，是集现代机械制造技术、微电子技术、电力电子技术、通信技术、控制技术、传感技术、光电技术、液压气动技术等为一体的机电一体化产品，是兼有高精度、高效率、高柔性的高度自动化生产制造设备。

数控机床一般由机、电两大部分构成。其中电气电子部分主要是由数控系统、进给伺服驱动和主轴驱动系统组成。根据数控系统发出的命令，要求伺服系统准确快速地完成各坐标轴的进给运动，且与主轴驱动相配合，实现对工件快速的高精度加工。因此，伺服驱动和主轴驱动是数控机床的重要组成部分，其性能好坏对零件的加工精度、加工效率与成本都有重要的影响。由于机床的加工特点，运动系统经常处于四象限运行状态。因此，如何将机械能及时回馈到电网，即提高运行效率也是一个极其重要的问题。伺服驱动功率一般在 10kW 以下，主轴驱动功率在 60kW 以下。

1．数控机床的电力驱动

这里从节电的角度来考虑数控机床的电力驱动问题。数控机床的电力驱动主要分为以下 3 种类型。

（1）进给伺服驱动系统

以数控车床为例，伺服系统驱动滚珠丝杠带动刀架运动，实现刀具对工件的加工。当前交流伺服系统已基本上取代了直流伺服装置，这主要是考虑其维护简单和使用性能优良，而很少考虑到效率问题。因为进给伺服系统的功率一般不大，大都采用能耗制动，实现交流化之后，节电效果并不明显。对于高速大功率的进给伺服系统，采用交流变频矢量控制技术，能实现再生制动，对于经常处于起/制动工况的伺服系统来说，采用再生制动方案对节电是有价值的。这对同步型和异步型交流伺服系统来说都是可行的，因为功率电子器件的价格在总成本中的比例不断下降。

（2）主轴驱动系统

高速度高精度主轴驱动技术是数控机床的关键技术之一，主轴驱动的功率一般在 5～70kW 之间，速度高达 15 000～20 000r/min。采用感应电动机变频矢量控制或直接力矩自调技术和再生制动方案，可节约大量的电能。现在基本上采用 IGBT 功率器件，组成双边对等的整流逆变桥，在任何工况下都可实现四象限运行，这是保证性能和节电的最好方案。

（3）电动机内装式高速交流主轴驱动系统

此系统是主轴驱动的发展方向，应用较广泛。其特点是将机床主轴与交流电动机的转子合二为一，中间没有其他传动部件，从而降低了噪声，减小了体积，简化了结构，节省了材料，降低了成本，消除了传动链的连接误差和磨损，提高了主轴的转速和精度。但对交流电动机及其驱动装置的设计要求很高，既要有很宽的恒功率范围（1∶16 以上），还要保持足够的输出转矩，并要求有多条转矩-速度曲线，以适应不同的加工要求。

总而言之，数控机床的主轴驱动已实现了交流变频调速矢量控制。在保证工艺要求的前提下，从节材、节能的观点看，数控机床主轴交流电动机要实现内装式（即电主轴），应使电动机的基本转速尽量降低，恒转矩调速范围下移，尽量扩大恒功率范围，提高最高速度，使调速策略尽可能与负载特性相一致，减小电动机驱动系统的体积与成本，提高效率，改善散热条件。

2．交流变频调速

以前齿轮变速式的主轴转速最多只有 30 段可供选择，无法进行精细的恒线速度控制，而且还必须定期维修离合器。直流型主轴虽然可以无级调速，但存在必须维护电刷和最高转速受限制等问题，而主轴采用变频器驱动就可以消除这些缺点。另外，使用通用型变频器可以对标准电动机直接变速传动，所以除去离合器很容易实现主轴的无级调速。

图 5-13 所示为通用型变频器应用于数控车床的设备组成。以往的数控车床一般是用时间控制器确认电动机达到指令速度后才进刀的，而变频器由于备有速度一致信号（SU），所以可以按指令信号进刀，从而提高了效率。

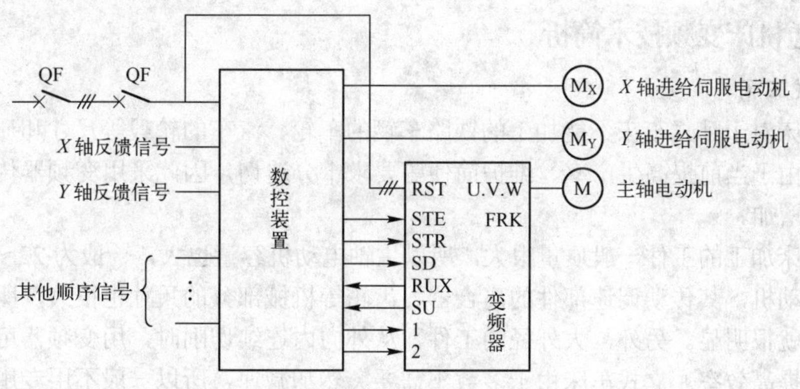

图 5-13　通用型变频器应用于数控机床的设备组成

图 5-14 所示为工件形状与运行模式实例。当工件的直径按锥形变化时（图中②的部分），主轴速度也要连续平滑地变化，从而实现线速度恒定的高效率、高精度切削。

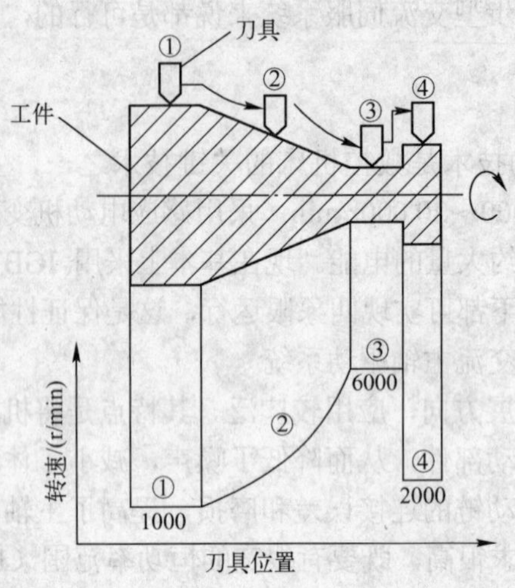

图 5-14 工件形状与运行模式实例

对于通常采用主轴直流调速的高级机床，引入主轴专用变频器进行交流调速后，可以取得以下的效果。

1）由于具有更高的主轴速度，可以实现对铝等软材料工件的高效率切削以及更高精度的最终切削。

2）由于不需要维护电刷，主轴电动机的安装位置可以更自由地选择。

3）由于采用全封闭式电动机，环境适应性更好。

4）由于不需要励磁线圈，更节省电能。

另外，对于通常采用离合器变速的车床，引入通用变频器后，也可取得以下的效果。

1）简化了动力传递机构。

2）能实现精细的恒线速控制。

3）不用对离合器进行维护。

4）容易实现高速恒功率运转。

5.2.2 普通机床变频技术简析

1．立式车床

立式车床对于卧式车床不能加工的铁路车辆的车轮、汽车的轮毂等尺寸和质量大的工件非常有效。由于当前提高生产率、维护简便等要求十分迫切，因此采用变频器传动方式的立式车床正在增加。

立式车床加工的工件一般质量很大，所以主轴电动机容量也大，一般为 22～100kW。这种等级的电动机，其传动调速部件的离合器、齿轮等机械部分的尺寸也很大，所以使用变频器的效益也就很明显。另外，大外径的工件，从外向内连续切削时，用变频器可实现恒线速切削，从而提高效率。立式车床由于多数不需要突然加减速，所以一般不用专用变频器，而采用通用变频器。

图 5-15 所示为立式车床变频调速框图。刀架进给采用小容量变频器。工件的惯性从电动机轴上看是电动机惯性的 10 倍以上，所以必须设置制动装置。刀架进给虽然要横向移动，但并不要求大的转矩，所以一般使用数千瓦的变频器即可。对于要求高精度切削的数控立式车床，使用伺服机构组成系统的设备除了有变频器和制动装置外，还有制动放电电阻、底座上升用的液压设备、限幅开关、顺序电路及操作盘等。

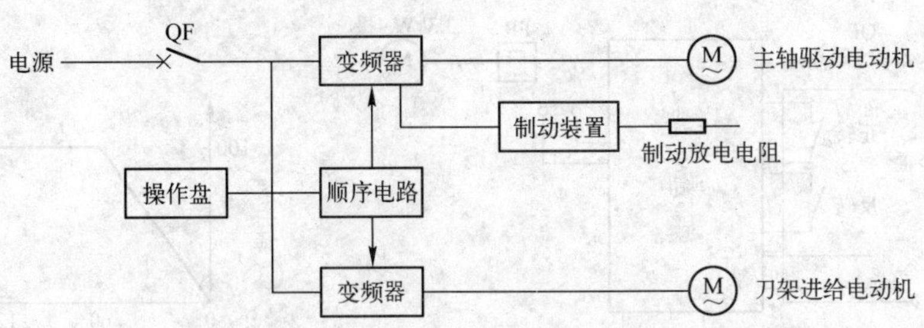

图 5-15 立式车床变频调速框图

图 5-16 所示为工件形状与运行模式实例。由于工件的直径很大，所以根据刀具的位置使主轴速度连续变化，以实现恒线速切削。

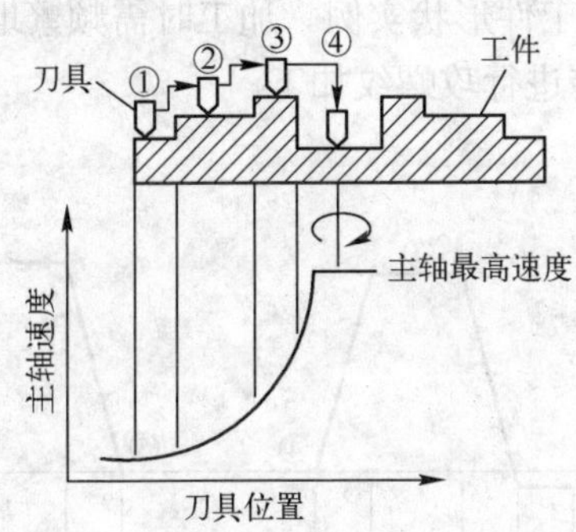

图 5-16 工件形状与运行模式实例

使用变频器后，取消了离合器、齿轮等机械变速部分，使得维护更加方便。特别是立式车床的工件（包括底座）惯性很大，所以将机械制动改为电制动具有很大的优越性。此外，由于很容易实现高速运转，所以可以高效率地加工铝等软材料工件，而且无级变速可以做到恒线速加工，所以能够提高生产率。

2. 自动车床

自动车床是指安装有高速加工滚珠丝杠等精密部件的机床。由通常的凸轮式改变为复合数控车床后，使生产效率大大提高，成为具有稳定加工精度和良好性能指标的机械，从而得到了广泛的应用。对于自动车床的主轴采用变频器传动也越来越多。

（1）对变频器的功能要求

对于自动车床，采用具有下列功能的变频器可以缩短加工周期。

1）可不经过停止状态直接由正转变为反转。

2）变频器输出频率为 120Hz 以上，可加快速度。

3）备有相应于急剧减速的再生制动装置，而且有制动功能，减速结束时不用机械制动就能完全停止。

4）低速时速度变化率小，运行平滑。

图 5-17 所示为自动车床用变频调速的框图及其特性。图中 R 是制动电阻。变频器的输入信号有从数控装置送来的正转、反转、频率指令等。另外，为了缩短加速时间，使用了比电动机容量更大的变频器。

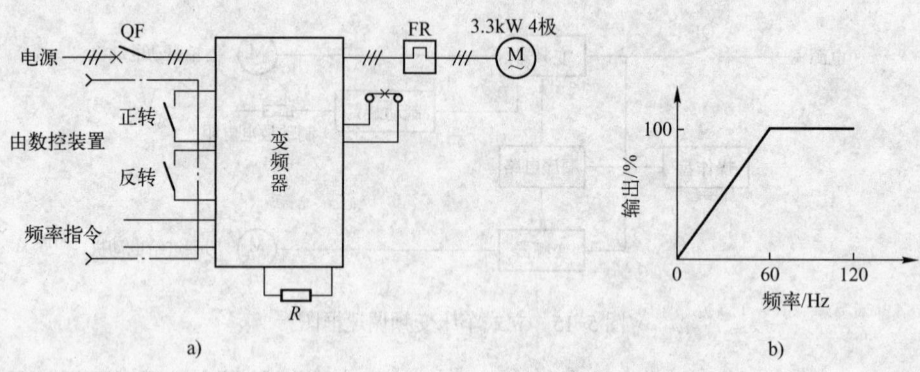

图 5-17　自动车床变频调速的框图及其特性

图 5-18 所示为加工模式与工件形状实例。加工时需频繁地加减速与停止。图 5-18 中加工模式⑥是主轴停止，刀具旋转进行攻螺纹加工。

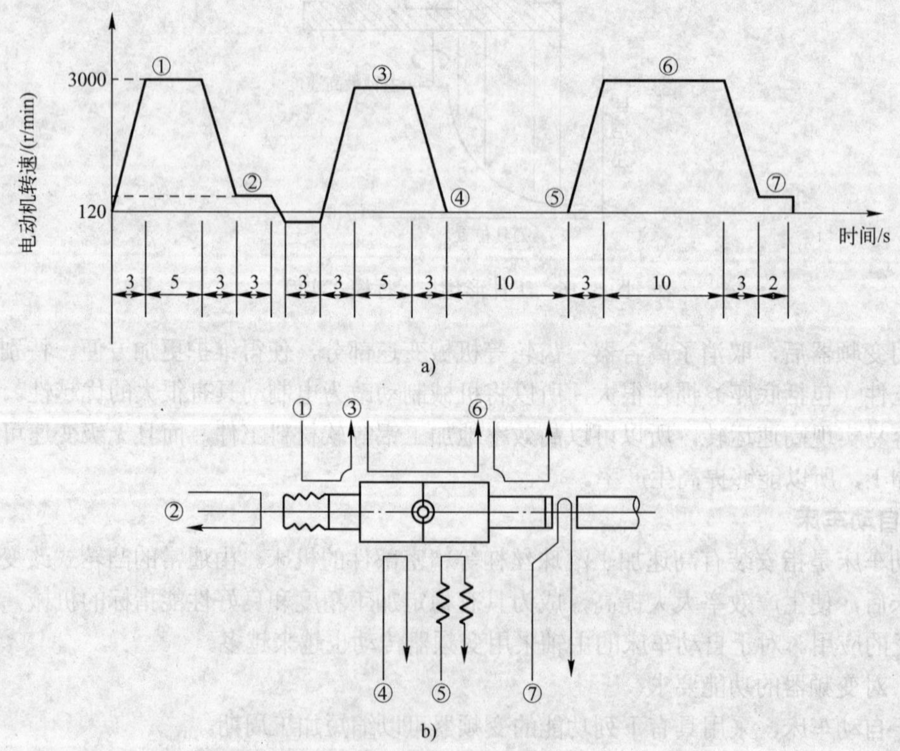

图 5-18　加工模式与工件形状实例

（2）使用效果

1）缩短了加工周期，使生产率得到提高。

2）将以往的带制动器电动机更换为通用电动机，因而便于维护。

3）由于采用数控变频器，使速度再现性好，产品质量稳定。

（3）需要注意的问题

1）由于速度可调范围大，需要考虑与机械部件匹配以防止谐振。

2）由于制动电阻的大小是根据减速频率决定的，应以最繁重的运行模式来选择。另外，由于温度高，应考虑安装位置。

3）应避免电动机的低频振动。另外，如在低速时需要充分大的转矩，可使用通风型的专用电动机。

3．磨床

这里主要介绍变频技术在圆台平面磨床上的应用。

圆台平面磨床的台面传动虽然采用液压马达，但工作时油温上升，其结果是机械部分产生热畸变，这对于被称为镜面抛光的加工精度会产生恶劣影响，而且液压系统的维护也极不方便。采用变频调速可消除这样的问题。图 5-19 所示为磨床变频调速工作示意图。图中的台面采用变频器传动时，砂轮接近旋转台面中心就增加台面转速，反之，砂轮接近外围就减小台面转速。重复这样的操作就可以使台面上工件的磨削速度与其位置无关而保持恒定，从而提高精度和效率。

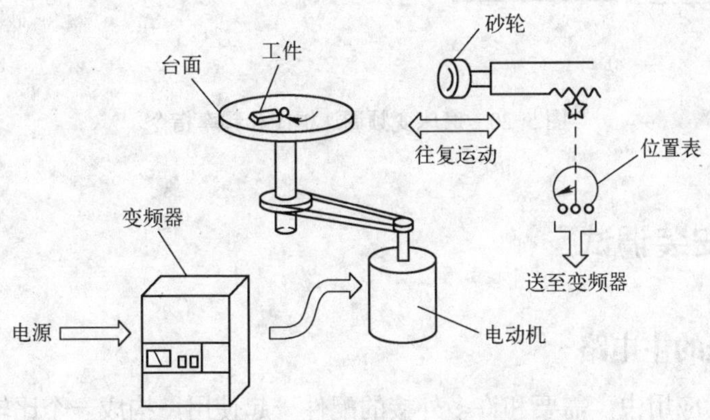

图 5-19　磨床变频调速工作示意图

图 5-20 所示为磨床变频调速框图及频率指令。图中可变电阻 RP_1～RP_5 用来设定变频器的输出频率，按图 5-20b 所示特性设定，其中 RP_3 装在机械部分，其电阻值随砂轮位置而变化，应选用可靠性高的产品。图 5-20a 中 RP_1～RP_5 构成的电路给出的变频器频率指令是根据与砂轮往复运动联动的 RP_3 的值来确定的，当砂轮靠近中心时频率指令大，靠近外围时小，从而使得台面转速很好地跟踪了变频器频率指令。

调整时，由 RP_1 设定最大速度。RP_3 最大时调整 RP_5，设定中心速度。由于采用数控变频器，使速度再现性好，产品质量稳定。

（1）使用效果

1）与以往方式（液压马达方式）相比，对机械部件的热影响降低，从而提高了工件的磨削精度。

2）与以往方式相比，速度跟踪性能提高，使线速度变化减小，减小了工件的表面粗糙度值。

3）速度设定较以往方式更容易，操作简便。

4）不需要对液压系统进行维护，机器运转率提高。

（2）需要注意的问题

1）由于反复加减速，选择电动机和变频器时都应确保在其等效额定负载以内，特别应注意制动器的负载。

2）为确保磨削面的精度和表面粗糙度，应选择振动小的电动机。

3）为了减小负载变化对转速的影响，机械设计应考虑在最高电动机转速时也能使用。

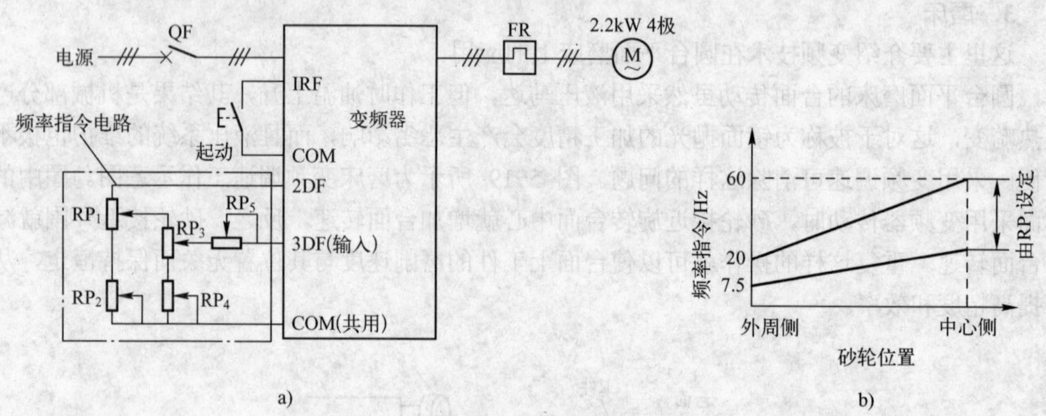

图 5-20　磨床变频调速框图和频率指令

5.3　变频器安装调试

5.3.1　变频调速的主电路

变频器在实际应用中，需要和许多外接的配件一起使用，构成一个比较完整的主电路，如图 5-21 所示。现就各外接配件的功能和选择方法进行介绍。

1．低压断路器 QF

图 5-22 所示为低压断路器外形图。

（1）功能

1）隔离作用。当变频器进行维修或长时间不用时，将低压断路器切断，使变频器与电源隔离。

2）保护作用。低压断路器大都具有过电流及欠电压等保护功能，当变频器的输入侧发生短路或电源电压过低等故障时，可迅速进行保护。

（2）选择

因为低压断路器具有过电流保护功能，为了避免不必要的误动作，取

$$I_{QN} \geqslant (1.3\sim1.4) I_N \qquad (5\text{-}1)$$

式中　I_{QN}——低压断路器的额定电流；

I_N——变频器的额定电流。

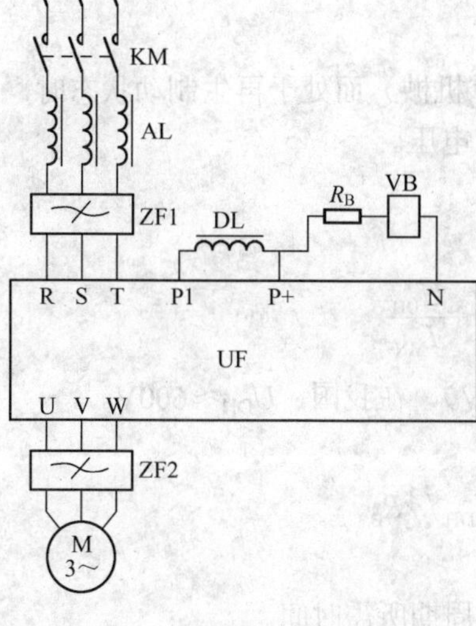

图 5-21　变频调速系统主电路

图 5-22　低压断路器外形图

2．接触器 KM

图 5-23 所示为电磁接触器外形图。

图 5-23　电磁接触器外形图

（1）输入侧接触器

1）功能。

① 可通过按钮方便地控制变频器的通电与断电。

② 当变频器发生故障时，可自动切断电源。

2）选择。取

$$I_{KN} \geqslant I_N \tag{5-2}$$

式中　I_{KN}——接触器的额定电流。

（2）输出侧接触器　输出侧接触器仅用于变频器与工频电源切换等特殊情况，一般情况下不用。

因为输出电流中含有较强的谐波成分，故取

$$I_{KN} \geqslant 1.1 I_{MN} \tag{5-3}$$

式中 I_{MN}——电动机的额定电流。

3．制动电路及制动单元

（1）功能

当电动机因频率下降或重物下降（如起重机械）而处于再生制动状态时，制动电路及制动单元可以避免在直流电路中产生过高的再生电压。

（2）选择

1）电路的电阻值 R_B。取

$$R_B = \frac{U_{DH}}{2I_{MN}} - \frac{U_{DH}}{I_{MN}} \tag{5-4}$$

式中 U_{DH}——直流电路电压的允许上限值（V），在我国，$U_{DH} \approx 600V$。

2）电阻的容量 P_B。取

$$P_B = U_{DH}^2 / \gamma R_B \tag{5-5}$$

式中 γ——修正系数。

设 t_B 为每次制动所需时间，t_c 为每个制动周期所需时间。

① 在不反复制动的场合：如每次制动时间小于 10s，可取 $\gamma=7$；如每次制动时间超过 l00s，可取 $\gamma=l$；如每次制动时间在两者之间，即 $10s<t_B<100s$，则 γ 大体上可按比例算出。

② 在反复制动的场合：如 $t_B/t_c \leqslant 0.01$，取 $\gamma=5$；如 $t_B/t_c \geqslant 0.15$，取 $\gamma=l$；如 $0.01<t_B/t_c<0.15$，则 γ 大体上可按比例算出。

（3）常用制动电阻的阻值与容量的参考值

常用制动电阻的阻值与容量的参考值见表 5-1。图 5-24 所示为两种制动电阻外形图。

表 5-1　常用制动电阻的阻值与容量的参考值

电动机容量/kW	电阻值/Ω	电阻容量/kw	电动机容量/kW	电阻值/Ω	电阻容量/kw
0.40	1000	0.14	37	20.0	8
0.75	750	0.18	45	16.0	12
1.50	350	0.40	55	13.6	12
2.20	250	0.55	75	10.0	20
3.70	150	0.90	90	10.0	20
5.50	110	1.30	110	7.0	27
7.50	75	1.80	132	7.0	27
11.0	60	2.50	160	5.0	33
15.0	50	4.00	200	4.0	40
18.5	40	4.00	220	3.5	45
22.0	30	5.00	280	2.7	64
30.0	24	8.00	315	2.7	64

由于制动电阻的容量不易准确掌握，如果容量偏小，则极易烧坏。所以，制动电阻箱内应附加热继电器 FR，如图 5-25a 所示。

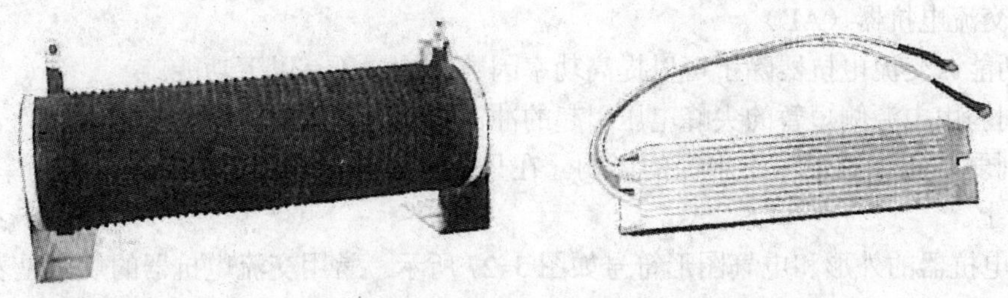

图 5-24　制动电阻外形

（4）制动单元 VB

一般情况下，只需根据变频器的容量进行配置即可，如图 5-25b 所示。

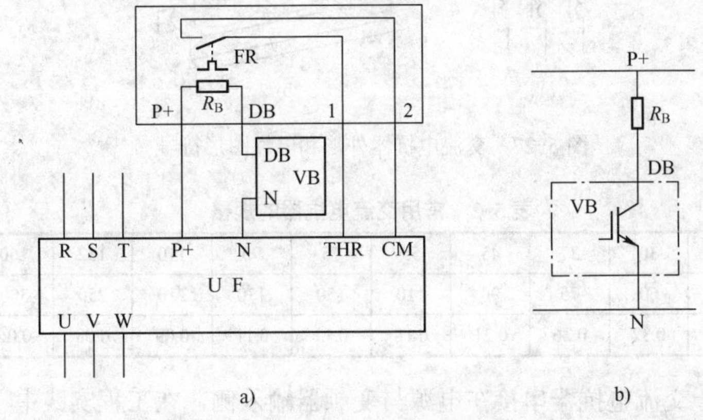

图 5-25　附加热继电器

4. 电抗器

变频器的输入电流中含有许多高次谐波成分，这些高次谐波电流都是无功电流，使变频调速系统的功率因数降低到 0.75 以下。所以，在容量较大的变频调速系统中，应考虑接入电抗器，以提高功率因数。图 5-26 所示为电抗器外形图。电抗器主要有交流电抗器和直流电抗器两种。

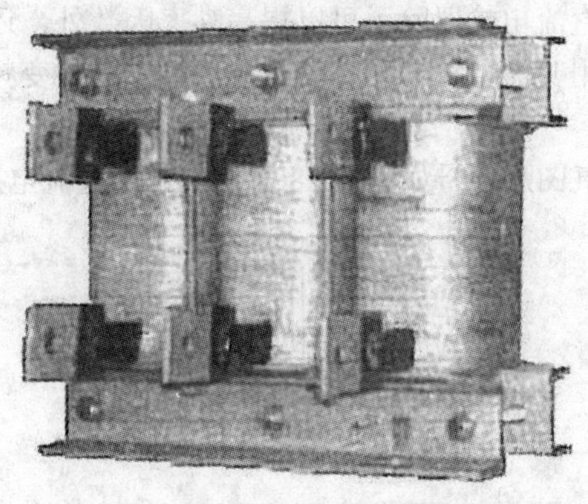

图 5-26　电抗器外形图

（1）交流电抗器（AL）

1）功能。交流电抗器除了可以提高功率因数以外，还有以下功能。

① 削弱由电源侧短暂的尖峰电压引起的冲击电流。

② 削弱三相电源电压不平衡的影响。在只接交流电抗器的情况下，可将功率因数提高到 0.85 以上。

交流电抗器的外形和电气图形符号如图 5-27 所示。常用交流电抗器的规格见表 5-2。

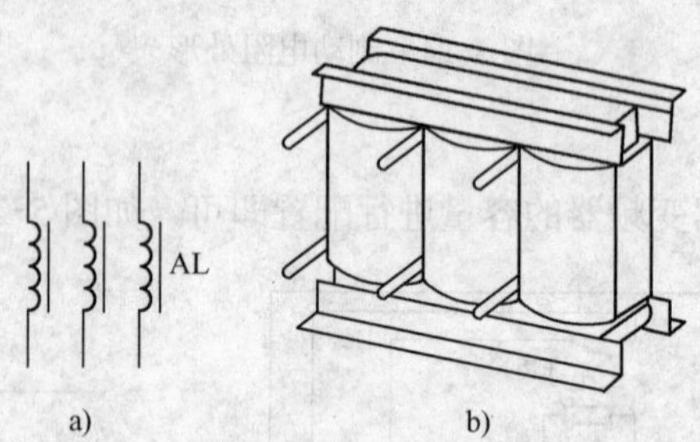

图 5-27　交流电抗器外形和电气图形符号

表 5-2　常用交流电抗器的规格

电动机容量/kW	30	37	45	55	75	90	110	132	160	200	220
允许电流/A	60	75	90	110	150	170	210	250	300	380	415
电抗器电感量/mH	0.32	0.26	0.21	0.18	0.13	0.11	0.09	0.08	0.06	0.05	0.05

2）应用。由于交流电抗器串接在电源与变频器输入侧，在工程实践中一般在下列情况下使用输入交流电抗器。

① 变频器所用场所的电源供电容量与变频器容量之比在 10∶1 以上。

② 在与变频器同一电源上接有晶闸管设备，或带有开关控制的功率因数补偿装置时。

③ 三相电源的电压不平衡度较大，且大于 3%时。

④ 变频器功率大于 30kW 时。

（2）直流电抗器（DL）

直流电抗器可将功率因数提高至 0.9 以上。由于其体积较小，因此许多变频器已将直流电抗器直接装在变频内。直流电抗器除了可以提高功率因数外，还可削弱在电源刚接通瞬间的冲击电流。如果同时配用交流电抗器和直流电抗器，则可将变频调速系统的功率因数提高至 0.95 以上。

直流电抗器外形和电气图形符号如图 5-28 所示。常用直流电抗器的规格见表 5-3。

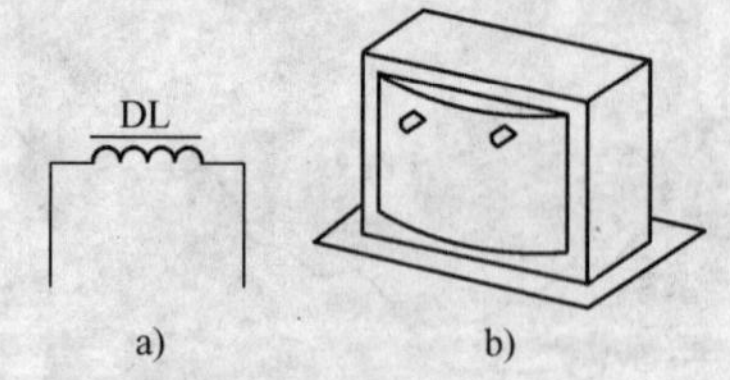

图 5-28　直流电抗器外形和电气图形符号

表 5-3　常用直流电抗器的规格

电动机容量/kW	30	37～55	75～90	110～132	160～200	220	280
允许电流/A	75	150	220	280	370	560	740
电抗器电感量/μH	600	300	200	140	110	70	55

5．滤波器

变频器的输入和输出电流中都含有很多高次谐波成分，除降低功率因数（主要是频率较低的谐波电流）外，频率较高的谐波电流还将以各种方式把自己的能量传播出去，形成对其他设备的干扰信号，严重的甚至使某些设备无法正常工作。

滤波器就是用来削弱这些较高频率的谐波电流，以防止变频器对其他设备的干扰。滤波器的外形如图 5-29 所示。滤波器的大致构成如图 5-30 所示，它主要由滤波电抗器和电容器组成，如图 5-30b 所示。应注意的是：根据使用位置的不同，可以分为输入滤波器和输出滤波器。输入滤波器有线路滤波器和辐射滤波器两种。线路滤波器串联在变频器的输入侧，由电感线圈组成，用于增大电路的阻抗，减少频率较高的谐波电流；在需要使用外控端子控制变频器时，如果控制电路电缆较长，则外部环境的干扰有可能从控制电路电缆侵入，造成变频器误动作，此时将线路滤波器串联在控制电路电缆上，可以消除干扰。辐射滤波器并联在电源与变频器的输入侧，由高频电容组成，可以吸收频率较高具有辐射能量的谐波成分，用于降低无线电噪声。线路滤波器与辐射滤波器同时使用效果较好。变频器输出滤波器中，其电容器只能接在电动机侧，且应串入电阻，以防止逆变管因电容器的充、放电而受冲击。滤波电抗器的结构如图 5-30c 所示，由各相的连接线在同一个磁心上按相同方向绕 4 圈（输入侧）或 3 圈（输出侧）构成。

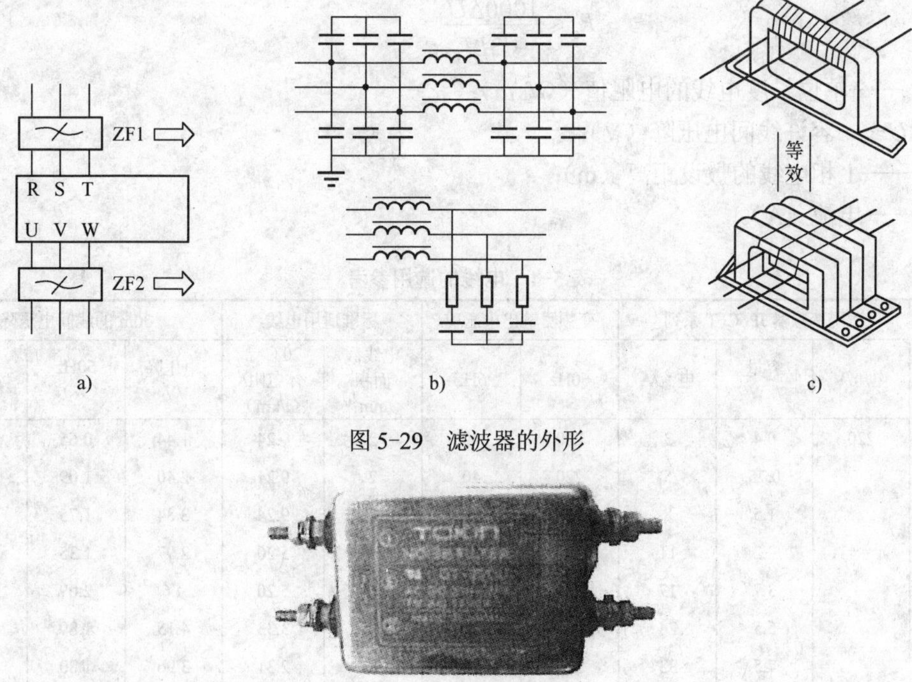

图 5-29　滤波器的外形

图 5-30　滤波器的构成

需要说明的是：

1）三相的连接线必须按相同方向绕在同一个磁心上，这样，其基波电流的合成磁场为0，因而对基波电流没有影响；

2）在 1 个磁心上绕 4 圈和在 4 个磁心上绕 1 圈是等效的。可根据连接线的粗细灵活地决定其加工方法。

6．漏电保护器

由于变频器输入/输出引线和电动机内部均存在分布电容，并且变频器使用的载波频率较高，造成变频器的对地漏电电流较大，有时会导致保护电路的误动作。遇到这类问题时，除适当降低载波频率、缩短引线外，还应当安装漏电保护器。

漏电保护器应当安放在变频器的输入侧，且置于断路器之后较为合适。

漏电保护器的动作电流应大于电路在工频电源下不使用变频器的漏电流（包括电动机等漏电流的总和）的 10 倍。

5.3.2 变频调速主电路电线

变频调速主电路电线与一般的电力线一样，也必须对电流容量、短路保护、电线压降等研究后再确定。电线的选用参考见表 5-4。

变频器输入电流的有效值往往比电动机的电流大。变频器与电动机间的电线敷设距离越长，则电压降越大，可能会使电动机转矩不足。特别是变频器输出频率低时，其输出电压也低，电压降所占的比例增大。变频器与电动机间的压降以额定电压的 2%为容许值，可依此选择电线。在采用专用变频器时，如有条件补偿变频器的输出电压时，取额定电压的 5%左右为容许值。容许压降给定时，主电路电线的电阻值必须满足

$$R_c \leqslant \frac{1000\Delta U}{\sqrt{3}LI} \tag{5-6}$$

式中 R_c——单位长度电线的电阻值（Ω/km）；

ΔU——容许线间电压降（V）；

L——1 相电线的敷设距离（m）；

I——电流（A）。

表 5-4 电线的选用参考

4 极通用电动机功率/kW	适用变频器 JP6C-T 系列			变频器输出电压/V		标准适用电线		30m 的线间电压降		
	电压/V	容量/kW	电流/A	60Hz	6Hz	电线截面积/mm^2	20℃导体电阻/（Ω/km）	电压降/V	60Hz（%）	6Hz（%）
0.4	220	0.4	3	220	40	2	9.24	1.44	0.65	3.6
0.75		0.75	5	220	40	2	9.24	2.40	1.09	6.0
1.5		1.5	8	220	40	2	9.24	3.84	1.75	9.6
2.2		2.2	11	220	40	3.5	5.20	2.97	1.35	7.4
3.7		3.7	17	220	40	3.5	5.20	4.6	2.09	11.5
5.5		5.5	24	220	40	5.5	3.33	4.15	1.89	10.4
7.5		7.5	33	220	40	8	2.31	3.96	1.80	9.9

（续）

4 极通用电动机功率/kW	适用变频器 JP6C-T 系列			变频器输出电压/V		标准适用电线		30m 的线间电压降		
	电压/V	容量/kW	电流/A	60Hz	6Hz	电线截面积/mm^2	20℃导体电阻/（Ω/km）	电压降/V	60Hz（%）	6Hz（%）
11	400/400	11	46	220	40	14	1.30	3.10	1.41	7.8
15		15	61	220	40	22	0.824	2.61	1.19	6.5
22		22	90	220	40	30	0.624	2.91	1.32	7.3
30		30	115	220	40	50	0.378	2.26	1.03	5.7
37		37	145	220	40	80	0.229	1.73	0.78	4.3
45		45	175	220	40	100	0.180	1.64	0.75	4.1
55		55	215	220	40	125	0.144	1.61	0.73	4.0
75		75	144	440	45	80	0.229	1.71	0.39	3.9
110		110	217	440	45	125	0.144	1.62	0.37	3.7
150		150	283	440	45	150	0.124	1.86	0.42	4.2
220		220	433	440	45	250	0.075	1.69	0.38	3.8

通常所使用的电线粗细与电动机容量的关系可查表获得。但在实际敷设时，需要根据变频器、电动机的规格（电压、电流等）和电线的敷设距离等重新核算。图 5-31 所示为主电路配线示意图。

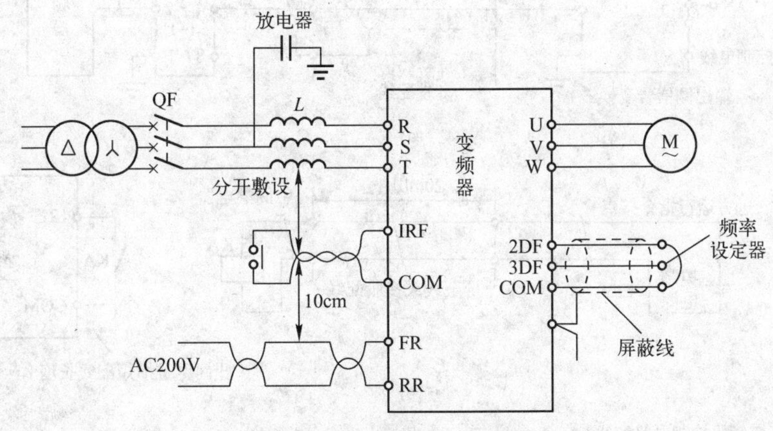

图 5-31　主电路配线示意图

接地电线与单元型变频器的接地端子连接。如变频器安装在配电柜内时，则与配电柜的接地端子或接地母线连接。根据电气设备技术标准，接地电线必须用直径 1.6mm 以上的铜线。

5.3.3　变频器的控制电路

为变频器的主电路提供通断控制信号的电路，称为控制电路。其主要任务是完成对逆变器开关器件的开关控制和提供多种保护功能。控制方式有模拟控制和数字控制两种。目前已广泛采用了以微处理器为核心的全数字控制技术，采用尽可能简单的硬件电路，主要靠软件完成各种控制功能，以充分发挥微处理器计算能力强和软件控制灵活性高的特点，完成许多模拟控制方式难以实现的功能。控制电路主要由以下部分组成。

（1）运算电路　运算电路的主要作用是将外部的速度、转矩等指令信号同检测电路的电流、电压信号进行比较运算，决定变频器的输出频率和电压。

（2）信号检测电路　将变频器和电动机的工作状态反馈至微处理器，并由微处理器按事先确定的算法进行处理后为各部分电路提供所需的控制或保护信号。

（3）驱动电路　驱动电路的作用是为变频器中逆变电路的换流器件提供驱动信号。当逆变电路的换流器件为晶体管时，称为基极驱动电路；当逆变电路的换流器件为 SCR、IGBT 或 GTO 时，称为门极驱动电路。

（4）保护电路　保护电路的主要作用是对检测电路得到的各种信号进行运算处理，以判断变频器本身或系统是否出现异常状况。当检测到异常状况时，进行各种必要的处理，如使变频器停止工作或抑制电压、电流值等。

5.3.4　变频器控制电路电线

变频器的控制信号是微弱的电压、电流信号，所以与主电路不同，对于电线的选择和敷设要增加干扰对策和规程等。控制电路配线敷设方式如图 5-32 所示。

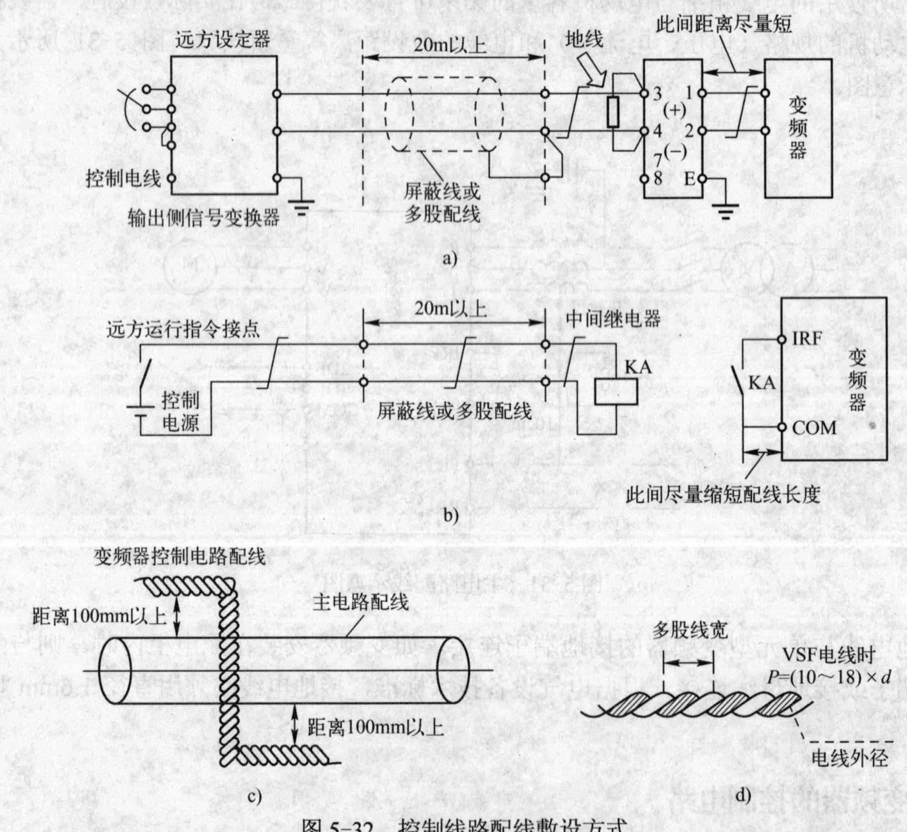

图 5-32　控制线路配线敷设方式

a) 20m 以上设定频率　b) 20m 以上远距离操作　c) 控制线与主电路间距　d) 控制线多股线宽

1. 电线的种类

一般来说，控制信号的传送所使用的电线采用聚氯乙烯绝缘护套屏蔽电线。

2．电线的粗细

控制电线导体的粗细选择必须考虑机械强度、规程、电压降及敷设费用。推荐使用导体截面积为 1.25mm^2 或 2mm^2 的电线。但是，如果敷设距离短、电压降在容许值以内，使用 0.75mm^2 的则比较经济。

3．电线的敷设

变频器的控制电线与主电路电线或其他电力电线需分开敷设。相隔距离取电气设备技术标准所确定的距离。

4．电线的屏蔽

1）电线不能分开铺设或者即使分开铺设也不会有抗干扰效果时，要进行有效的屏蔽。

2）电线的屏蔽利用已接地的金属管或者穿在金属管内和带屏蔽的电线上。

3）屏蔽电线的连接方法如图 5-33 所示；屏蔽电线末端的处理如图 5-34 所示。

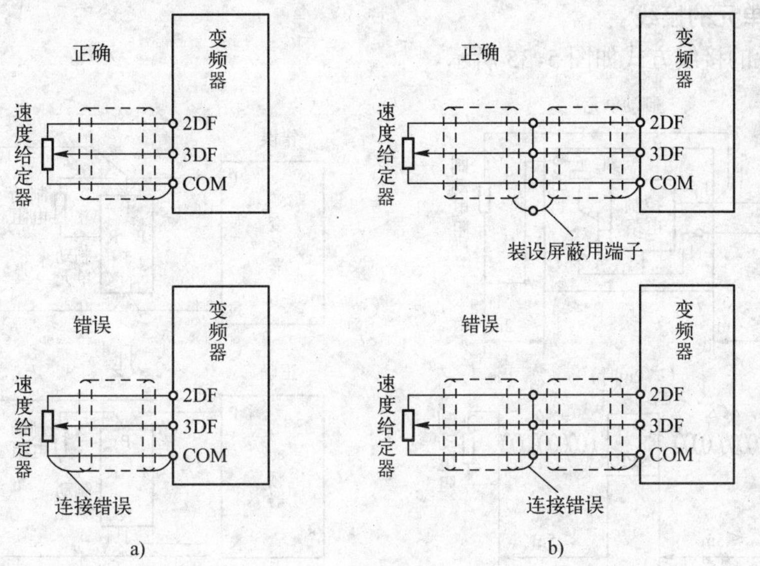

图 5-33　屏蔽电线的连接方法

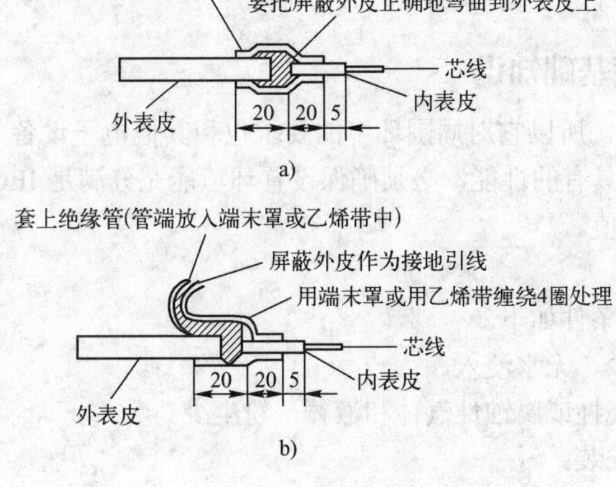

图 5-34　屏蔽电线末端的处理

5．绞合线

1）弱电压、电流电路（4～20mA，0～5V/1～5V）用电线，特别是长距离的控制电路电线采用绞合线，而且全长都使用屏蔽的铠装线。

2）绞合线的绞合间距尽可能小。

6．铺设路线

1）电磁感应干扰的大小与电线的长度成比例，所以尽可能地以最短的路线铺设。

2）与频率表接线端子连接的电线长度取 200m 以下（电线的容许长度因机种不同而不同，可根据说明书等来确认）。若敷设距离长，则频率表的指示误差将会增大。

3）大容量变压器和电动机的漏磁对控制电线会产生感应干扰，确定电线路线时要离开这些设备敷设。

4）弱电压、电流电路所用电线的路线不要接近有很多断路器和继电器的控制盘。

7．制动单元的接线

制动单元的接线方式如图 5-35 所示。

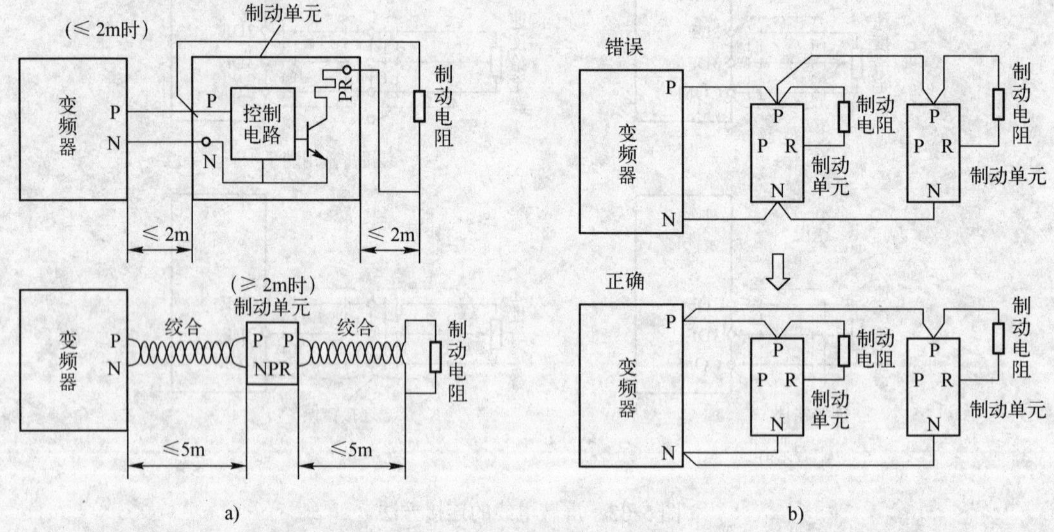

图 5-35　制动单元的接线方式

5.3.5　变频器的安装基础知识

变频器是电子设备，所以它对周围环境的要求也和其他电子设备一样。为了使变频器能稳定地工作，发挥其所具有的性能，必须确保设置环境能充分满足 IEC 标准及国家标准对变频器所规定环境的容许值。

1．设置场所

装设变频器的场所条件如下。

1）电气室应湿气少、无水浸入。

2）无爆炸性、燃烧性或腐蚀性气体和液体，粉尘少。

3）装置容易搬入安装。

4）应有足够的空间，便于维修检查。

5）应备有通风口或换气装置，以排出变频器产生的热量。

6）应与易受变频器产生的高次谐波和无线电干扰影响的装置分离。

7）安装在室外必须单独按照户外配电装置设置。

2．使用环境

变频器要长期稳定运行，对其使用环境有一定的要求。

（1）周围温度

变频器运行中周围温度的容许值多为 0～40℃或-10～50℃，避免阳光直射。

1）上限温度。对于单元型装入配电柜或控制盘内等使用时，考虑柜内预测温升 10℃，则上限温度多定为 50℃。变频器为全封闭结构、上限温度为 40℃的壁挂用单元型装入配电柜内使用时，为了减少温升，可以装设通风管（选用件）。

2）下限温度。周围温度的下限值多为 0℃或-10℃，以不特别冻结为前提条件。

（2）周围湿度

变频器要注意防止水或水蒸气直接进入变频器内，以免引起漏电，甚至打火、击穿。而周围湿度过高，也可使电气绝缘性能降低和金属部分腐蚀。为此，变频柜安装平面应高出水平地面 800mm 以上。

（3）周围气体

作为室内设置，其周围不可有腐蚀性、爆炸性或可燃性气体，还要选择粉尘和油雾少的设置场所。

（4）振动

关于耐振性因机种的不同而不同，设置场所的振动加速度多被限制在 0.3～0.69m/s^2（振动强度≤5.9m/s^2）以下。对于机床、船舶等事先能预测振动的场合，必须选择有耐振措施的机种。

（5）抗干扰

为防止电磁干扰，控制线应有屏蔽措施，母线与动力线要保持不少于 100mm 的距离。

5.3.6　变频器对安装环境的要求

下面主要针对变频器安装场所的温度、湿度和振动等环境进行研究。

1．温度

（1）变频器效率与损耗

所谓变频器效率是指变频器本身的变换效率。其计算公式为

$$\eta = \frac{p_o}{p_i} \times 100\% = \frac{p_o}{p_o + P_1} \times 100\% \tag{5-7}$$

式中　η——变频器效率（%）；

P_o——变频器输出功率（W）；

P_i——变频器输入功率（W）；

P_l——变频器内部损耗（W）。

由此可以看出，变频器效率决定于变频器内部的损耗。变频器损耗主要产生在逆变部分（约占变频器总损耗的 50%）、整流部分（约 40%）、控制电路（约 10%），在这些损耗中，逆变部分和整流部分的损耗量随负载电流的变化而变化。其他损耗与负载电流的变化无关，为

一个定值。

此外，以控制电路为主体的损耗不受变频器容量大小的影响，所以小容量的变频器效率比大容量的低。图 5-36 所示为变频器的功率流传示意图。

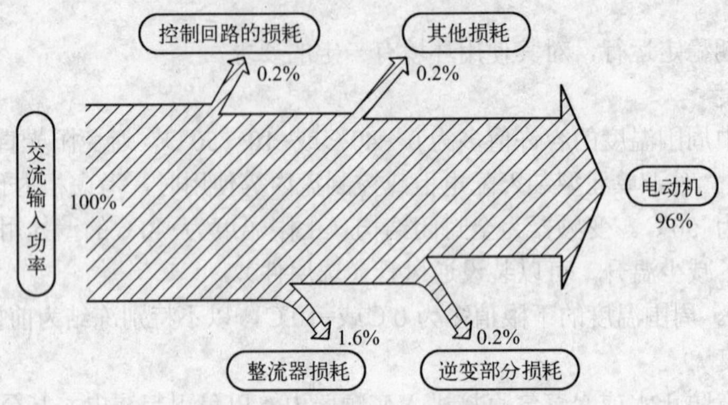

图 5-36　变频器的功率流传示意图

（2）防止过热

由于变频器内部存在着功率损耗，因而工作过程中会导致变频器过热。在设计配电柜或设计电气室、设置场所时，必须考虑变频器工作对其周围温度要控制在允许范围以内。不能达到要求时，要采用下列方法降低周围温度，使它在容许温度以内。

1）防止配电柜过热。变频器发热引起配电柜的温升通常可用公式求出。即

$$\Delta t = \frac{P_1 + P_2}{K_1 s + K_2 v} \tag{5-8}$$

式中　Δt——温升（℃）；

P_1——变频器产生的损耗（W）；

P_2——装设的其他器件产生的功率损耗（W）；

S——配电柜的散热面积（m^2）；

V——换气风量（m^3/min）；

K_1——配电柜的结构和材料决定的常数，$K_1 \approx 6$；

K_2——由空气的比热容决定的常数，$K_2 \approx 20$。

而且

$$\Delta t < T_u - T_a \tag{5-9}$$

式中　T_a——配电柜周围温度的最大值（℃）；

T_u——变频器容许的上限周围温度（℃）。

为此，需要采取加大配电柜的尺寸或增加换气风量等方法防止配电柜过热。

变频器在控制箱内的布置如图 5-37 所示；几种安装方式如图 5-38 所示。

变频器在柜内布置时应注意如下问题。

① 考虑到柜内温度的增加，不应将变频器放在密封的小盒中或在其周围空间堆放零件、热源等。

② 柜内的温度应不超过 50℃。

③ 在柜内安装冷却扇时，应设计成冷却空气能通过热源部分。变频器和风扇安装位置不正确，将导致变频器周围的温度超过允许的数值。

④ 将多台变频器安装在同一装置或控制箱里时，为减少相互热影响，建议横向并列安放，如图 5-37a 所示。必须上下（纵向）安装时，为了使下部的热量不至影响上部的变频器，应在变频器之间加入一块隔板，如图 5-37b 所示。

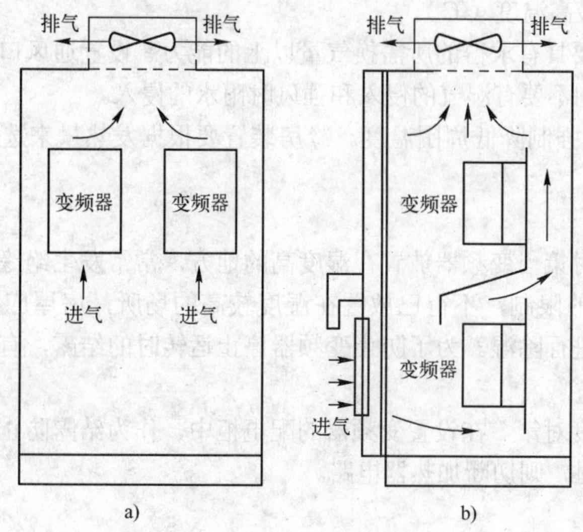

图 5-37 变频器在控制箱内的布置

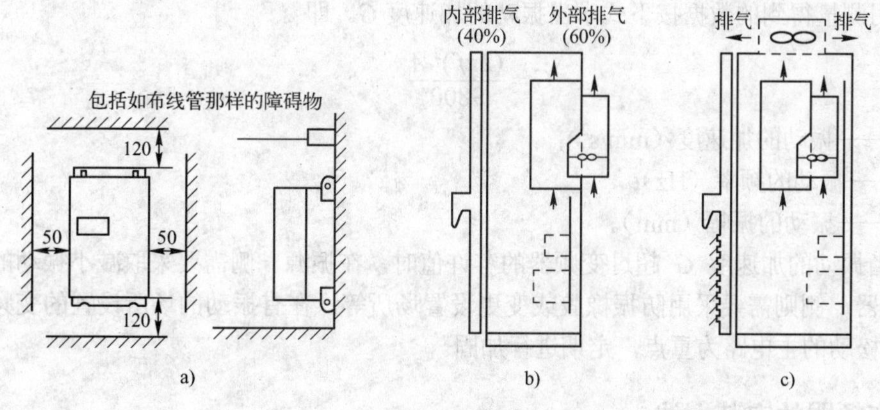

图 5-38 变频器的几种安装方式

2）电气室或设置场所防止过热。因变频器的发热使电气室或设置场所的温度升高时可采取以下对策。

① 设置通风口或换气装置。设置通风口或换气装置时，所需换气风量可根据下式求出。即

$$V = \frac{Q}{c_p \beta (T_i - T_o)} \tag{5-10}$$

式中 V——所需换气量（m^3/min）；

Q——室内产生的热量（kJ/min）；

c_p——空气的比定压热容 [kJ/（kg·℃)]，在压力为 0.1MPa、温度为 0～100℃时为 1kJ/（kg·℃）；

ρ——在 T_0 时空气的密度（kg/m^3），在 20℃时为 1.20kg/m^3；

T_i——室内的目标温度（℃）；

T_o——室外的最高温度（℃）。

选择的换气装置要具有求得的所需换气量以上的能力。设置通风口或换气装置时，要注意其构造，充分考虑到不要有湿气的侵入和强风时雨水的侵入。

② 设置冷房装置强制降低周围温度。冷房装置要根据发热量来选择。选择要领参考空调相关的文献。

2．湿度

（1）环境的湿度对策　变频器放置在湿度高的地方，常常发生绝缘劣化和金属部分的腐蚀。如果受设置场所的限制，不得已放置在湿度较高的场所，房屋应尽可能采用密闭式结构，利用冷房装置等进行除湿。为了防止变频器停止运转时的结露，有时要加装空间对流加热器。

（2）变频器的湿度对策　在设置变频器的配电柜中，作为结露防止对策装设有空间对流加热器。变频器运转时，则切断加热器电路。

3．振动

在有振动的场所应注意下列几点。

1）正确测量设置场所振动的振幅与频率（x、y、z 方向）。

2）用测量得到的数据按下式求出振动的加速度 G。即

$$G=\frac{(2\pi f)^2 A}{9800} \tag{5-11}$$

式中　G——振动的加速度（mm/s^2）；

f——振动的频率（Hz）；

A——振动的振幅（mm）。

3）当振动的加速度 G 超过变频器的容许值时，在振源一侧需要采取减小振动的对策，而在变频器一侧则需要采用防振橡胶或变更设置场所等。在有振动的场所设置的变频器，必须以容易松动的主电路为重点，定期进行加固。

5.3.7　变频器的安装方法

1）把变频器用螺栓垂直安装到坚固的物体上，而且从正面就可以看见变频器正面的文字位置，不要上下颠倒或平放安装。

2）变频器在运行中会发热，为确保冷却风道畅通，按图 5-39 所示的空间安装（电线、配线槽不要通过这个空间)。由于变频器内部热量从上部排出，所以不要安装在不耐热的设备下面。

3）变频器在运转中，散热片的附近温度可上升到 90℃，因此变频器背面要使用耐温材料。

4）当安装在控制箱内时，要注意充分换气，防止变频器周围温度超过额定值。

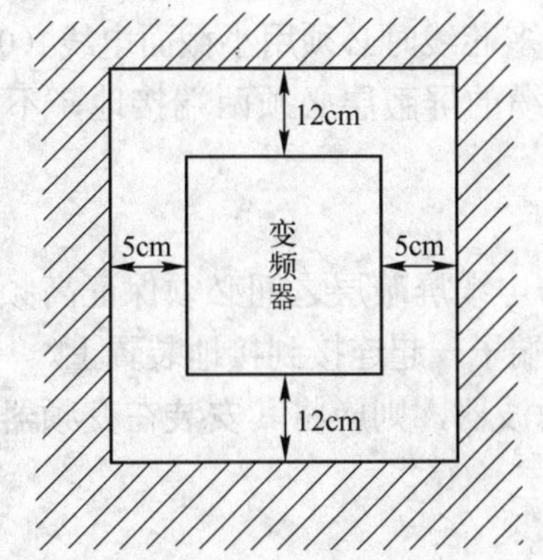

图 5-39　变频器安装方向与周围的空间

5）不要放在散热不良的小密闭箱内。

图 5-40 所示为施耐德电气公司 AMVN58F 变频器的安装图。

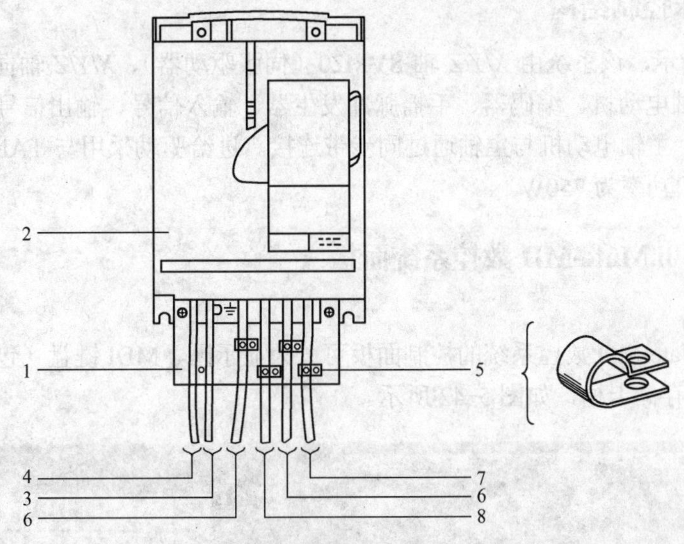

图 5-40　施耐德电气公司 AMVN58F 变频器的安装图

其安装说明如下。

1——金属板。与变频器一起供货。

2——变频器主机。

3——非屏蔽的电源线或电缆。

4——非屏蔽电缆。用于故障继电器触点输出。

5——压线片。材料为不锈钢。电缆 6、7、8 和 9 的屏蔽层尽量靠近变频器接地：先剥去电缆的外皮，再使用适当的压线片将暴露的屏蔽层固定在接地金属板上。屏蔽线必须用压线片紧压在金属板上，以确保接触良好。

6——连接电动机的屏蔽电缆。

7——连接编码器的屏蔽电缆。

8——制动电路（如有）屏蔽电缆。

9——控制电缆。需要使用多芯线时必须用小截面电线（$0.5mm^2$）。

上述 6、7、8、9 中的电缆的屏蔽层必须两端接地，不能切断。所有中间端子必须是 EMC 屏蔽的金属材料。

注意事项如下。

1）变频器和电动机外壳与电缆屏蔽层之间必须保证高频等电位接地，同时每台装置也必须与 PE（黄绿色）保护接地端子一起连接到接地装置上。

2）如果使用附加的输入滤波器，则应将其安装在变频器的后面，且要通过非屏蔽电缆直接与主电源相连。

3）电缆可直接连接滤波器。

5.4 FANUC 0i Mate-MD 实训系统简介

5.4.1 数控机床控制结构

如图 5-41 所示，该系统由 *X/Y/Z* 轴 SVM20（伺服驱动器）、*X/Y/Z* 轴伺服电动机、主轴伺服驱动器、主轴电动机、编码器、手摇脉冲发生器、输入信号、输出信号等组成。主轴采用伺服驱动系统，主轴电动机与主轴通过同步带连接。进给驱动采用与 FANUC 配套的交流伺服系统，电动机功率为 750W。

5.4.2 FANUC 0i Mate-MD 数控系统面板

1．基本面板

FANUC 0i Mate-MD 数控系统的控制面板可分为显示区、MDI 键盘（包括字符键和功能键等）、软键盘和存储卡槽，如图 5-42 所示。

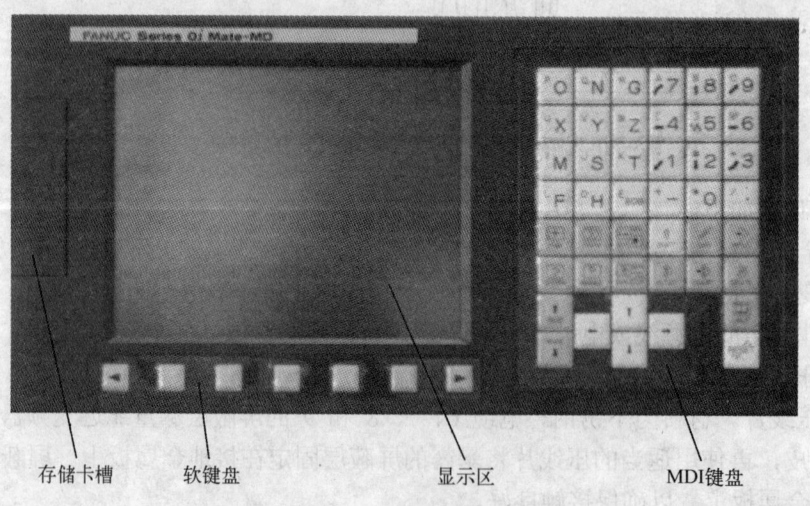

图 5-42　FANUC 0i Mate-MD 控制面板

1）MDI 键盘区上面 4 行为字母、数字和字符部分，操作时，用于字符的输入，其中【EOB】键为分号（;）输入键，如图 5-42 所示。

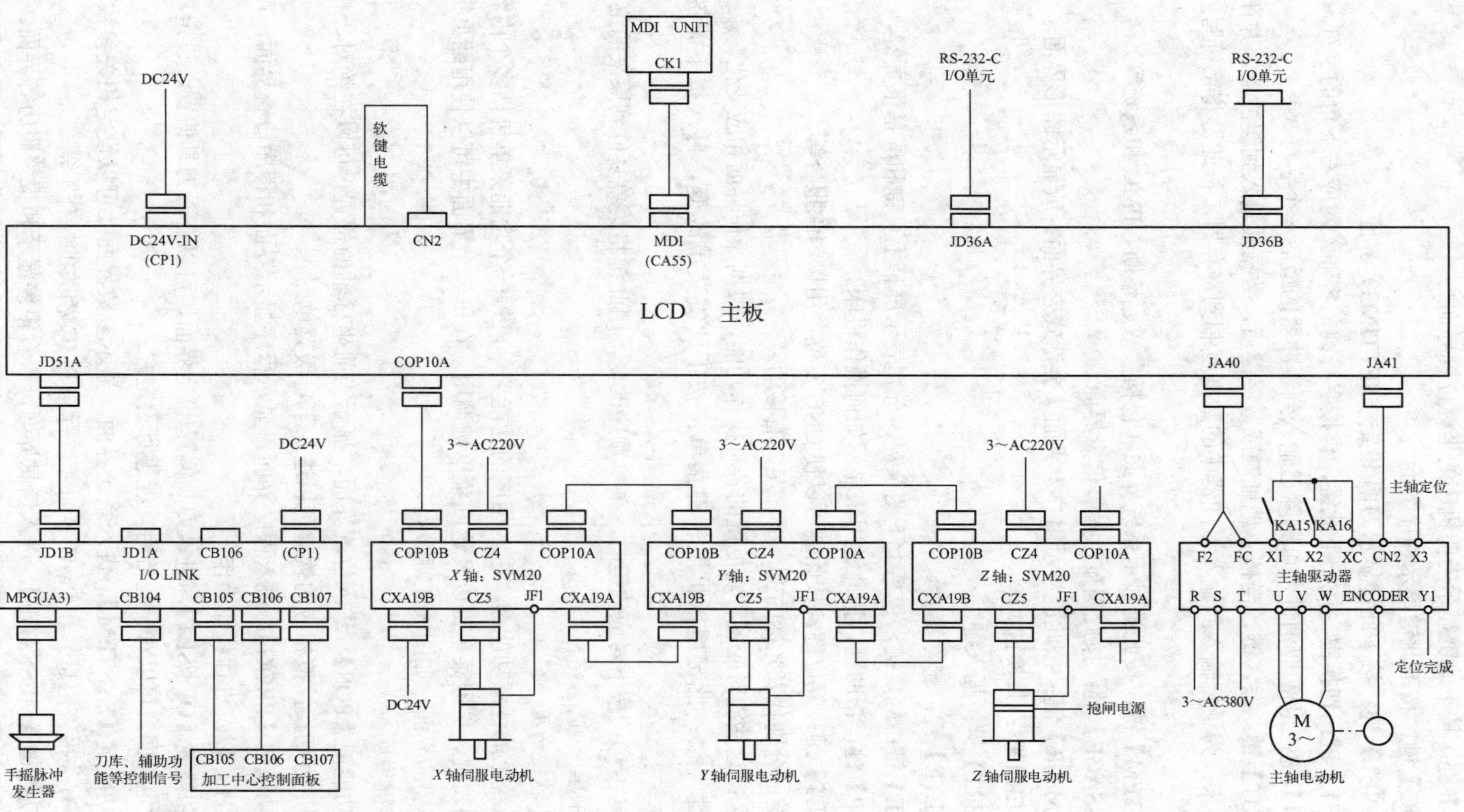

图5-41 FANUC 0i Mate-MD实训系统组成与连接

2）MDI 键盘区下面 4 行为功能或编辑键。

①【POS】键：按下此键显示当前机床的坐标位置界面。

②【PROG】键：按下此键显示程序界面。

③【OFS/SET】键：按下此键显示刀偏/设定（SETTING）界面。

④【SHIFT】键：切换键，按一下此键，再按字符键，将输入对应右下角的字符。

⑤【CAN】键：退格/取消键，可删除已输入到缓冲器的最后一个字符。

⑥【INPUT】键：写入键，当按了地址键或数字键后，数据被输入到缓冲器，并在 CRT 屏幕上显示出来；为了把输入到输入缓冲器中的数据复制到寄存器，按此键将字符写入到指定的位置。

⑦【SYSTEM】键：按此键显示系统界面（包括参数、诊断、PMC 和系统等）。

⑧【MESSAGE】键：按此键显示报警信息界面。

⑨【CSTM/GR】键：按此键显示用户宏界面（会话式宏界面）或显示图形界面。

⑩【ALTER】键：替换键。

⑪【INSERT】键：插入键。

⑫【DELETE】键：删除键。

⑬【PAGE】键：翻页键，包括上下两个键，分别表示屏幕上页键和屏幕下页键。

⑭【HELP】键：帮助键，按此键用来显示如何操作机床。

⑮【RESET】键：复位键，按此键可以使 CNC 复位，用以消除报警等。

⑯ 方向键：分别代表光标的上、下、左、右移动。

⑰ 软键区：这些键对应各种功能键的各种操作功能，根据操作界面相应变化。

⑱ 下页键（▸）：此键用以扩展软键菜单，按下此键菜单改变，再次按下此键菜单恢复。

⑲ 返回键（◂）：按下对应软键时，菜单顺序改变，用此键将菜单复位到原来的菜单。

2．系统菜单

（1）MDI 软键分布

按数控系统上的任意功能键，进入相应的功能菜单，每一个功能菜单包括多个内容，可以通过相应的软键、扩展菜单键以及返回菜单键调用，在每一个界面中可以使用翻页键和方向键，显示需要的界面，如图 5-43 所示。

（2）功能键说明

1）按下功能键【POS】，进入位置界面，显示当前坐标轴的位置，可以在绝对、相对、综合显示之间进行切换，按相应的软键可以进入下一级菜单。

2）按下功能键【PROG】，进入程序界面，显示程序显示界面和程序检查界面，可以在此输入加工程序，以及进行其他操作。

3）按下功能键【OFS/SET】，进入刀具偏置/设定界面，可以查看刀具偏置、设定界面和工件坐标系设定界面，可以对一些常用功能进行设定。

4）按下功能键【SYSTEM】，进入系统界面，显示参数界面（可以设定相关参数）、诊断界面（查看有关报警信息）和 PMC 界面（进行与 PMC 相关的操作）等。

5）按下功能键【MESSAGE】，进入信息界面，查看报警显示和报警履历等界面。

6）按下功能键【CSTM/GR】，进入图形/用户宏界面，显示刀具路径图和用户宏界面。

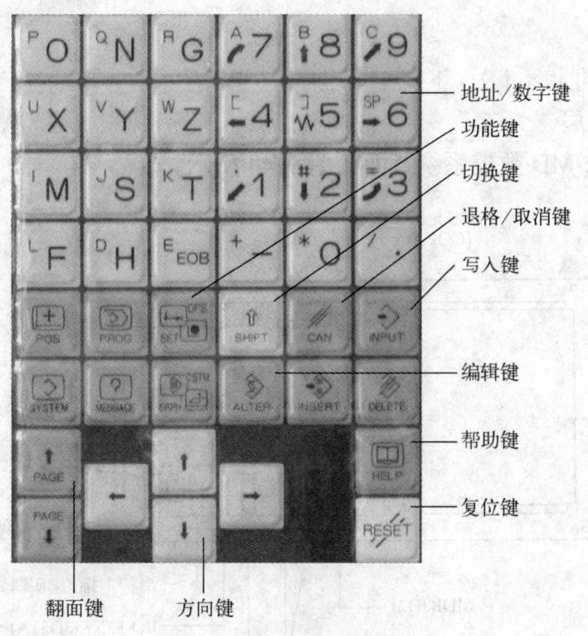

图 5-43　MDI 软键分布

（3）切换键

按下切换键【SHIFT】显示上标图符，再按字符键将输入对应右下角的字符。

（4）退格/取消键

按下退格/取消键【CAN】，可删除已输入到缓冲器的最后一个字符。

（5）写入键

当按下地址/数字键后，数据被输入到缓冲器，并在 CRT 屏幕上显示出来。为了把输入到输入缓冲器中的数据复制到寄存器，按写入键【INPUT】可将字符写入到指定的位置。

（6）编辑键

1）【ALTER】键：当按地址键/数字键后，数据被输入到缓冲器，并在 CRT 屏幕上显示出来；为了把输入到输入缓冲器中的数据替换掉寄存器中已有且已被选中的数据，按此键可将字符替换掉指定的内容。

2）【INSERT】键：当按地址/数字键后，数据被输入到缓冲器，并在 CRT 屏幕上显示出来；为了把输入到输入缓冲器中的数据输入到寄存器中，按此键可将字符插入到指定的位置。

3）【DELETE】键：当选中 CF 卡或寄存器中的加工程序，在地址/数字键内输入相应的文件名，按此键可删除指定的文件；在“MDI”或“编辑”方式下，将光标移向想要删除的指令上，按下此键便可删除指定的指令。

（7）翻页【PAGE】键

包括上下两个键，分别表示屏幕上页键和屏幕下页键。

（8）帮助【HELP】键

按此键用来显示如何操作机床。

（9）复位【RESET】键

按此键可以使 CNC 复位，用以消除报警等。

（10）光标键

分别代表光标的上（↑）、下（↓）、左（←）、右（→）移动。

3．系统接口布局

FANUC 0i Mate-MD 数控系统背面如图 5-44 所示。

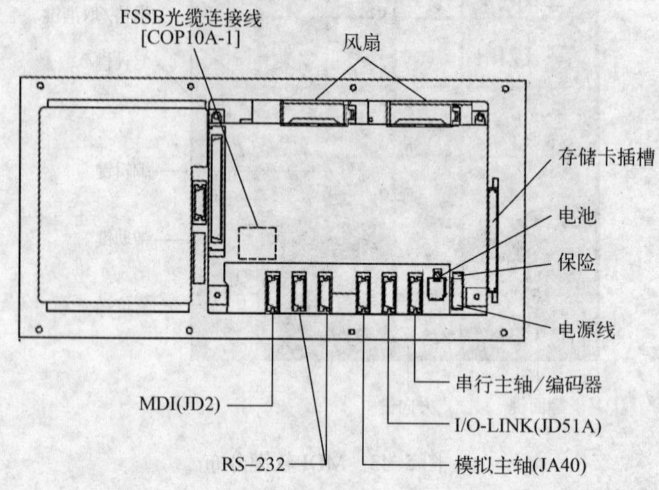

图 5-44　FANUC 0i Mate-MD 数控系统背面

1）FSSB 光缆连接线一般接左边接口（若有两个接口），系统总是从 COP10A 到 COP10B，本系统由 COP10A 连接到第一轴驱动器的 COP10B，再从第一轴的 COP10A 到第二轴的 COP10B，依次类推。

2）风扇、电池、软键、MDI 等在系统出厂时均已连接好，不用改动，但要检查是否在运输的过程中有松动的地方，如果有，则需要重新连接牢固，以免出现异常现象。

3）电源线接口。该电源线接口有 3 个引脚，电源的正负极不能接反，采用直流 24V 电源供电，具体接口定义如下。

A1 脚：24V ；　　　　A2 脚：0V ；　　　　A3 脚：保护地。

4）RS-232 接口是与计算机通信的连接口，共有两个，一般连接左边的一个，右边为备用接口，如果不与计算机连接，则不用连接此线（推荐使用存储卡代替 RS-232 接口，传输速度及安全性都比串口优越）。

5）模拟主轴的连接。本装置使用变频模拟主轴，主轴信号指令由 JA40 模拟主轴接口引出，控制主轴转速。

6）主轴编码器接口 JA41。此接口在本加工中心系统中不接任何线。

7）数控系统接口 JD51A。本接口是连接到 I/O 模块（I/O LINK），以便于 I/O 信号与数控系统交换数据。

注意：数控系统按照从 JD51A 到 JD1B 的顺序连接，即从数控系统的 JD51A 出来，到 I/O LINK 的 JD1B 为止，下一个 I/O 设备也是从前一个 I/O LINK 的 JD1A 到下一个 I/O LINK 的 JD1B，否则会出现通信错误而检测不到 I/O 设备。

8）存储卡插槽（系统的正面）。用于连接存储卡，可对参数、程序及梯形图等数据进行输入/输出操作，也可以进行 DNC 加工。

5.4.3 控制面板结构

FANUC 0i Mate-MD 控制面板如图 5-45 所示。

图 5-45 FANUC 0i Mate-MD 控制面板

各按键功能说明如下。

1．状态指示

1）NC 指示灯：该指示灯点亮表示 NC 系统正常，无任何异常报警。

2）ATC（刀库）指示灯：该指示灯点亮表示 ATC 运转正常，无任何异常报警。

3）主轴指示灯：该指示灯点亮表示主轴异常报警。

4）空压指示灯：该指示灯点亮表示压力不够报警。

5）润滑指示灯：该指示灯点亮表示润滑液位低报警。

6）冷却指示灯：该指示灯点亮表示切削液位低或冷却电动机过载报警。

2．手动操作

1）+Z 点动键：在手动方式下按动此键，Z 轴向正方向点动。

2）−Y 点动键：在手动方式下按动此键，Y 轴向负方向点动。

3）+4 点动键：在手动方式下按动此键，第四轴向正方向点动。

4）+X 点动键：在手动方式下按动此键，X 轴向正方向点动。

5）快速叠加键：在手动方式下，同时按此键和一个坐标轴点动键，坐标轴按快速进给倍率设定的速度点动，其左上角带有指示灯。

6）−X 点动键：在手动方式下按动此键，X 轴向负方向点动。

7）−4 点动键：在手动方式下按动此键，第四轴向负方向点动。

8）+Y 点动键：在手动方式下按动此键，Y 轴向正方向点动。

9）−Z 点动键：在手动方式下按动此键，Z 轴向负方向点动。

3．主轴

1）主轴正转键：手动方式下按此键，主轴正方向旋转，其左上角指示灯点亮。

2）主轴停止键：手动方式下按此键，主轴停止转动，只要主轴没有运行其指示灯就点亮。

3）主轴反转键：手动方式下按此键，主轴反方向旋转，其左上角指示灯点亮。

4）主轴定向键：手动方式下按此键，主轴旋转到指定的角度，以备正常换刀，其左上角指示灯点亮。

4．快速倍率

1）F0/F0 键：手动方式时，按下快速叠加键和点动方向键执行进给倍率设定的 F0 的速度进给，其左上角带有指示灯。

2）25/25 键：手动方式时，按下快速叠加键和点动方向键按快速最大值 25%的速度进给，其左上角带有指示灯。

3）50/50 键：手动方式时，按下快速叠加键和点动方向键按快速最大值 50%的速度进给，其左上角带有指示灯。

4）100/100 键：手动方式时，按下快速叠加键和点动方向键按快速最大值 100%的速度进给，其左上角带有指示灯。

5．辅助功能

1）单步键：按下此键一段一段地执行程序，用以检查程序，其左上角带有指示灯。

2）跳步键：按下此键可选程序段跳过，自动操作中按下此键，跳过程序段开头带有“/”和用“；”结束的程序段，其左上角带有指示灯。

3）空运行键：自动方式下按下此键，各轴不是以程序速度而是以手动进给速度移动，此键用于无工件装夹只检查刀具的运动，其左上角带有指示灯。

4）选择停键：执行程序中 M01 指令时，按下此键停止自动操作，其左上角带有指示灯。

5）机床锁定键：自动方式下按下此键，各轴不移动，只在屏幕上显示坐标值的变化，其左上角带有指示灯。

6）排屑正转键：按下此键，排屑器正转，其左上角带有指示灯。

7）排屑反转键：按下此键，排屑器反转，其左上角带有指示灯。

8）润滑键：按下此键，润滑电动机开起向外喷润滑液，其指示灯点亮。

9）程序重启键：按下此键，程序可从指定的程序段重新运行，其指示灯点亮。

10）照明键：按下此键，机床照明灯开启，其指示灯点亮。

11）冷却键：按下此键，冷却泵开启向外喷冷却液，其指示灯点亮。

12）F1 键：此键为用户自定义键，可根据需要来编辑该按键功能的 PMC 程序，执行该按键功能时，其左上角的指示灯点亮。

13）F2 键：此键为用户自定义键，可根据需要来编辑该按键功能的 PMC 程序，执行该按键功能时，其左上角的指示灯点亮。

14）F3 键：此键为用户自定义键，可根据需要来编辑该按键功能的 PMC 程序，执行该按键功能时，其左上角的指示灯点亮。

15）F4 键：此键为用户自定义键，可根据需要来编辑该按键功能的 PMC 程序，执行该按键功能时，其左上角的指示灯点亮。

16）刀库正转键：手动方式下，按下此键，刀库刀盘顺时针方向旋转，其左上角的指示灯点亮。

17）刀库手动键：按下此键，刀库手动运行允许。

18）刀库反转键：手动方式下，按下此键，刀库刀盘逆时针方向旋转，其左上角的指示灯点亮。

19）吹屑键：按下此键，开启吹切屑功能。

6．模式选择（波段旋钮）

1）编辑方式：设定程序编辑方式。

2）自动方式：按此键切换到自动加工方式。

3）手动输入方式：按此键切换到MDI方式运行。

4）DNC方式：在此方式下可进行在线加工操作。

5）手轮方式：在此方式下执行手轮相关动作。

6）JOG（手动）方式：按此键切换到手动方式，按下各轴方向键，各轴便以设定的速率手动运行。

7）步进方式：在此方式下运行手动运行各轴，各轴便点动运行。

8）回零方式：在此方式下运行回参考点操作。

7．波段旋钮

1）主轴修调（%）：当波段开关旋到对应刻度时，主轴将按设定值乘以对应百分数执行动作。

2）进给率及进给修调（%）：当波段开关旋到对应刻度时，各进给轴将按设定值乘以对应百分数执行进给动作。

8．其他按钮开关

1）循环启动按钮：按下此按钮，自动操作开始，其指示灯点亮。

2）进给保持按钮：按下此按钮，自动运行停止，进入暂停状态，其指示灯点亮。

3）程序保护开关：当把钥匙打到绿色标记处时，开启程序保护功能；当把钥匙打到红色标记处时，关闭程序保护功能。

4）急停按钮：按下此按钮，机床动作停止，待故障排除后，旋转此按钮，释放机床动作。

5）复位/超程释放按钮：当进给轴达到硬限位时，用以解除极限位报警信号，使限位、急停报警无效。

6）启动按钮：用以开启装置电源。

7）停止按钮：用以关闭装置电源。

5.4.4 主轴驱动器构造

主轴驱动器如图5-46所示。主轴驱动器控制面板如图5-47所示。主轴驱动器基制面板功能说明见表5-5。

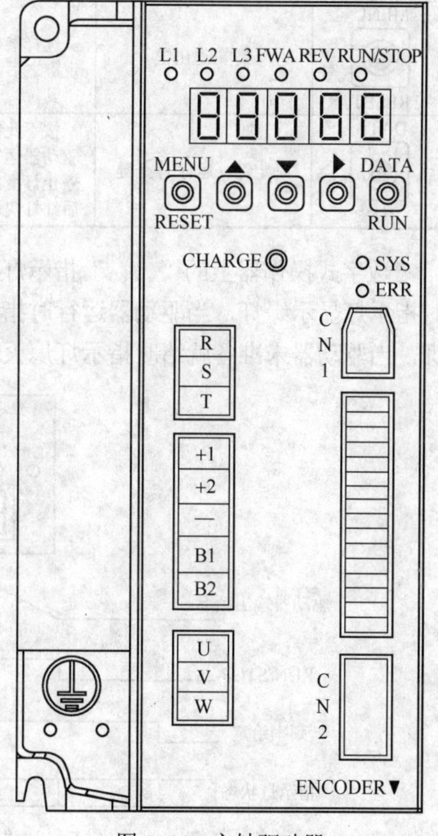

图5-46　主轴驱动器

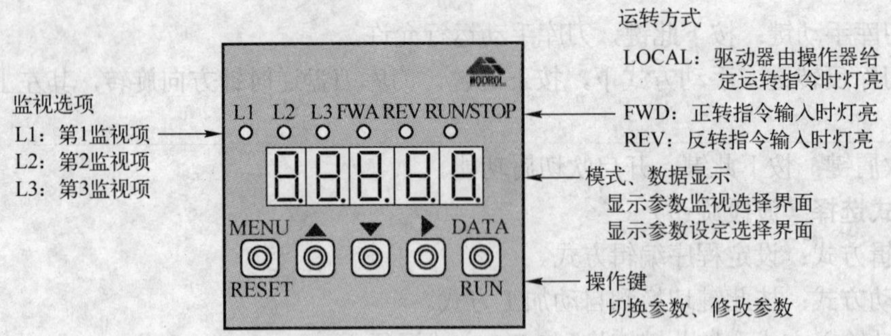

图 5-47　主轴驱动器控制面板

表 5-5　主轴驱动器基本控制面板功能说明

键	名　称	功　能
▲	增加键	选择参数代码，修改设定值（增加）等时，按此键（设定值循环显示）
▼	减小键	选择参数代码，修改设定值（减小）等时，按此键（设定值循环显示）
▶	右移键	参数代码、数值的数位选择键
MENU RESET	菜单/退出键	选择参数的组别及退出（回到上一级菜单）键；包含复位的功能，发生故障按确定键之后，长按此键超过 1s，可以对驱动器进行复位
DATA RUN	确定键、运行/停止键	按下此键确定修改、保存参数值及进入菜单用操作器运行时，长按此键超过 1s，驱动器运行（运行停止灯变红色）；再按一次此键超过 1s，驱动器停止运行（运行停止灯变绿色）；如果故障复位过程中运行信号一直不撤销（端子运行），则复位后红灯快速闪动，变频器不进入运行状态，待运行信号撤销后方可正常工作。

数字式操作器上的“RUN/STOP ◎”指示灯，在不同运行状态时有不同的变化：当驱动器准备就绪时指示灯显示绿灯，当驱动器运行时指示灯显示红灯，当驱动器减速停止时指示灯显示红灯闪烁，当驱动器未准备就绪时指示灯熄灭。“RUN/STOP”指示灯状态变化如图 5-48 所示。

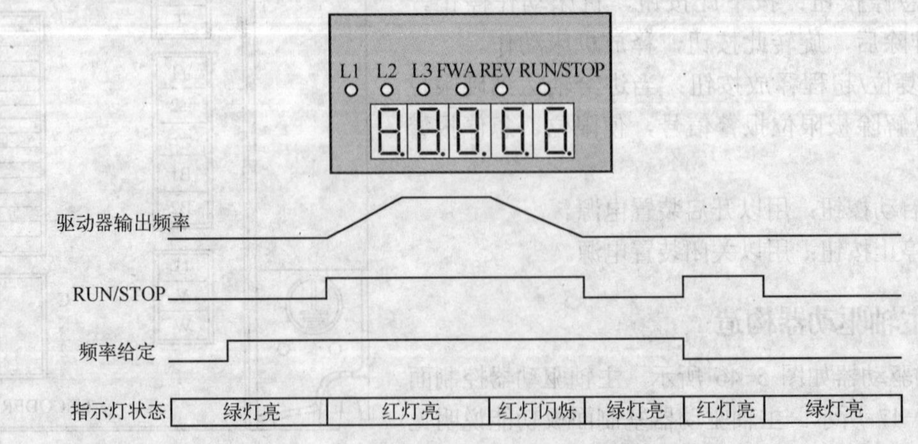

图 5-48　“RUN/STOP”指示灯状态变化

主轴驱动器端子接线说明如图 5-49 所示。

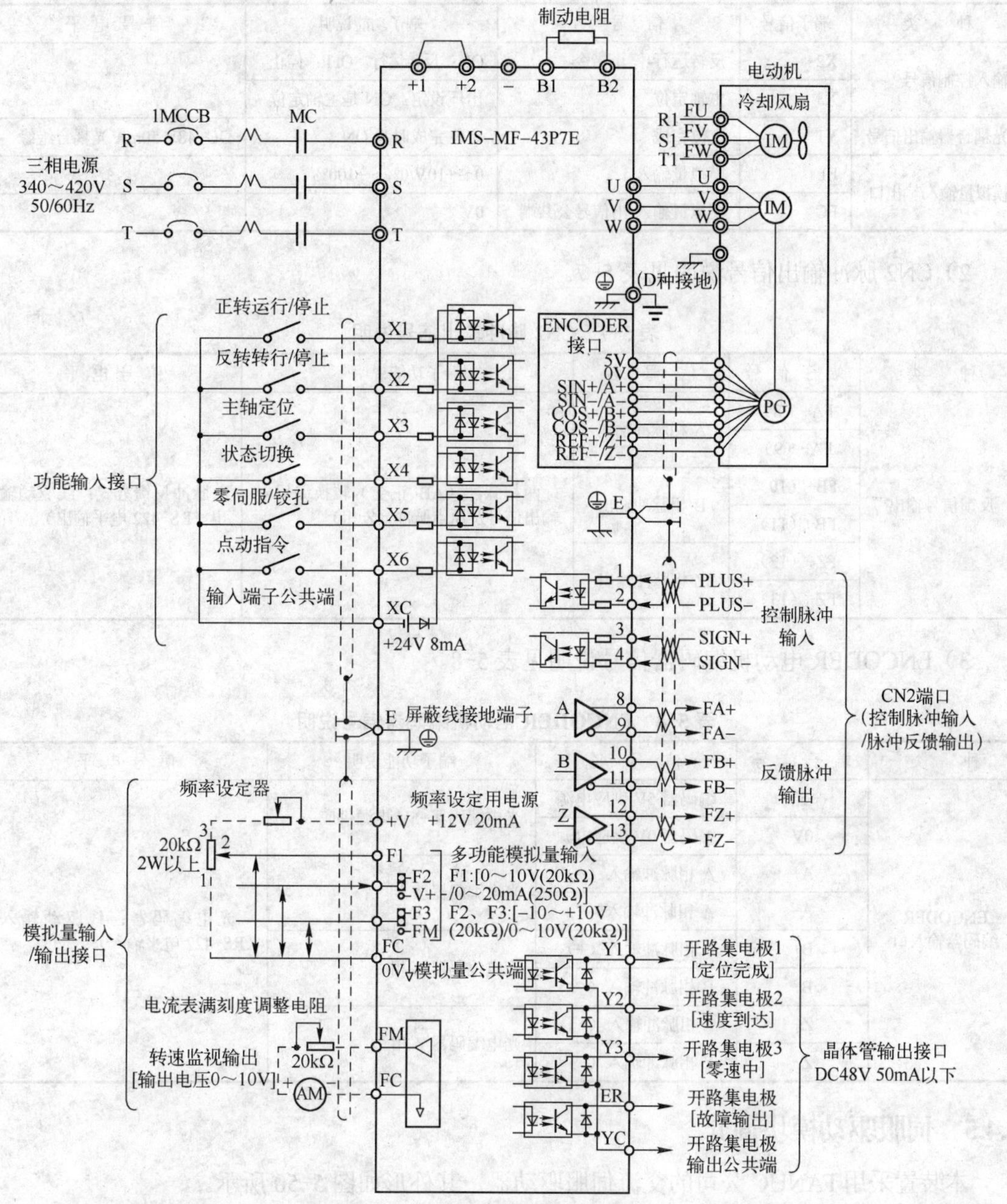

图 5-49　主轴驱动器端子接线说明

控制端子说明如下。

1）控制电路端子的功能说明见表 5-6。

表 5-6　控制电路端子的功能说明

种　类	端子信号	信　号　名	端子功能说明	信 号 电 平
输入控制信号	XC	多功能输入公共端		DC+24V、8mA 光耦合绝缘
	X1	正转运行-停止指令	ON：正转运行，OFF：停止	

（续）

种　类	端子信号	信　号　名	端子功能说明	信 号 电 平
输入控制信号	X2	反转运行-停止指令	ON：反转运行，OFF：停止	
	X3	主轴定位	出厂设定：ON 是主轴定位	
光耦合器输出信号	Y1	定位完成	定位完成时为 ON	DC+48V 50mA 光耦合绝缘
模拟量输入/输出口	F1	模拟量输入 1	0～+10V/0%～+100%	
	FC	模拟量输入/出信号公共端	0V	

2）CN2 脉冲输出信号说明见表 5-7。

表 5-7　CN2 脉冲输出信号说明

种　类	端 子 信 号	信　号　名	端子功能说明	信 号 电 平
反馈信号输出	FA+（8）	A 相脉冲输出	两相脉冲（AB 正交）转换编码器输出信号及原点脉冲（Z 相）	脉冲反馈方式：线驱动输出（RS-422 电平输出）
	FA-（9）			
	FB+（10）	B 相脉冲输出		
	FB-（11）			
	FZ+（12）	Z 相脉冲输出		
	FZ-（13）			

3）ENCODER 电动机编码器信号说明见表 5-8。

表 5-8　ENCODER 电动机编码器信号说明

种　类	端 子 信 号	信　号　名	端子功能说明	信 号 电 平
ENCODER 编码器输入口	+5V	编码器 5V 供应电源	光电编码器+5V 电源供应	光电编码器：线驱动输入（RS-422 电平输入）
	0V	编码器 0V 供应电源		
	A+	A 相脉冲输入（+）	光电编码器 A 相	
	A-	A 相脉冲输入（-）		
	B+	B 相脉冲输入（+）	光电编码器 B 相	
	B-	B 相脉冲输入（-）		
	Z+	Z 相脉冲输入（+）	光电编码器 Z 相	
	Z-	Z 相脉冲输入（-）		

5.4.5　伺服驱动模块简介

本装置采用 FANUC 公司的交流伺服驱动器，其外形如图 5-50 所示。

1．伺服驱动系统的特点

1）供电方式为三相交流 200～240V 供电。

2）智能电源管理模块碰到故障或紧急情况时，急停链生效，断开伺服电源，确保系统安全可靠。

3）控制信号及位置、速度等信号通过 FSSB 光缆总线传输，不易被干扰。

4）电动机编码器为串行编码信号输出。

5）驱动连接图如图 5-51 所示。

图 5-50　FANUC 公司的交流伺服驱动器外形

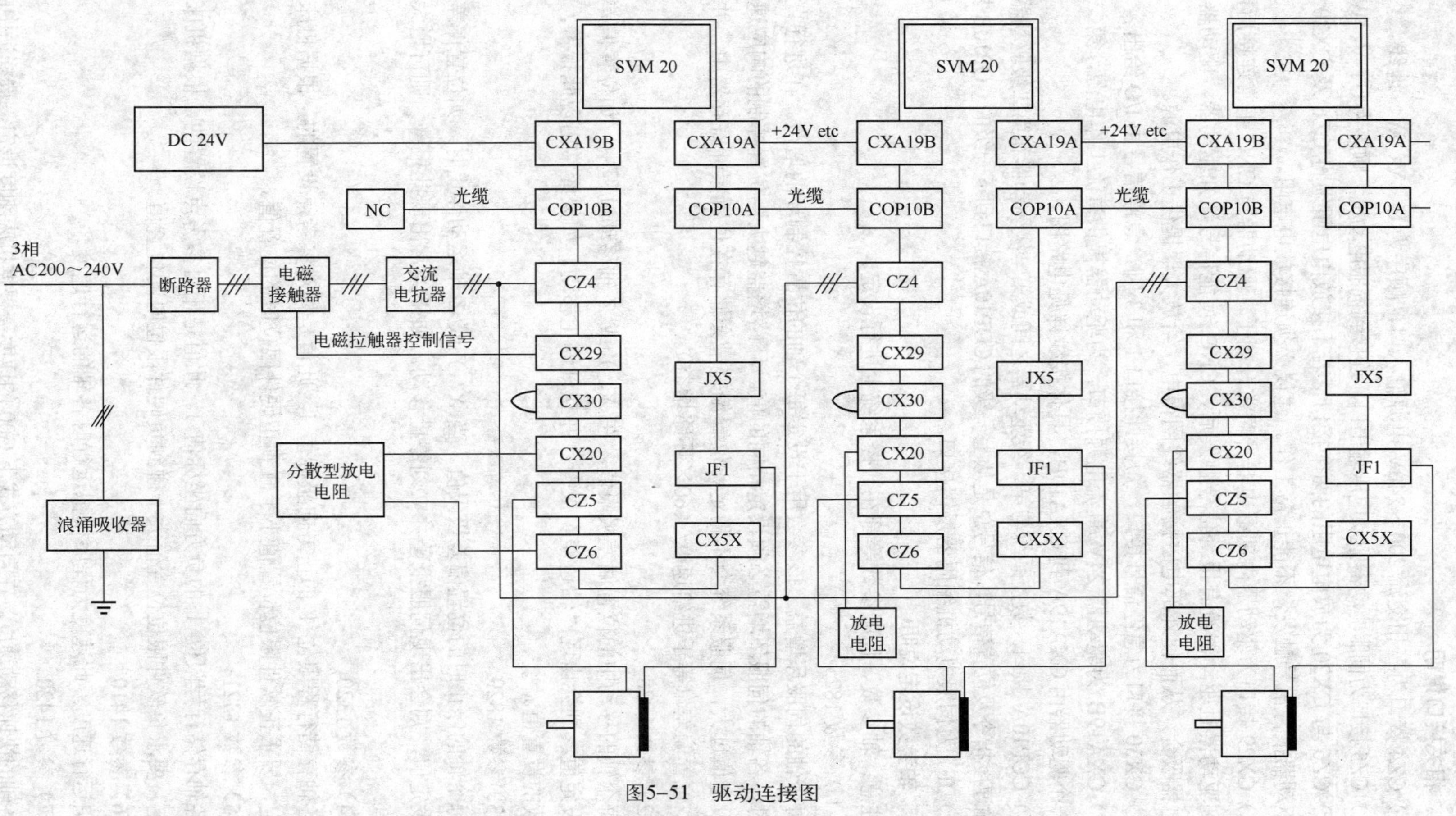

3相
AC200~240V
断路器
电磁接触器
交流电抗器
电磁拉触器控制信号
浪涌吸收器
DC 24V
NC
光缆
+24V etc
SVM 20
CXA19A
CXA19B
COP10A
COP10B
CZ4
CX29
CX30
CX20
CZ5
CZ6
JX5
JF1
CX5X
放电电阻
分散型放电电阻

图5-51 驱动连接图

2．相关接口说明

1）CZ4 接口为三相交流 200～240V 电源输入口，顺序为 U、V、W、地线。

2）CZ5 接口为伺服驱动器驱动电压输出口，连接到伺服电动机，顺序为 U、V、W、地线。

3）CZ6 与 CX20 为放电电阻的两个接口，若不接放电电阻须将 CZ6 及 CX20 短接，否则，驱动器报警信号触发，不能正常工作。建议必须连接放电电阻。

4）CX29 接口为驱动器内部继电器一对常开端子，驱动器与 CNC 正常连接后，即 CNC 检测到驱动器且驱动器没有报警信号触发后，CNC 使能信号通知驱动器，驱动器内部信号使继电器吸合，从而使外部电磁接触器线圈得电，给放大器提供工作电源。

5）CX30 接口为急停信号接口，短接此接口 1 和 3 脚，急停信号由 I/O 给出。

6）CXA19B 为驱动器 24V 直流电源接口，为驱动器提供直流工作电源，第二个驱动器与第一个驱动器由 CXA19A 到 CXA19B，具体接线详见电路图。

7）COP10A 接口。数控系统与第一级驱动器之间或第一级驱动器和第二级驱动器之间用光缆传输速度指令及位置信号，信号总是从上一级的 COP10A 接口到下一级的 COP10B 接口。

8）JF1 为伺服电动机编码器反馈接口。

3．轴参数设定说明

注意：轴参数、伺服参数等都在数控系统上进行设定。

（1）参数 1825

每个轴的伺服环增益。该参数用于设定每个轴的位置控制环的增益。在进行直线或圆弧插补时，各轴的伺服环增益必须设定相同的值。环路增益越大，位置控制的响应速度越快，但是设定值过大，伺服系统会不稳定。位置偏差量会储存在位置累计寄存器中，并进行自动补偿。位置偏差量等于进给速度/（60×环路增益）。

（2）参数 1828

每个轴的移动中的位置偏差极限值。在 X、Y 或 Z 轴移动过程中，如位置偏差量超过此参数设定值，则会出现“轴超差”报警，并立刻停止移动。如果经常出现此报警，则可增大该参数的设置值。

（3）参数 1829

每个轴的停止时的位置偏差极限值。当 X、Y 或 Z 轴运动停止时，如位置偏差量超过此参数设定值，则会出现伺服报警并立刻停止移动。如果经常出现此报警，则可增大该参数的设置值。

（4）参数 1320

各轴存储行程限位 1 的正方向坐标值 I。此值是相对参考点设置的，根据机床行程及位置确定，要求正软件限位位置值小于碰到正硬件限位时的位置值。

（5）参数 1321

各轴存储行程限位 1 的负方向坐标值 I。此值是相对参考点设置的，根据机床行程及位置确定，要求负软件限位位置值大于碰到负硬件限位时的位置值。

（6）参数 1410

空运行速度。此速度为程序模拟运行时各轴的运行速度。

（7）参数 1420

各轴的快速移动速度。在自动方式下 G00 的速度需根据机床刚度设定，选择适中的速度。

（8）参数 1421

每个轴的快速移动倍率的 F0 速度，即选择控制面板上快速倍率 F0 时的速度。

（9）参数 1423

每个轴的 JOG 进给速度，指进给倍率开关在 100%时的进给速度。

（10）参数 1424

每个轴的手动快速移动速度，即快速倍率选择为 100%时的速度。系统回参考点时的速度=每个轴的手动快速移动速度×快速倍率，若回零速度过快，可将此值改小。手轮运行速度的上限速度也是此值。

（11）参数 1425

每个轴回零的 FL 速度，回参考点时，各轴以"空运行的速度×快速倍率"的速度回参考点，碰到减速挡块后，以回零的 FL 速度搜索零脉冲信号。如果回参考点时的速度过快，可适当减小各轴空运行的速度。

（12）参数 1620

每个轴的快速移动直线加/减速的时间常数（T）、每个轴的快速移动直线加/减速的时间常数（T1）。

（13）参数 1622

每个轴的切削进给加/减速时间常数，系统推荐值为 64（不要轻易改动此参数）。如要改动，则应设定为 8 的倍数。

（14）参数 1624

每个轴的 JOG 进给加/减速时间常数，系统推荐值为 64（不要轻易改动此参数）。如要改动，则应设定为 8 的倍数。

4．伺服参数设定说明

（1）初始化位设定值

系统通过 FSSB 初始伺服参数后显示 00000010，若没有初始化过，设定为 00000000，重新通电，系统会重新初始化参数。

（2）电动机代码

根据实际电动机类型进行设置，本装置采用 βis4/4000 型伺服电动机，故应设为 256。

（3）AMR

采用标准电动机，故设置为 00000000。

（4）指令倍乘比

通常，指令单位等于检测单位。当指令倍乘比为 1/2～1 时，设定值=1/指令倍乘比＋100；当指令倍乘比为 1～48 时，设定值=2×指令倍乘比。

（5）柔性齿轮比 N/M

根据螺距设定。设定好螺距再按自动键，系统会自动计算柔性齿轮比 N/M 和参考计数器容量。系统最小指令脉冲为 0.001mm/脉冲，且系统计算电动机一转时的计数脉冲为 1000000 个脉冲。计算公式如下

参考计数器容量=丝杠螺距/最小指令脉冲

柔性齿轮比=参考计数器容量×指令倍乘比/1000000

（6）运行方向

从脉冲编码器看，顺时针设定为 111，逆时针设定为-111。

（7）速度反馈脉冲数

设定为 8192，此参数不可更改。

（8）位置反馈脉冲数

设定为 12500（半闭环的系统设定值），此参数不可更改。

5.4.6 斗笠式刀库模块简介

1．斗笠式刀库的组成

本实训系统采用的是 6 工位斗笠式刀库，如图 5-52 所示，该刀库由三相异步电动机、气缸、刀盘、传动机构和检测信号开关等组成。刀库有刀库计数、伸出到位、缩回到位、紧刀到位、松刀到位、刀库伸出、刀库缩回和主轴松刀等信号。

图 5-52 6 工位斗笠式刀库

2．斗笠式刀库的特点

刀库具有前后两个位置，刀库前位时刀库最外的刀具正好与主轴刀套在同一条轴线上。通过气动或液压装置使刀库在两个位置上前后移动，且通过两个行程开关来确认刀库的前后位置。刀库采用普通三相异步电动机驱动，可正转或反转。在刀库上设有刀具计数开关。通过刀库伸出和缩回，刀库与 Z 轴和主轴配合实现换刀。这种刀库的另一个特点是采用固定刀位管理，即刀库中每个刀套只用于安放一把固定的刀具。

3．斗笠式刀库的输入输出信号

（1）刀库相关的输入信号

1）刀库后位到位：“0”表示刀库缩回没有到位，“1”表示刀库缩回到位。

2）刀库前位到位：“0”表示刀库伸出没有到位，“1”表示刀库伸出到位。

3）刀库计数：下降沿表示转过一个刀位。

4）刀库换刀位置有刀检测：刀库伸出后，如果为“1”，则表示换刀位置上有刀。

5）刀库松刀到位：“1”表示刀具放松到位，刀具可以从主轴刀套中取走。

6）主轴紧刀到位：“1”表示刀具卡紧到位，主轴刀套内的刀具不会落下。

7）主轴刀套有刀检测：“1”表示主轴刀套内有刀。

虽然并非所有机床都能够配备主轴刀套有刀检测和刀库换刀位置有刀检测，但这两个检测信号对于换刀的安全是十分重要的。

（2）刀库相关的输出信号

1）刀库伸出：控制刀库伸出到换刀位置。

2）刀库缩回：控制刀库缩回到原始位置。

3）刀库正转：控制刀库正转。

4）刀库反转：控制刀库反转。

5）刀具卡紧：控制主轴将刀具卡紧。

6）刀具放松：控制主轴将刀具松开。

7）放松吹气：松刀时控制压缩空气吹出，防止异物进入主轴刀套。

4．斗笠式刀库的工作原理

1）斗笠式刀库换刀动作可分为取刀、还刀和换刀。由于采用固定刀位管理方式，刀具的交换实际上是还刀和取刀这两个动作。

2）换刀流程。本实训系统是斗笠式刀库的固定换刀方式，其换刀流程和思路如图 5-53 所示。

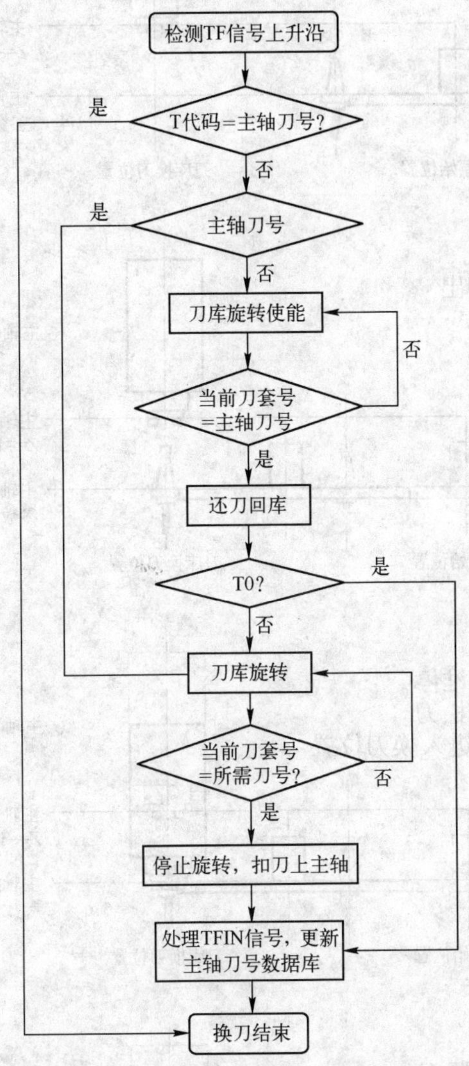

图 5-53　斗笠式刀库的换刀流程图

3）换刀过程描述。斗笠式刀库控制约定：斗笠式刀库采用固定刀位，即刀套号就是刀具号；取刀时，刀库就近找刀。

① 取刀。

现状：主轴上无刀具。

编程：M06 T××。

刀库动作描述如下。

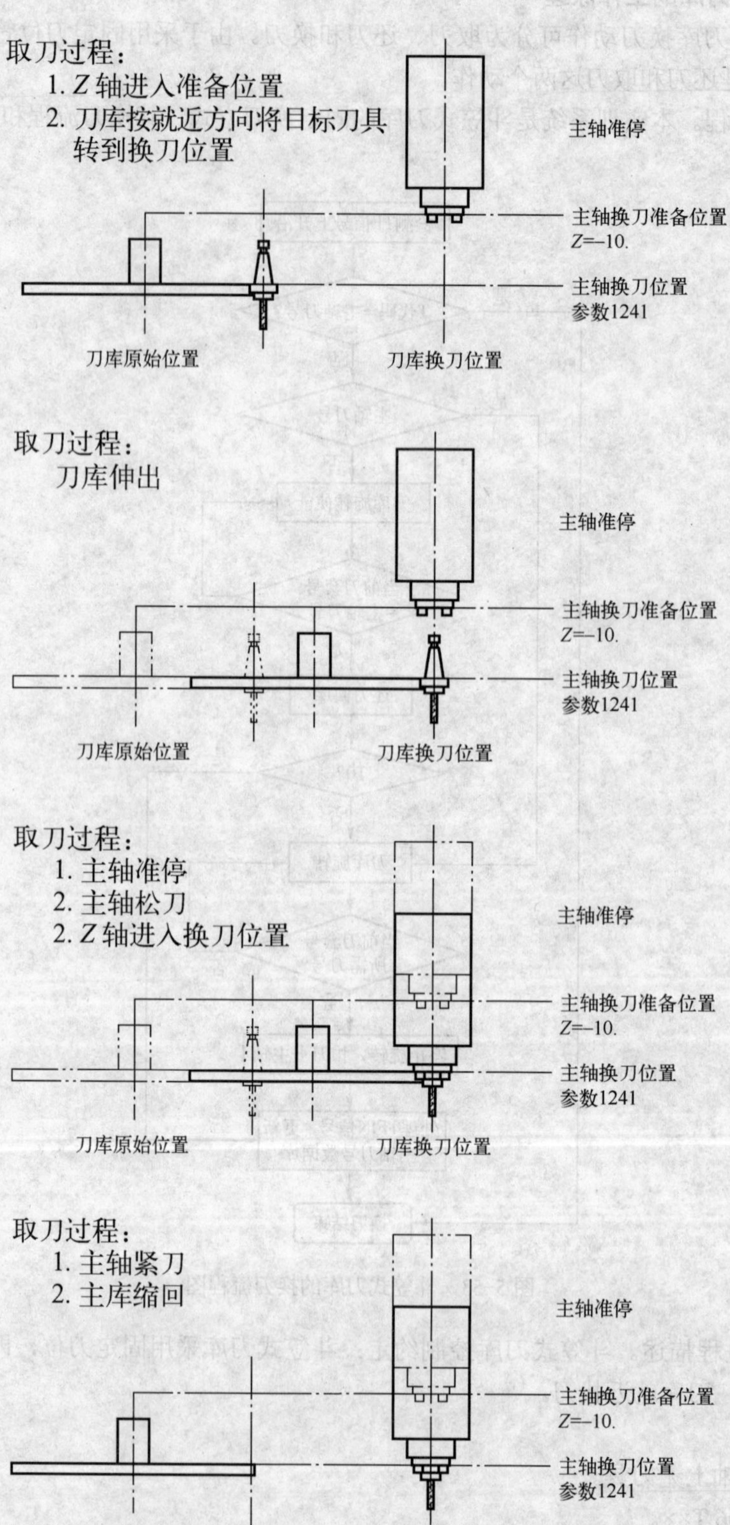
取刀过程：
1. Z 轴进入准备位置
2. 刀库按就近方向将目标刀具转到换刀位置
主轴准停
主轴换刀准备位置
Z=-10.
主轴换刀位置
参数1241
刀库原始位置
刀库换刀位置
取刀过程：
刀库伸出
主轴准停
主轴换刀准备位置
Z=-10.
主轴换刀位置
参数1241
刀库原始位置
刀库换刀位置
取刀过程：
1. 主轴准停
2. 主轴松刀
2. Z 轴进入换刀位置
主轴准停
主轴换刀准备位置
Z=-10.
主轴换刀位置
参数1241
刀库原始位置
刀库换刀位置
取刀过程：
1. 主轴紧刀
2. 主库缩回
主轴准停
主轴换刀准备位置
Z=-10.
主轴换刀位置
参数1241
刀库原始位置
刀库换刀位置

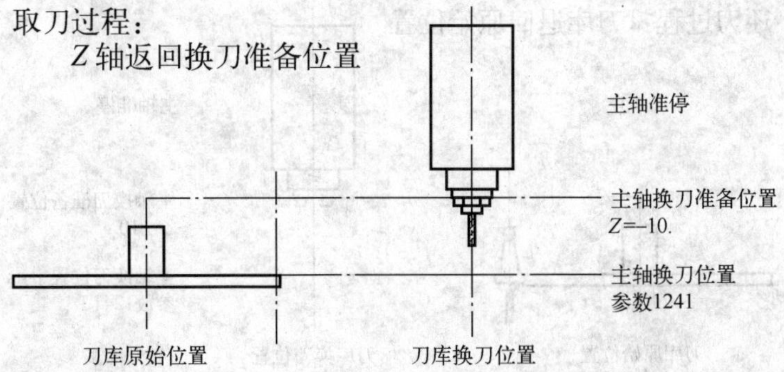

② 还刀。

现状：主轴上有刀具。

编程：M06 T0。

刀库动作描述如下。

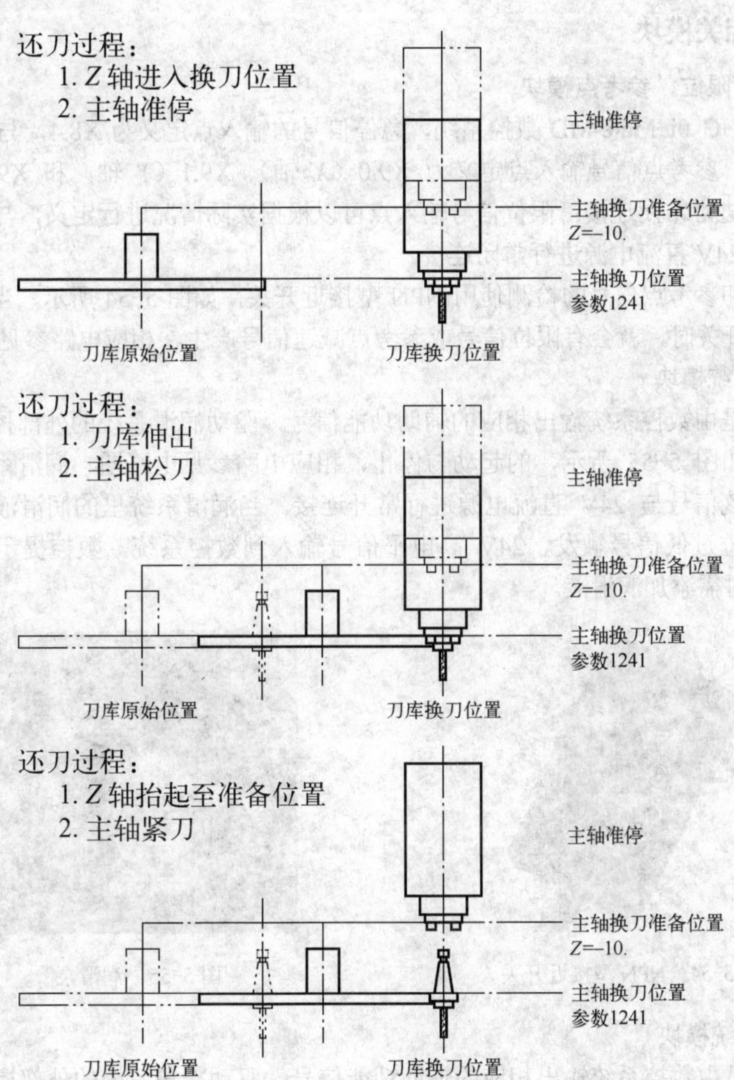

还刀过程：刀库退回原始位置

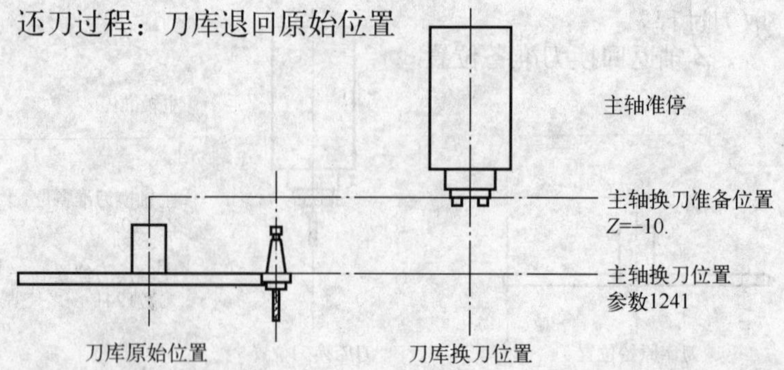

③ 换刀。

现状：主轴上有刀具。

编程：M06 T××。

刀库动作描述：刀具交换的过程就是还刀加上取刀的过程。

5.4.7 其他相关模块

1．急停、限位、参考点模块

对于 FANUC 0i Mate-MD 数控系统，急停信号的输入点定义为 X8.4，与 24V 直流电源进行常闭连接；参考点信号输入点定义为 X9.0（*X* 轴）、X9.1（*Y* 轴）和 X9.2（*Z* 轴），与 24V 直流电源进行常闭连接；限位信号输入点可以根据实际情况进行定义，与 PMC 程序中的点对应，与 24V 直流电源进行常闭连接。

限位信号和参考点信号的检测使用 NPN 型接近开关，如图 5-54 所示，当挡块碰到限位开关或参考点开关时，就会有限位信号或参考点减速信号产生，相应电路参见电路图。

2．润滑系统模块

润滑系统是由数控系统输出相应的辅助功能信号，驱动润滑系统的外部控制电路，从而控制润滑泵，如图 5-55 所示，的起动与停止，相应电路参见电路图。润滑系统带有润滑液液位低信号，该信号与 24V 直流电源进行常开连接。当润滑系统里的润滑液低于最低液位时，润滑液液位过低信号触发，24V 高电平信号输入到数控系统，数控提示“润滑液液位低”报警。此时需添加润滑液。

图 5-54　NPN 型接近开关

图 5-55　润滑泵

3．冷却系统模块

冷却系统是由数控系统输出相应的辅助功能信号，驱动冷却系统的外部控制电路，从而控制冷却泵的起动与停止，如图 5-56 所示，相应电路参见电路图。

图 5-56　冷却泵

思考与练习题

1．简述车削类数控机床的整机机械构造。
2．简要对比车削类和铣削类机床的整机构造。
3．简述数控车床冷却系统如何进行工作。
4．简述自动排屑装置的几种类型。
5．数控机床常用的润滑方式有哪几种？
6．从节电的角度考虑，数控机床的电力驱动主要分为几种类型？对比各种类型的优势。
7．引入主轴专用变频器进行交流调速后，可以得到哪些更好的效果？
8．低压断路器的功能是什么？如何选择？
9．电抗器的作用是什么？
10．滤波器的作用是什么？
11．变频器的控制电路由哪几部分组成？
12．变频器在敷设线路时应注意哪些问题？
13．安装变频器时对温度有什么要求？
14．变频器长期稳定运行所必须的环境条件有哪些？

第 6 章　数控机床整机 PMC 系统

6.1　数控机床 PMC 控制系统简介

6.1.1　数控机床工作方式开关 PMC 控制

1．系统的工作状态

（1）编辑工作方式（EDIT）

在该方式下，可编辑选定的数控加工程序和创建新的数控加工程序。基本编辑操作包括字与行的插入、修改、删除和替换。扩展编辑操作功能包括复制、移动和程序的合并等。

（2）自动工作方式（MEM）

在此方式下，CNC 运行的加工程序为系统存储器内的程序。

（3）手动数据输入工作方式（MDI）

在该方式下，CNC 执行由 MDI 面板输入的数控加工程序，最多可以执行 LCD 能显示的程序行数，一般为 10 行，适用于简单的测试操作。

（4）手轮进给工作方式（HMD）

在该方式下，可使用手轮实现所选的轴以设定的进给增量移动，一般用于精确对刀。

（5）手动连续进给工作方式（JOG）

在该方式下，可手动实现所选的轴以设定的速度移动或快速移动。

（6）回参考点工作方式（REF）

在该方式下，可实现手动返回机床参考点的操作，使 CNC 确定机床返回参考点，即确定机床零点状态（ZRM）。

（7）DNC 运行工作（RMT）

在该方式下，CNC 执行从外部输入/输出设备读入的数控加工程序，实现数控机床的在线加工。如阅读机（加工纸带程序）、RS-232 通信接口和计算机。

数控机床的工作方式开关常用的操作面板如图 6-1 所示。

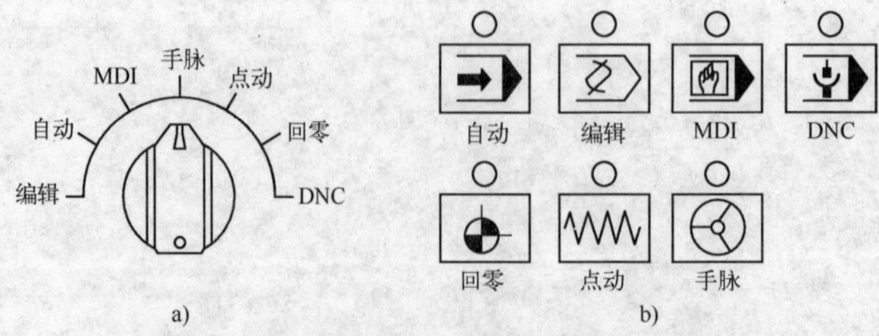

图 6-1　数控机床的工作方式开关常用的操作面板

a) 机床厂家操作面板　b) 系统标准机床操作面板

2．系统工作方式的信号

系统的工作方式由系统的 PMC 信号通过梯形图指定。系统工作方式与信号的组合见表 6-1。

表 6-1　系统工作方式与信号的组合

工作方式	工作方式信号显示	ZRN	DNC1	MD4	MD2	MD1
	信号地址（FANUC 0i 系统）	G43.7	G43.5	G43.2	G43.1	G43.0
程序编辑	EDIT	0	0	0	1	1
自动运行	MEM	0	0	0	0	1
手动数据输入	MDI	0	0	0	0	0
手轮进给	HMD	0	0	1	0	0
手动连续进给	JOG	0	0	1	0	1
回参考点	REF	1	0	1	0	1
DNC 运行	RMT	0	1	0	0	1

注：表中的“1”为信号接通，“0”为信号断开。

3．系统工作方式的 PMC 控制

（1）工作方式开关信号地址分配

下面以 FANUC 0i 系统为例，设计 PMC 梯形图，数控机床操作面板采用标准操作面板。工作方式开关信号的输入/输出地址分配见表 6-2。

表 6-2　工作方式开关信号的输入/输出地址分配

名　称	输入地址（面板操作开关）	输出地址（指示灯）	状态地址（CNC 内部）
程序编辑	X4.1	Y4.1	F3.6
自动运行	X4.0	Y4.0	F3.5
手动数据输入	X4.2	Y4.2	F3.3
手轮进给	X6.7	Y6.7	F3.1
手动连续进给	X6.5	Y6.5	F3.2
回参考点	X6.4	Y6.4	F4.5
DNC 运行	X4.3	Y4.3	F3.4

说明：工作方式开关信号的输入/输出地址是由系统 I/O LINK 模块进行分配的。

（2）工作方式开关 PMC 控制梯形图。

工作方式开关 PMC 控制梯形图如图 6-2 所示。

6.1.2　数控机床加工程序功能开关 PMC 控制

1．数控机床加工程序功能开关的用途及典型操作面板

数控机床操作面板上的加工程序功能开关如图 6-3 所示。

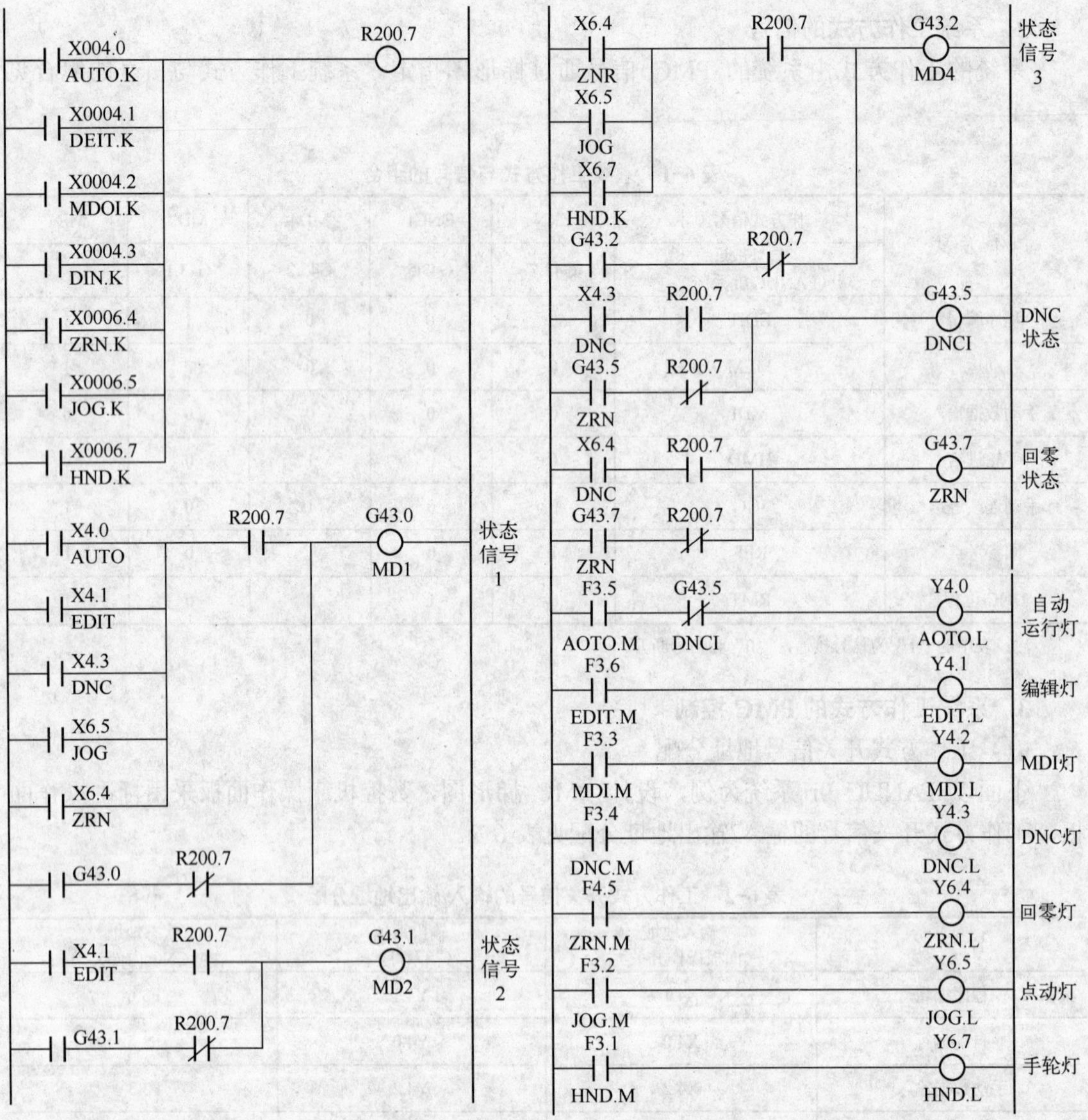

图 6-2　工作方式开关 PMC 控制梯形图

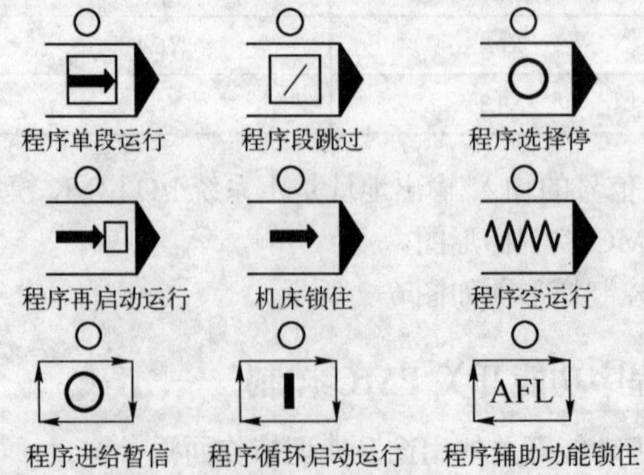

图 6-3　数控机床操作面板上的加工程序功能开关

(1）机床锁住

在自动运行状态下，按下机床操作面板上的机床锁住开关，执行循环启动时，刀具不移动，但是显示器上每个轴运动的位移在变化，就像刀具在运动一样。系统有两种类型的机床锁住：所有轴的锁住（停止所有轴的运动）和指定轴的锁住（如立式数控铣床或立式加工中心是 *Z* 轴锁住)。在机床锁住状态下，可以执行 M、S、T 和 B 格式的指令。

(2）程序辅助功能锁住

程序运行时，禁止执行 M、S、T、B 指令。与机床锁住功能一起使用，检查程序是否编写正确。M00、M01、M02、M30、M98 和 M99 指令即使在辅助功能锁住的状态下也能执行。

(3）程序空运行

在自动运行状态下，按下机床操作面板上的程序空运行开关，刀具按参数（各轴快移速度）中指定的速度移动，与程序中指定的进给速度无关。

(4）程序单段运行

按下单程序段方式开关进入单程序段工作方式。在单程序段方式中按下循环启动按钮后，刀具在执行完一段程序后停止。通过单段方式一段一段地执行程序，便于仔细检查程序。

(5）程序再启动运行

该功能用于加工中刀具出现断裂或者公休后重新启动程序。程序的重新启动有两种方法：P 型和 Q 型（由系统参数设定)。P 型操作可以在任意地方重新启动，这种方法用于刀具破裂时的重新启动；Q 型操作时，重新启动之前刀具必须移动到程序的起始点（加工起始点)。

(6）程序段跳过

在自动运行状态下，当操作面板上程序段选择跳过开关接通时，有斜杠（/）的程序段将被忽略。

(7）程序选择停

在自动运行时，当加工程序执行到 M01 指令的程序段后也会停止。这个代码仅在操作面板上选择停止开关处于通的状态时有效。

(8）程序循环启动运行

在自动运行方式（MEM)、DNC 运行方式（RMT）或手动数据输入方式（MDI）下，若按下循环启动开关，则 CNC 进入自动运行状态并开始运行，同时机床上的循环启动灯点亮。FANUC 0i 系统的循环启动信号（ST）为 G7.2，循环启动状态信号（STL）为 F0.5。

(9）程序进给暂停

自动运行期间按下进给暂停开关时，CNC 进入暂停状态并且停止运行，同时，循环启动灯灭。如再重新启动自动运行时，则需按下循环启动按钮开关。FANUC 0i 系统的进给暂停信号（*SP）为 G8.5，进给暂停状态信号（SPL）为 F0.4。

2．数控机床加工程序功能开关的地址分配和 PMC 控制梯形图

(1）功能开关地址分配

功能开关与信号地址分配见表 6-3。

表 6-3　功能开关与信号地址分配

名　　称	输入地址（面板操作按钮）	输出地址（指示灯）	CNC 内部地址	
			指 令 地 址	状 态 地 址
程序单段运行	X4.4	Y4.4	G46.1	F4.3
程序段跳过	X4.5	Y4.5	G44.0	F4.0
程序选择停	X4.6	Y4.6		
程序再启动运行	X5.0	Y5.0	G6.0	F2.4
机床锁住	X5.1	Y5.1	所有轴锁住：G44.1 各轴锁住 MLK1：G108.0 MLK2：G108.1 MLK3：G108.2 MLK4：G108.4	所有轴锁住状态：F4.1
程序空运行	X5.2	Y5.2	G46.7	F2.7
程序辅助功能锁住	X5.3	Y5.3	G5.6	
程序进给暂停	X6.0	Y6.0	G8.5	F0.4
程序循环启动运行	X6.1	Y6.1	G7.2	F0.5

说明：输入/输出信号地址通过系统的 I/O Link 模块进行分配。

（2）功能开关 PMC 控制梯形图

图 6-4 所示为数控机床加工程序功能开关的 PMC 控制梯形图。

1）当循环启动按钮开关按下（X6.1=1）时，系统循环启动信号 G7.2 为 1，当松开循环启动按钮（X6.1=0）时，系统循环启动信号由 1 变成 0（系统循环启动信号为下降沿触发），系统执行自动加工，同时系统的循环启动状态信号 F0.5 变为 1。

2）程序自动运行中，按下程序进给暂停按钮（X6.0 常闭触点断开），系统进给暂停信号 G8.5 变为 0，程序停止运行，同时系统进给暂停状态信号 F0.4 为 1。

3）当系统暂停状态信号为 1 时，系统的循环启动状态信号 F0.5 变为 0。机床锁住、程序单段运行、程序段跳过、程序再启动运行、程序空运行、程序辅助功能锁住及程序选择停功能开关的 PMC 控制逻辑关系是相同的，只是信号的地址不同。

下面以机床锁住功能开关为例，分析程序功能开关的 PMC 具体控制过程。

当机床锁住功能开关 X5.1 按下时，通过继电器 R200.0 和 R200.1 获得一个扫描周期的脉冲信号（R200.0），继电器 R200.0 的常开触点闭合,使机床锁住信号 G44.1 和机床锁住状态指示灯 Y5.1 为 1。

当再次按下机床锁住功能开关时，通过断电器 R200.0 的常闭触点切断机床锁住状态信号 G44.1 的自锁保持电路，则机床解除轴的锁住状态。

6.1.3　数控机床润滑系统 PMC 控制

数控机床在运行时，为了使导轨、滚珠丝杠、主轴箱和传动齿轮等部件稳定工作，需进行定时（一般为几秒）的自动润滑，其形式有电动间歇润滑和定量集中润滑等，电动间歇润滑用得较多，其润滑时间和每次输油量可根据实际进行调整与设定。

1．数控机床润滑系统的电气控制要求

1）首次开机时，自动润滑 6s（3s 输油、3s 关闭）。

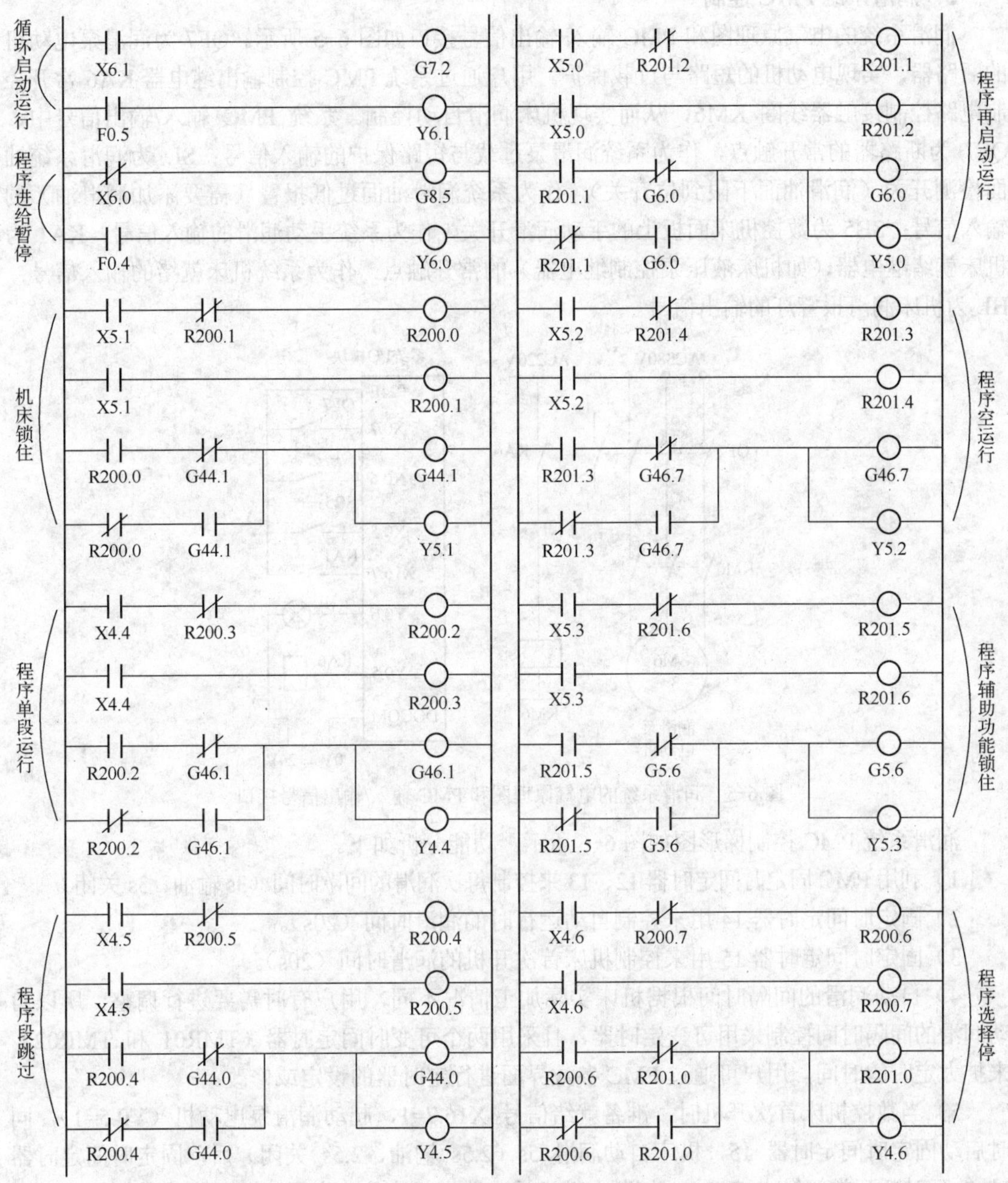

图 6-4 数控机床加工程序功能开关的 PMC 控制梯形图

2）机床运行时，达到润滑间隔固定时间（如 30min），自动润滑一次，而且润滑间隔时间可以由用户通过 PMC 参数设置界面进行调整。

3）加工过程中，操作者根据实际需要，还可以通过机床操作面板的润滑手动开关进行手动润滑。

4）润滑泵电动机具有过载保护，当出现过载时，系统要有相应的报警信息提示。

5）润滑油箱油面低于极限值时，系统要有报警提示（此时机床可以运行）。

2．润滑系统 PMC 控制

润滑系统的电气原理图和 PMC 输入/输出信号接口如图 6-5 所示。QF7 为润滑泵电动机的断路器，实现电动机的短路与过载保护。用户通过系统 PMC 控制输出继电器 KA6 常开控制电路控制接触器线圈 KM6，从而实现机床润滑自动控制。系统 PMC 输入/输出信号中，QF7 为断路器的常开触点，作为系统润滑泵过载与短路保护的输入信号；SL 为润滑系统油面检测开关（润滑油面下限到位开关），作为系统润滑油面过低报警（需要添加润滑油）的输入信号；SB5 为数控机床面板上的手动润滑开关，作为系统手动润滑的输入信号；KA1 为机床就绪继电器（如机床液压泵控制继电器）的常开触点，作为系统机床就绪的输入信号；HL 为机床润滑报警灯的输出信号。

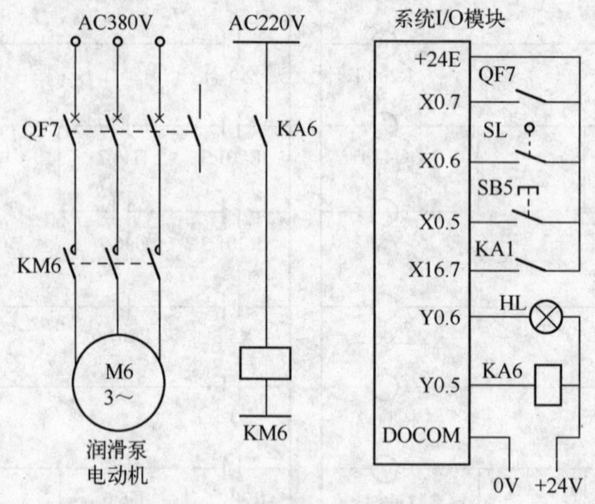

图 6-5　润滑系统的电气原理图和 PMC 输入/输出信号接口

润滑系统 PMC 控制梯形图如图 6-6 所示。功能分析如下。

1）利用 PMC 固定时间定时器 12、13 来控制每次润滑的间歇时间（3s 输油、3s 关闭）。

2）固定时间定时器 14 用来控制自动运行时的润滑时间（20s）。

3）固定时间定时器 15 用来控制机床首次开机的润滑时间（20s）。

4）自动润滑的间隔时间根据机床实际加工情况不同，用户有时需要进行调整，所以自动润滑的间隔时间控制采用可变定时器，且采用两个可变时间定时器（TMR01 和 TMR02）来扩大定时的时间，用户可通过 PMC 参数界面进行定时器的设定或修改。

5）当数控机床首次开机时，准备就绪信号 X16.7=1，起动润滑泵电动机（Y0.5=1），同时启动固定时间定时器 15，机床自动润滑 5s（2.5s 输油、2.5s 关闭）后，固定时间定时器 15 的延时断开常闭触点 R526.6 切断自动润滑电路，机床停止润滑，从而完成数控机床首次开机的自动润滑操作。数控机床运行过程中，通过可变时间定时器 TMR01 和 TMR02 设定的延时时间，数控机床自动润滑一次，润滑的时间由固定时间定时器 14 设定（5s），通过固定时间定时器 14 的延时断开常闭触点 R256.3 切断运行润滑控制电路，从而完成一次数控机床运行时润滑的自动控制，数控机床周而复始地进行润滑。当润滑系统出现过载或故障时，通过输入信号 X0.7 切断润滑泵输出信号 Y0.5，并发出润滑报警信息（#1007：润滑系统故障）。当润滑系统的油面下降到极限位置时，数控机床润滑系统报警灯闪亮，提示操作者需加润滑油。

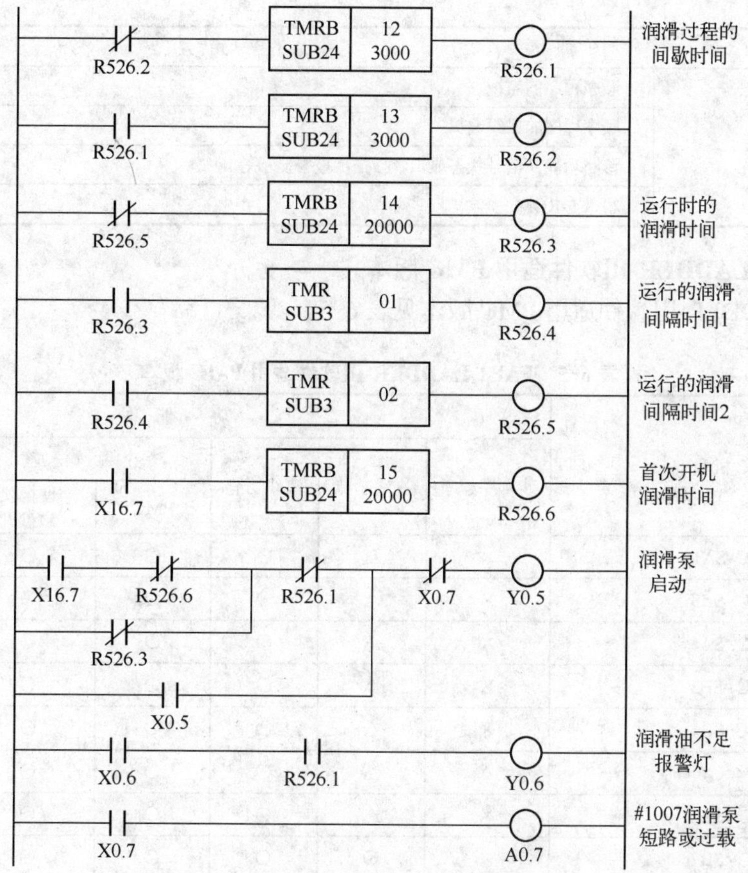

图 6-6　润滑系统 PMC 控制梯形图

6.2　PMC 编程软件（FAPT LADDER-Ⅲ软件）使用介绍

FAPT LADDER-Ⅲ软件（简称 LADDER-Ⅲ软件），其中 FAPT（FANUC Automatically Programming Tool）是 FANUC 公司的 PMC 编程工具，它是在个人计算机 Windows 操作系统上运行的 PMC 程序开发工具，基本适用于 FANUC 公司所有版本的数控系统。

6.2.1　PMC 编程软件概述

1．FAPT LADDER-Ⅲ软件的主要功能及 PMC 版本

FAPT LADDER-Ⅲ软件的主要功能见表 6-4。

表 6-4　FAPT LADDER-Ⅲ软件的主要功能

功　能	作　用
离线功能	顺序程序的制作和编辑
	顺序程序 PMC 的传送
	顺序程序的打印

（续）

功　　能	作　　用
在线功能	顺序程序的监视
	顺序程序的在线编辑
	诊断功能（信号状态显示、扫描、报警显示等）
	写入 F-ROM

2．FAPT LADDER-Ⅲ软件适用 PMC 版本

FAPT LADDER-Ⅲ软件适用 PMC 版本见表 6–5。

表 6–5　FAPT LADDER-Ⅲ软件适用 PMC 版本

PMC 机型	功　　能					
	步顺序程序	在线功能	离线功能	输入/输出设备		
				PMC	便携软磁盘机	储　存　卡
PMC -SA1	×	△	○	○	○	△
PMC –SA3	×	△	○	○	○	△
PMC –SA5	×	△	○	○	○	△
PMC –SB3	×	△	○	○	○	△
PMC -SB4	×	△	○	○	○	○
PMC - SB 4（步顺序）	△	△	○	○	○	○
PMC - SB 5	×	△	○	○	○	○
PMC - SB 6	×	○	○	○	○	○
PMC - SB 6（步顺序）	○	○	○	○	○	○
PMC -SA7	△	○	○	○	○	○
PMC -SC3	×	○	○	○	○	△
PMC - SC 4	×	○	○	○	○	○
PMC - SC 4（步顺序）	○	○	○	○	○	○
PMC -CA3	×	○	○	○	○	○
PMC -NB	×	○	○	○	○	○
PMC -NB2	×	○	○	○	○	○
PMC -NB2（步顺序）	○	○	○	○	○	○
PMC-NB6	×	○	○	△	△	○

注：○—可使用；×—不可用；△—有条件用。

6.2.2　FAPT LADDER-Ⅲ软件介绍

1．窗口名称及功能

FAPT LADDER-Ⅲ软件的窗口示意图如图 6–7 所示。

2．FAPT LADDER-Ⅲ软件的主菜单功能

FAPT LADDER-Ⅲ软件的主菜单功能见表 6–6。

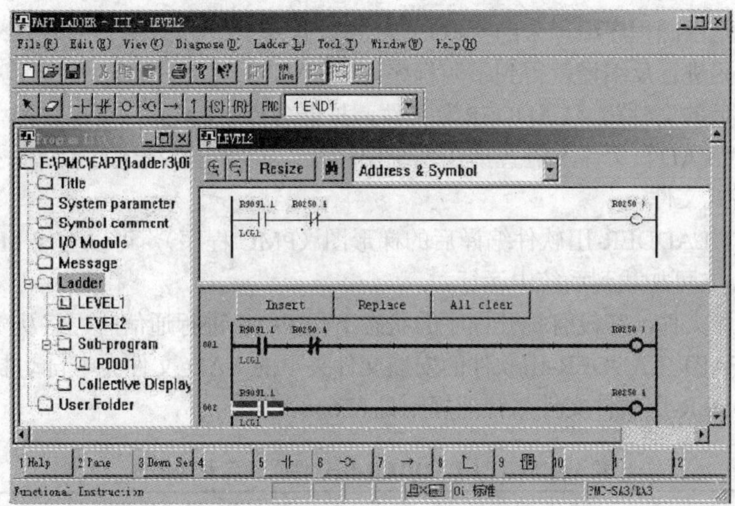

图 6-7　FAPT LADDER-Ⅲ软件的窗口示意图

表 6-6　FAPT LADDER-Ⅲ软件的主菜单功能

主　菜　单	主　要　功　能
文件（File）	进行程序的制作，与储存卡和软盘间的数据输入/输出，程序的打印等
编辑（Edit）	进行编辑操作、检索、跳转等
显示（View）	切换工具栏和软键的显示与不显示
诊断（Diagnose）	显示 PMC 参数、信号扫描等诊断界面
梯形图（Ladder）	进行在线/离线的切换、监视/编辑的切换
工具（Tool）	进行助记形式变换、与 FAPT LADDER-Ⅱ的文件变换
窗口（Window）	进行操作窗口的选择及窗口的排列
帮助（Help）	显示主题的检索、帮助、版本信息

3．FAPT LADDER-Ⅲ软件的程序格式

FAPT LADDER-Ⅲ软件可编辑的内容见表 6-7。

表 6-7　FAPT LADDER-Ⅲ软件可编辑的内容

分　　类	种　　类	备　　注
源程序	系统参数	设定计数器的数值形式等
	标题数据	设定顺序程序的名称和版本等
	符号/注释	信号名和说明
	信息数据	信息字符串
	I/O 分配数据	I/O LINK 分配数据
	I/O 分配注释	I/O 分配注释
	顺序程序	程序本体
	网格注释	程序上附加的注释
目标码	储存卡形式数据	

其说明如下。

1）目标码是由源程序编译来的（ROM 形式数据）。

2）对目标码进行反编译就得到了源程序。

3）反编译后的文件为“LADDER”文件，扩展名为“LAD”，可用 FAPT LADDER-Ⅲ软件编译。但“.LAD”文件不能直接在系统中运行，扩展它必须进行编译，生成 M-CARD 格式或 ROM 格式文件。

4）用 FAPT LADDER-Ⅲ软件编译后的梯形图（PMC 程序），可以生成 M-CARD 格式或其他格式文件，方可加载到系统中运行。

5）在线程序文件，在没有打开程序的状态下与 PMC 进行通信时，将从 PMC 读取顺序程序，并且在 FAPT LADDER-Ⅲ软件的安装文件夹下的 LAD 文件夹中自动制作在线程序文件。FAPT LADDER-Ⅲ软件文件名管理规则见表 6-8。

表 6-8　FAPT LADDER-Ⅲ软件文件名管理规则

分　类	文 件 名
主侧 PMC	PMC0000.LAD～PMC0009.LAD
装料器控制 PMC	PMC1000.LAD～PMC1009.LAD

6）在有在线程序文件的情况下，不打开程序进行通信时，只要有与 PMC 侧的程序一致的在线程序文件，就将其打开。这样，就不需要多次从 PMC 读取程序（在线程序文件数量最多为 10）。

6.2.3 FAPT LADDER-Ⅲ软件功能应用

1．新建程序

1）单击 FAPT LADDER-Ⅲ的“文件”菜单的“新建程序”命令，显示“New Program（新建程序）”对话框，如图 6-8 所示。

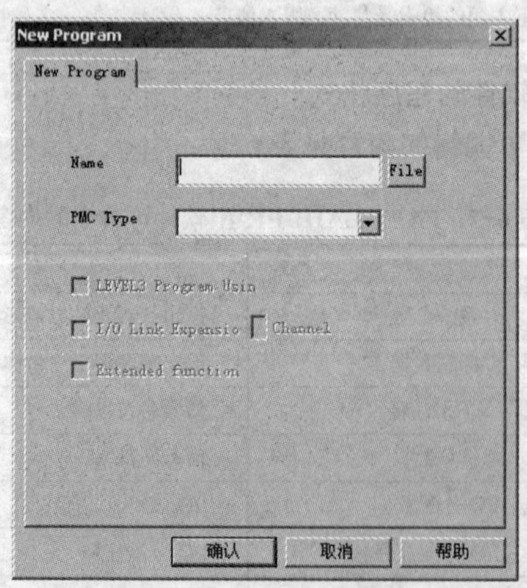

图 6-8 “New Program（新建程序）”对话框

2）在“Name（程序名）”文本框中输入程序名，扩展名“. LAD”可以省略。没有默认的文件夹时，单击“file（文件）”按钮，选择文件夹。

3）在“PMC Type（类型）”下拉列表框中选择使用的PMC类型。

4）在PMC-NB→SB6上使用第三级梯形图时，打开“第三级梯形图”校验框。

5）使用I/O Link的双通道功能时，打开“I/O Link点数扩展”的校验框。

6）单击“确定”按钮，完成新建程序的创建。要终止制作程序时，单击“取消”按钮。用状态栏确认所选择的PMC类型。

2．打开已有程序

1）单击 FAPT LADDER-Ⅲ的“文件”菜单的“打开程序”命令，显示“打开”对话框，如图6-9所示。

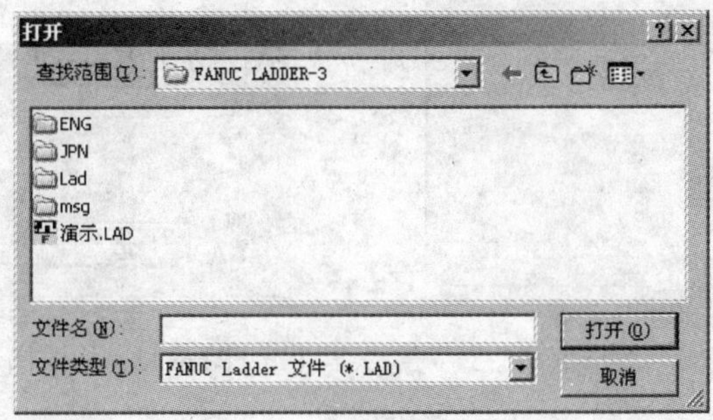

图6-9 “打开”对话框

2）选择好文件名后，单击“打开”按钮。

3．打开已经保存过的PMC程序（PC保存的程序）

1）单击 FAPT LADDER-Ⅲ的“文件”菜单的“导入”命令，显示“导入”对话框，如图6-10所示。

2）选择“FAPT LADDER-Ⅲ文件”，单击“下一步”按钮。

3）在“请指定进行输入的文件”字段上，指定复制原件的LAD文件，如图6-11所示。

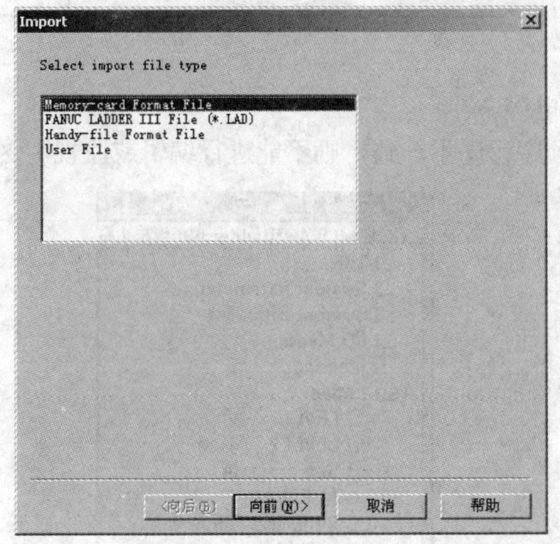

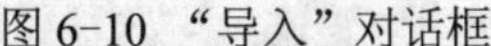
图6-10 “导入”对话框

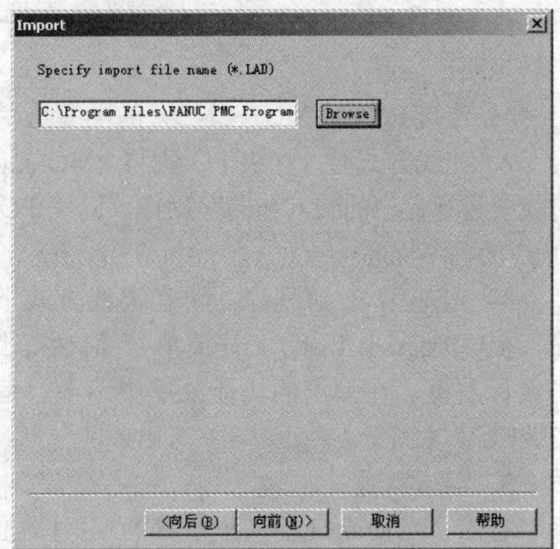

图6-11 “指定进行输入的文件”对话框

4）单击“下一步”按钮。进入“Import（导入）”对话框，如图6-12所示，在该对话框中用“×”标明需要进行复制的数据类型，然后单击“确定”按钮。

5）进行输入时，正在编辑中的程序的内容将会被改写，因此系统将显示如图 6-13 所示的修改梯形图程序提示信息，需要改写时，单击“是（Y）”按钮。

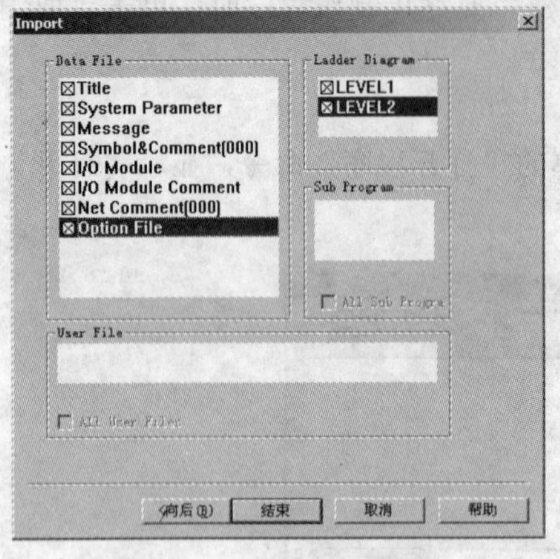

图 6-12 “导入”对话框

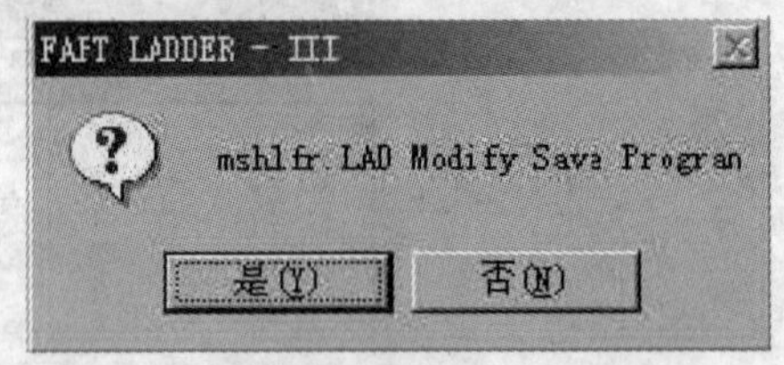

图 6-13 修改梯形图程序提示信息

4．离线和在线功能

在 FAPT LADDER-Ⅲ软件上编辑程序有离线和在线两种方式。两种方式的功能与准备见表 6-9。

表 6-9 两种方式的功能与准备

方 式	功 能	准 备
离线	在与 PMC 不通信的状态下编辑程序	编辑器方式处于在线时，单击选项栏的“梯形图”→“离线/在线”并切换到离线方式
在线	在与 PMC 通信的同时进行程序编辑和监视	1）用 RS-232-C 电缆连接 PC 和 PMC（CNC） 2）编辑器方式处于离线时，单击选项栏的“梯形图”→“离线/在线”并切换到在线方式

说明：

1）连接 PC 和 PMC（CNC）的电缆是专用电缆。

2）在线方式时，如果 PC 侧与 PMC 侧的顺序程序不一致，则不能进行编辑或监视。这时就要进行程序的装入和储存操作，以使 PC 与 PMC 的顺序程序一致。

3）追加第 3 级程序，可在离线方式下操作，在“Program List（程序清单）”对话框上单击鼠标右键，在弹出的快捷菜单中单击“追加 LEVEL3”命令。

5．编辑标题

进入“Program List（程序清单）”对话框，如图 6-14 所示，双击“标题”栏，则显示“Edit Title（编辑标题）”对话框，如图 6-15 所示，图中的各选项设定说明见表 6-10

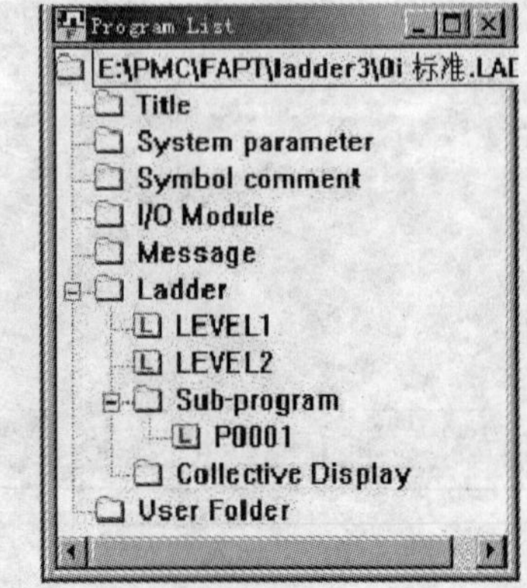

图 6-14 “Program List（程序清单）”对话框

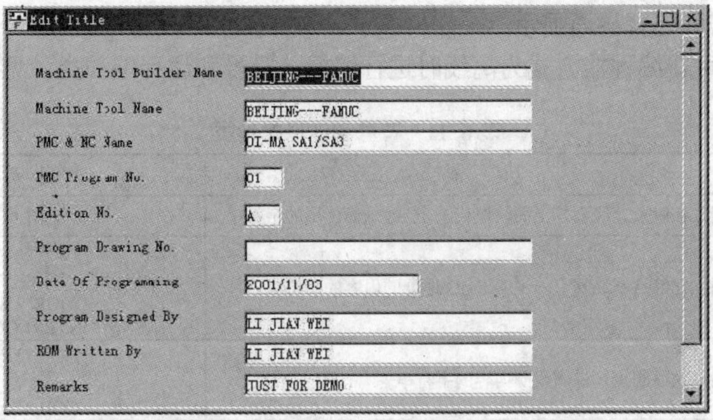

图 6-15 “Edit Title（编辑标题）”对话框

表 6-10 “编辑标题”对话框中的各选项设定说明

项　　目	最 多 字 符	备　　注
机床厂名	32	
机床名	32	
CNC/PMC 种类	32	
程序号	4	显示在 CNC 系统配置界面上
版本号	2	
程序图号	32	
制作年月日	16	
制作者	32	
ROM 制作者	32	
注释	32	程序的标题

6. 设定系统参数

双击“Program List（程序清单）”对话框中的“System parameter（系统参数）”项目，则进入“Edit System Parameter（编辑系统参数）”对话框，如图 6-16 所示。在图 6-16 中“Counter Data Type（计算数据形式）”栏中选择单选按钮“BINARY（二进制）”或“BCD”。在实际中，若用机床操作盘时，则选择“FS0 Operator Panel（操作盘的检查）”复选框，用输入/输出设定所使用的地址。

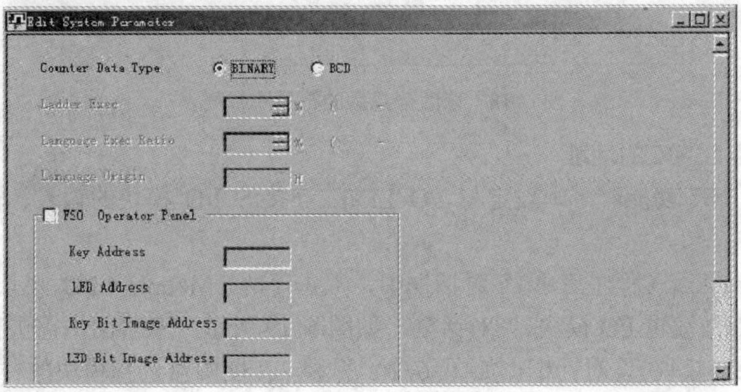

图 6-16 “Edit System Parameter（编辑系统参数）”对话框

7. 定义符号和注释界面显示

符号和注释可在编程器方式为离线时进行编辑。符号和注释的种类，见表 6-11。

表 6-11 符号和注释的种类

名　称	功　能	显示例子
符号	附加在触点、线圈等上面，取代 PMC 地址而使用的字符串	┤├ INPUT
继电器注释	附加在触点和线圈上，说明 PMC 地址的内容的字符串	X0.0 Y0.0 ┤├─○─ DOOR WARNING INTERLOCK LAMP
线圈注释	附加在线圈上，说明线圈内容的字符串	Y0.0 ─○┤ COIL COMMENT

在“Program List（程序清单）”对话框中，双击“Symbol comment（符号注释）”项目，则进入“符号和注释”对话框，在该对话框中选择要编辑的信号，则系统会显示“New Data（新数据）”对话框，如图 6-17 所示。在图 6-17 中输入“Address（地址）”（必须）、“Symbol（符号）”、“Relay Comment（继电器注释）”、“Coil Comment（线圈注释）”，最后单击“OK”按钮确认修改。这时系统会显示包含了修改信息后的符号注释列表，如图 6-18 所示。

图 6-17 “新数据输入”对话框

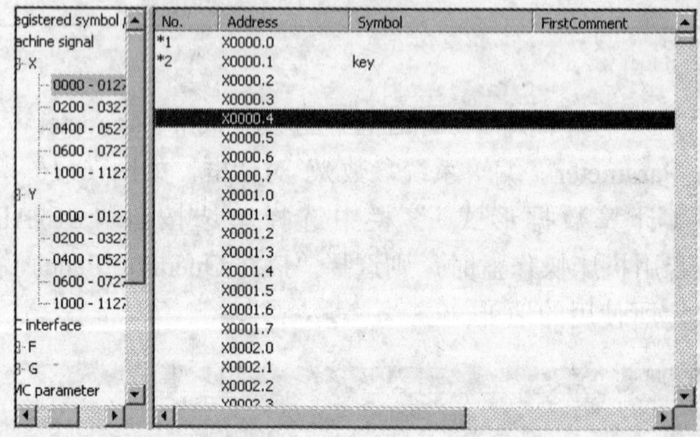

图 6-18 修改信息后的符号注释列表

8. 分配 I/O LINK 的地址

使用 I/O LINK 功能时，须设定与 I/O LINK 连接的 I/O 模块的输入、输出信号的地址（*X*，*Y*）。

在“Program List（程序清单）”对话框中，双击“I/O Module（I/O 模块）”项目，进入“Edit I/O Module（编辑 I/O 模块）”对话框，如图 6-19 所示。双击图中需进行设定的地址，则进入“Module（模块）”对话框，如图 6-20 所示，在图中可选择模块的种类和 I/O LINK 上的组号等。

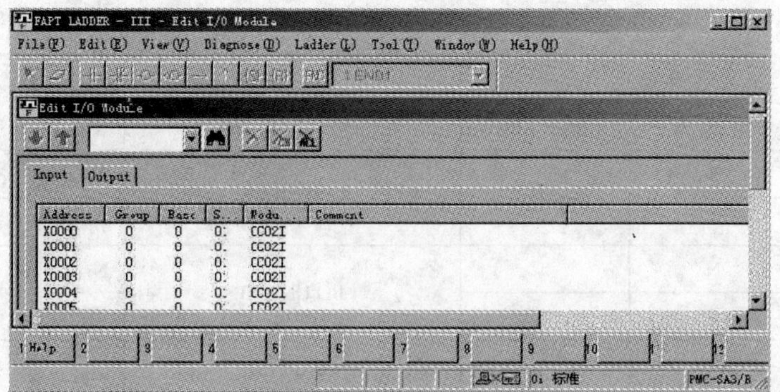

图 6-19 “Edit I/O Module（编辑 I/O 模块）”对话框

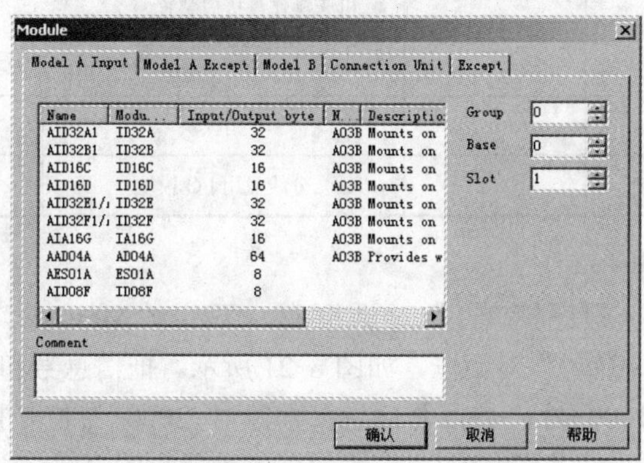

图 6-20 “Module（模块）”对话框

系统可识别的 I/O 模块清单见表 6-12。

表 6-12 系统可识别的 I/O 模块清单

模块名	数据长度		模块	备注
	输入	输出		
ID32A	4	—	I/O UNIT-A	非隔离型 DC 输入
ID32B	4	—		
ID16C	2	—		隔离型 DC 输入
ID16D	2	—		
ID32E	4	—		
IE32F	4	—		
IA16G	2	—		非隔离型 AC 输入
OD08C	—	1		隔离型 DC 输出
OD08D	—	1		
OD16C	—	2		
OD16D	—	2		
OD32C	—	4		
OD32D	—	4		
OA05E	—	1		AC 输出（-240V）
OA05E	—	1		
OA12F	—	2		AC 输出（-120V）
OR08G	—	1		继电器输出
OR16G	—	2		

（续）

模 块 名	数 据 长 度		模 块	备 注
	输 入	输 出		
AD04A	8	—	I/O UNIT-A	模拟输入
DA02A	—	4		模拟输出
#n	N	n	I/O UNIT-B	N：1～10B
##	4	4		通电状态
FS04A FS08A	4 8	4 8	CNC 装置	Power mate FS0 等
OC01I OC01O OC02I OC02O OC03I OC03O	8 — 16 — 32 —	— 8 — 16 — 32	● 分线盘用连接装置 ● 机床操作盘接口装置 ● CNC 装置等	
/n /n	n —	— n	专用模块	—
CM16I CM08O	16 —	— 8	分线盘用 I/O 模块	—

9．登录信息字符串

在“Program List（程序清单）”对话框中，双击“Message（信息）”项目，进入“Message Editing（信息编辑）”对话框，如图 6-21 所示。把信息号和信息字符串输入所希望的地址，其中信息号 1000 号位是报警信息；信息号 2000 号位是操作者信息。图中单击“View（查看）”按钮时，可以找出在 CNC 上可能不能显示的字符。

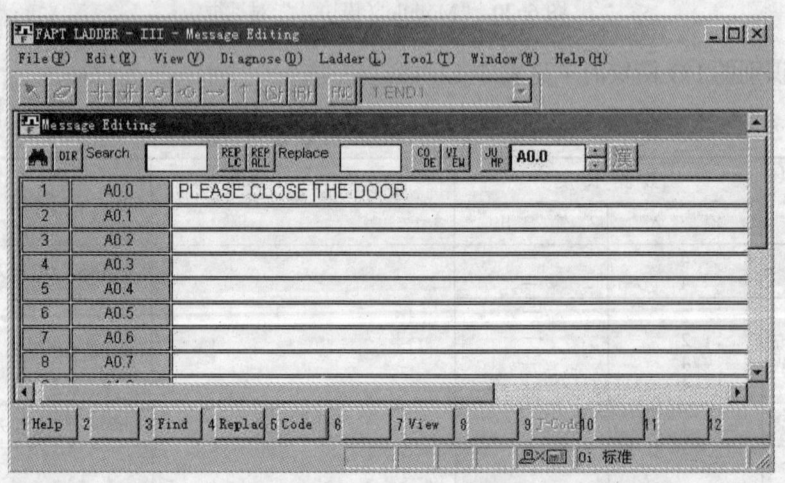

图 6-21 “Message Editing（信息编辑）”对话框

10．编辑顺序程序

（1）选择需编辑的程序

在“Program List（程序清单）”对话框中，选择编辑程序级，如从“LEVEL1”或“LEVEL2”开始对所需程序进行编辑，如图 6-22 所示。编辑程序时，可双击“显示窗”中需进行修改的网格，把选好的网格复制到编辑窗中。

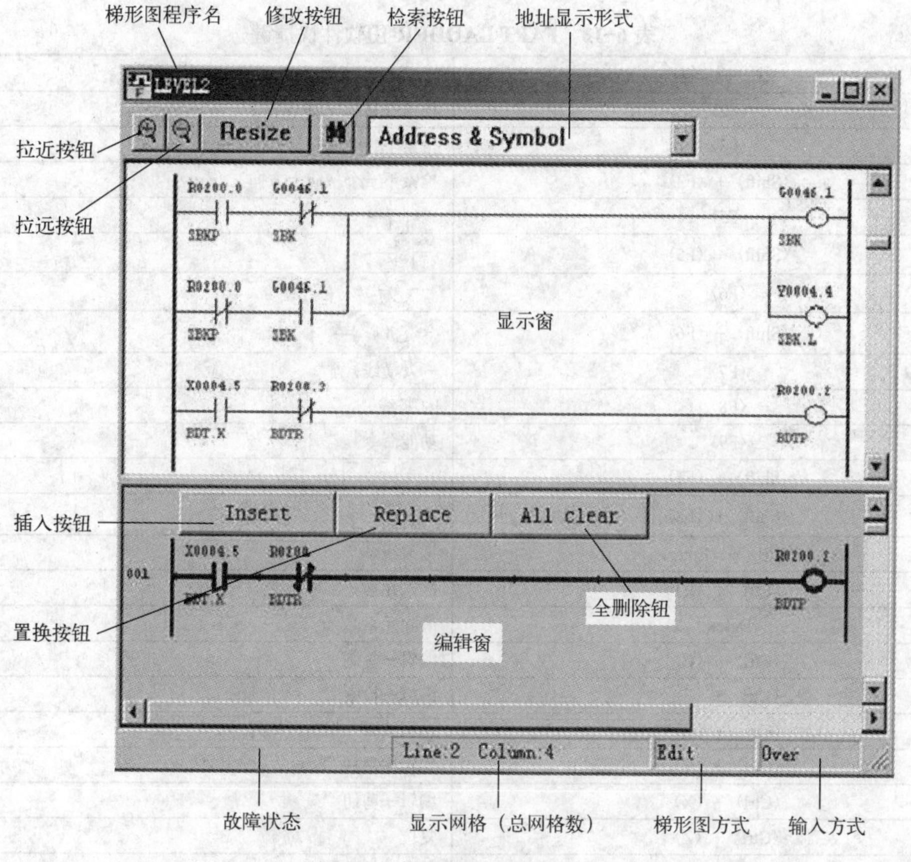

图 6-22 梯形图程序编辑按键

在编辑窗内，选择需编辑的元件，单击鼠标右键，弹出“编辑工具界面”快捷菜单，如图 6-23 所示，可以根据需要进行编辑和修改。

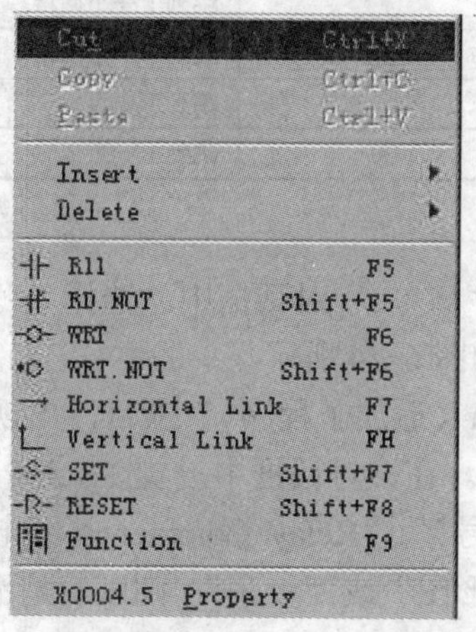

图 6-23 “编辑工具界面”快捷菜单

（2）FAPT LADDER-Ⅲ软件快捷键的使用

FAPT LADDER-Ⅲ软件提供了非常丰富的快捷键，为方便用户操作，见表 6-13。

表 6-13　FAPT LADDER-Ⅲ软件快捷键

快 捷 键	功　　能
〈F2〉	换窗（显示窗/编辑窗）
〈F3〉	检索下一个（向下方向）
〈Shift〉＋〈F3〉	检索下一个（向上方向）
〈F5〉	—| |—
〈Shift〉＋〈F5〉	—|/|—
〈F6〉	—( )—
〈Shift〉＋〈F6〉	—(( ))—
〈F7〉	—（横线）
〈F8〉	|（竖线）
〈F9〉	功能命令
〈Shift〉＋〈F7〉	—[<]—
〈Shift〉＋〈F8〉	—[ ]—
〈Ctrl〉＋〈Enter〉	插入线条
〈Ctrl〉＋〈E〉	插入元素
〈Delete〉	清除元素
〈Ctrl〉＋〈C〉	编辑—复制
〈Ctrl〉＋〈F〉	编辑—检索
〈Ctrl〉＋〈G〉	跳到编辑—指定网格号
〈Ctrl〉＋〈V〉	编辑—粘贴
〈Ctrl〉＋〈X〉	编辑—剪切
〈Ctrl〉＋〈Z〉	复位
〈Home〉	显示左端
〈Enter〉	显示右键
〈Ctrl〉＋〈Home〉	跳到开头
〈Ctrl〉＋〈End〉	跳到末尾
〈Ctrl〉＋〈↑〉	跳到上一个网格
〈Ctrl〉＋〈↓〉	跳到下一个网格
〈Ctrl〉＋〈Page Up〉	跳到下一页
〈Ctrl〉＋〈Page Down〉	跳到上一页

（3）追加子程序

1）在“Program List（程序清单）”对话框中，选择“Ladder（子程序追加）”项目，单击鼠标右键，弹出快捷菜单，如图 6-24 所示。

2）单击“Add sub-program（追加子程序）”项目，出现“Add sub-program（追加子程序）”对话框，如图 6-25 所示。在该对话框中设置“Sub-Program（子程序名）”、“Kind of Ladder（种类）”、“Symbol（符号）”、“Relay Comment（继电器注释）”各参数。若在“Kind of Ladder（种类）”中选择“梯形图”或“步序”，则以后是不能进行修改的。

3）单击“OK”按钮，系统就添加新的子程序梯形图，如图 6-26 所示。

（4）检索功能及检索窗口的使用

为方便用户进行查找、显示包含指定符号或指定地址的梯形图，FAPT LADDER-Ⅲ软件提供了非常丰富的快捷键。

在选项栏中，单击“检索”按钮，则出现“Search（检索）”对话框，如图 6-27 所示。

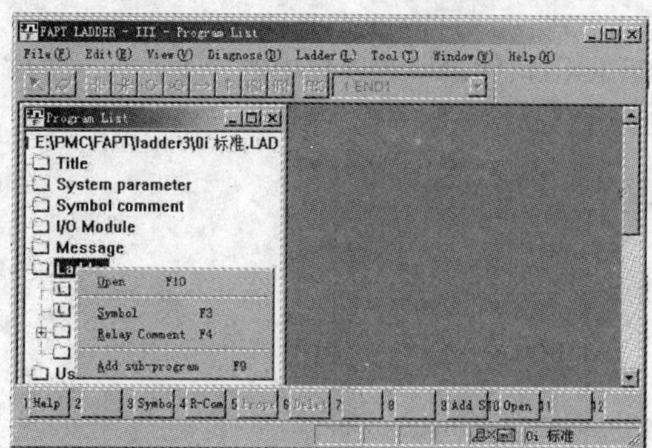

图 6-24 弹出的快捷菜单

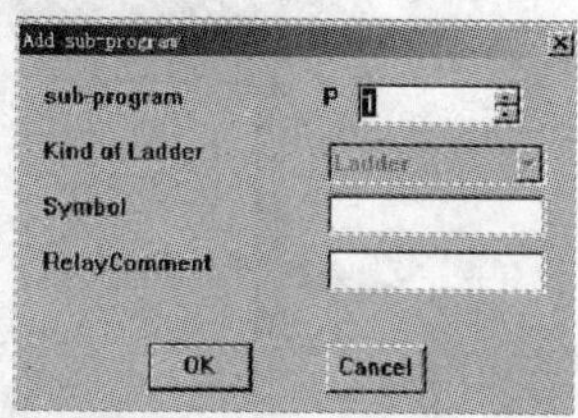

图 6-25 “Add sub-program（追加子程序）”对话框

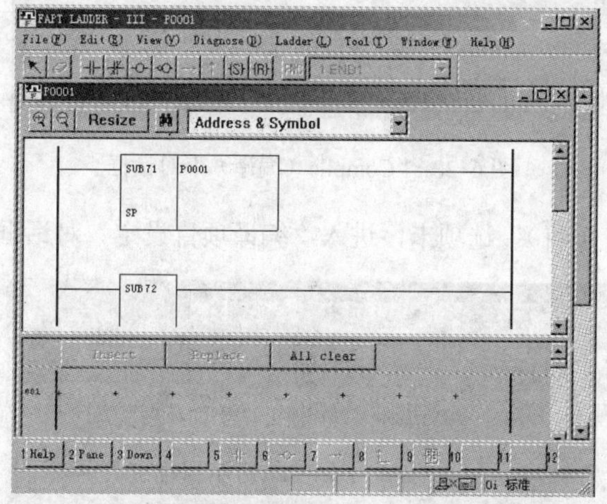

图 6-26 系统添加新的子程序梯形图

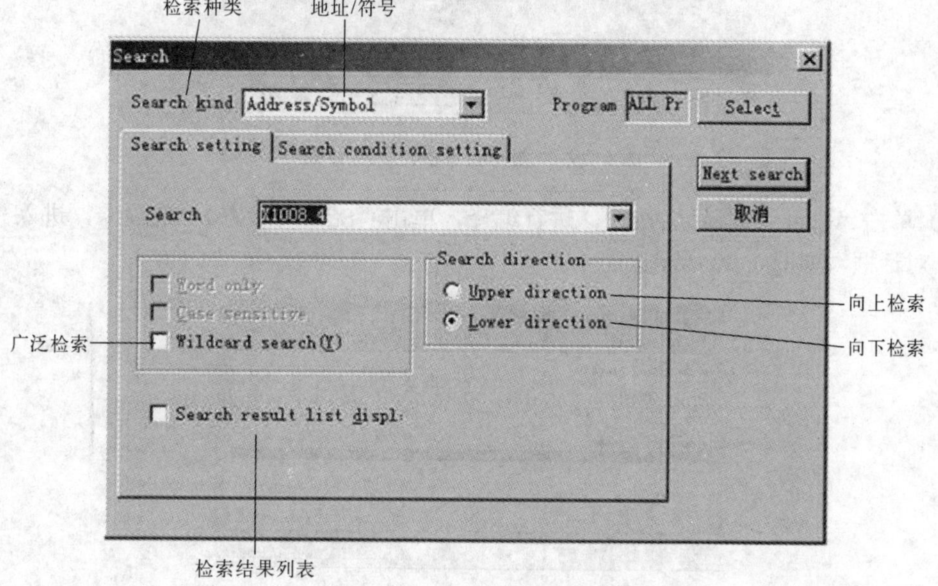

图 6-27 “Search（检索）”对话框

11. 程序传送到 PMC

（1）程序编译

1）在完成程序的编辑后，单击 FATP LADDER-Ⅲ软件窗口选项栏中的“工具”→“编译”，进入“Compile（编译）”对话框，如图 6-28 所示。

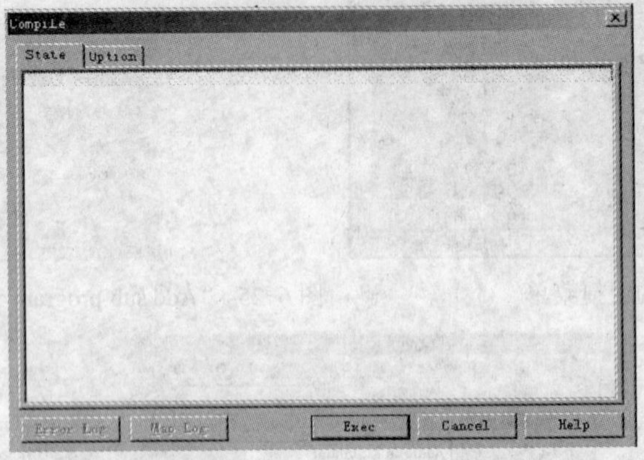

图 6-28 “Compile（编译）”对话框

2）单击“Option（项目）”选项卡，进入“编译项目设定”对话框，如图 6-29 所示。

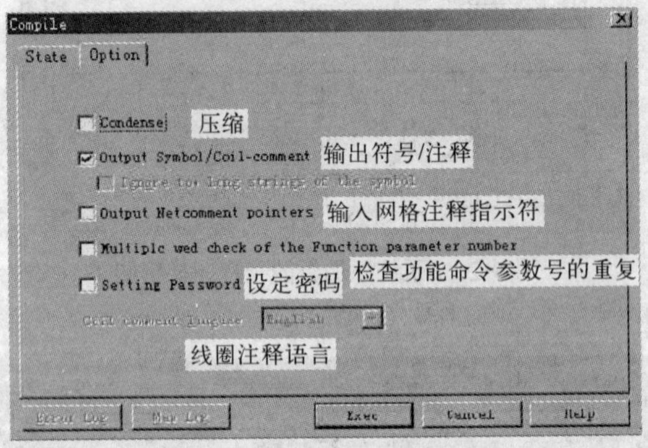

图 6-29 “编译项目设定”对话框

3）单击“Exec（编译）”按钮，进行编译，单击“State（状态）”选项卡，进入“编译信息”对话框，如图 6-30 所示。

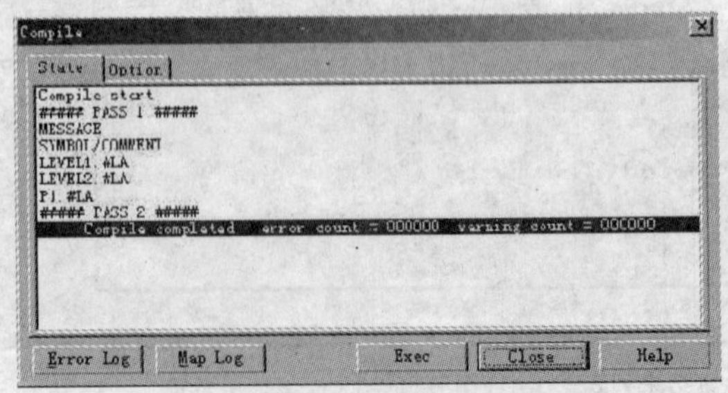

图 6-30 “编译信息”对话框

（2）CNC 与 PC 通信连接设定

1）单击 FAPT LADDER-Ⅲ软件窗口中的“Tool（工具）”选项，选择“Communication（通信）”选项，进入“通信”对话框→“联机”选项卡，如图 6-31 所示。

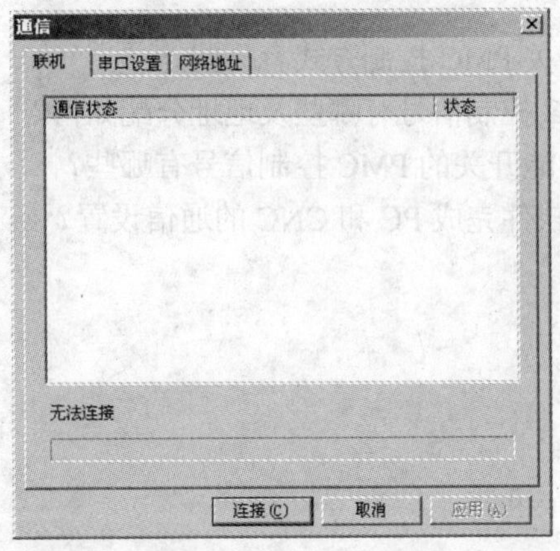

图 6-31 “通信”对话框→“联机”选项卡

2）单击“串口设置”选项卡，进入“串口设置”对话框，如图 6-32 所示。

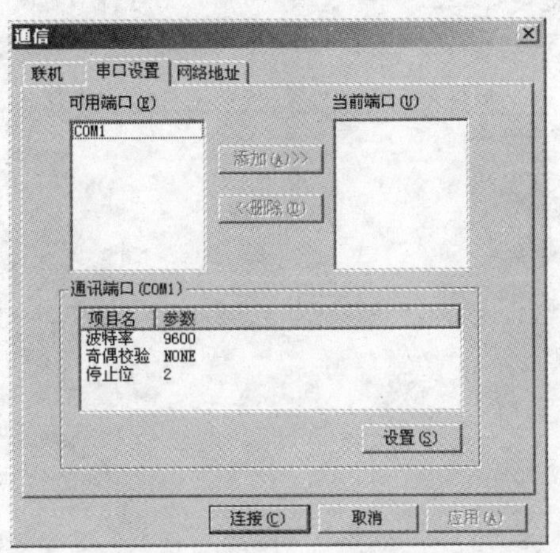

图 6-32 “通信”对话框→“串口设置”选项卡

3）单击“Setting（设置）”按钮，系统显示“Communication parameter（通信参数）”对话框，如图 6-33 所示。根据当前通信方式，依次设定波特率、奇偶检验位和停止位。

4）选择当前使用的通信端口，单击“Add（添加）”按钮，完成通信口的设定。

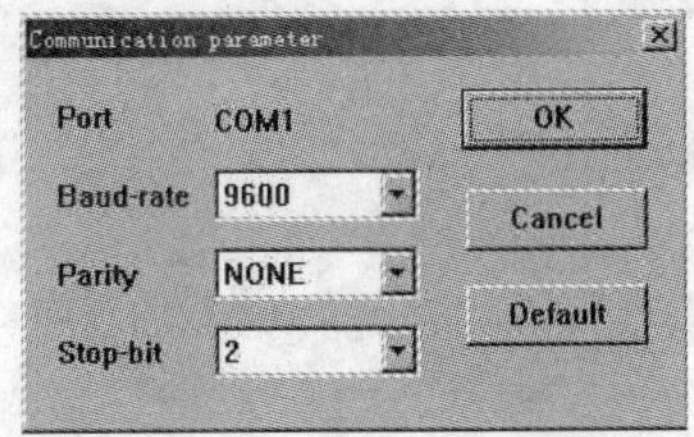

图 6-33 “Communication parameter（通信参数）”对话框

5）在 CNC 准备好后，单击“Connect（连接）”按钮，完成通信连接。

思考与练习题

1．数控机床工作方式开关 PMC 控制方式有哪些？
2．系统工作方式的 PMC 控制信号有哪些及地址分配如何？
3．数控机床加工程序功能开关的 PMC 控制信号有哪些？
4．如何利用 PMC 编程软件完成 PC 和 CNC 的通信设置？

附 录

附录 A FANUC 0i 系统常用的信号

符 号	信 号 名 称	地址（FS-0i 系统）
*BECLP	B 轴夹紧完成信号	G38.7
*BEUCP	B 轴松开完成信号	G386.6
*DEC1～*DEC4	返回参考点用减速信号	X9.0 X9.1 X9.2 X9.3
*ESP	系统紧急停止信号	X1008.4
*ESP		G8.4
*ESPA	紧急停止信号（串行主轴）	G71.1
*FLWU	跟踪信号	G7.5
*FV0E～*FV7E	进给速度倍率信号（PMC 轴控制）	G151
*IT	互锁信号	G8.0
*IT1～*IT4	各轴互锁信号	G130
*SP	进给暂停信号	G8.5
*SSTP	主轴停止信号	G29.6
*SUCPF	主轴松开完成信号	
+J1～+J4	进给轴和方向选择信号	G100.0，G100.1，G100.2，G100.3
−J1～−J4	进给轴和方向选择信号	G102.0，G102.1 G102.2，G102.3
*JOV～*JV15	手动进给速度倍率信号	G11
*FV0～*FV7	进给速度倍率	G12
AFL	辅助功能锁住信号	G5.6
AL	报警信号	F1.0 F149.0
ALMA	报警信号（串行主轴）	F4.5
ALMB		F49.0
BAL	电池报警信号	F1.2 F149.2
BDT1	跳过任选程序段信号	G44.0
DEN	分配结束信号	F1.3 F149.3
DM00	M 译码信号	F9.7
DM01		F9.6
DM02		F9.5
DM30		F9.4
DNC1	DNC 运行选择信号	G43.5
DRN	空运行信号	G46.7

（续）

符　　号	信 号 名 称	地址（FS-0i 系统）
DRNE	空运行信号（PMC 主轴）	G150.7
DSP1，DSP2	主轴电动机速度检测信号	Y（n+1）.0, Y（n+1）.1
ERS	外部复位信号	G8.7
FIN	辅助功能结束信号	G4.3
HS1A～HS1D	手轮进给轴选择信号	G18.0，G18.1，G18.2，G18.3
KEY1～KEY4	存储器保护信号	G046.3～G46.6
M00～M31	辅助功能代码信号	F10～F13
MA	CNC 准备就绪信号	F1.7
MD1，MD2，MD4	方式选择信号	G43.0～G43.2
MF	M 代码辅助功能选通信号	F7.0
MF1N	M 代码辅助功能结束信号	G5.0
MH	手轮进给选择检测信号	F3.1
MJ	JOG 进给选择检测信号	F3.2
MLK	所有轴机床锁住信号	G44.1
MLK1～MLK4	各轴机床锁住信号	G108
MP1，MP2	手轮进给移动量选择信号（增量进给信号）	G19.4，G19.5
MREF	手动返回参考点选择确认信号	F4.5
MRMT	DNC 运转选择确认信号	F3.4
OP	自动运行信号	F0.7
OVC	倍率取消信号	G6.4
ORCMA	串行主轴定向指令信号	G70.6
R010～R120	S12 位代码信号	F36.0～F37.3
RGTAP	刚性攻螺纹信号	G61.0
ROV1，ROV2	快速进给倍率信号	G14.0，G14.1
RST	复位信号	F1.1
RT	手动快速进给选择信号	G19.7
SA	伺服准备结束信号	F0.6
SAR	主轴速度到达检测信号	G29.4
SARA	速度到达信号（串行主轴）	F45.3
SBK	单段程序信号	G46.1
SF	主功能选通信号	F7.2
SFIN	主轴功能结束信号	G5.2
SOR	主轴定向信号	G29.5
SOV0～SOV7	主轴倍率信号	G30
SPL	进给暂停状态信号	F0.4
SRN	程序再启动信号	G6.0
SRNM	程序再启动信号	F2.4
SSTA	速度零信号（串行主轴）	F45.1

（续）

符　号	信 号 名 称	地址（FS-0i 系统）
SRVA	串行主轴正转信号	G70.4
SFRA	串行主轴反转信号	G70.5
ST	循环启动信号	G7.2
STL	循环启动灯信号	F0.5
TF	刀具功能选通信号	G7.3
TFIN	刀具功能结束信号	G5.3
THRD	螺纹切削信号	F2.3
TLSKP	刀具跳过信号	G48.5
TL01～TL256	刀具组号选择信号	G47.0～G48.0
ZP1～ZP4	返回参考点（第一参考点）结束信号	F94.0，F94.1，F94.2，F94.3
ZRN	手动返回参考选择信号	G43.7
ZRNO	软操作面板信号（ZRN）	F73.4

附录 B　不同 PMC 文件格式的转换

1．存储卡格式 PMC 的转换

通过存储卡备份的 PMC 梯形图称之为存储卡格式 PMC（Memory Card Format File，M-CARD）。由于它为机器语言格式，不能由计算机的 LADDER-Ⅲ软件直接识别和读取并进行修改和编辑，所以必须进行格式转换。同样，在计算机上编辑好的 PMC 程序也不能直接存储到 M-CARD 上，也必须通过格式转换，然后才能装载到 CNC 中。

（1）M-CARD 格式转换为计算机格式（PMC.LAD）

1）运行 LADDER-Ⅲ软件，在该软件下新建一个类型与备份的 M-CARD 格式的 PMC 程序类型相同的空文件，如图 B-1 所示。

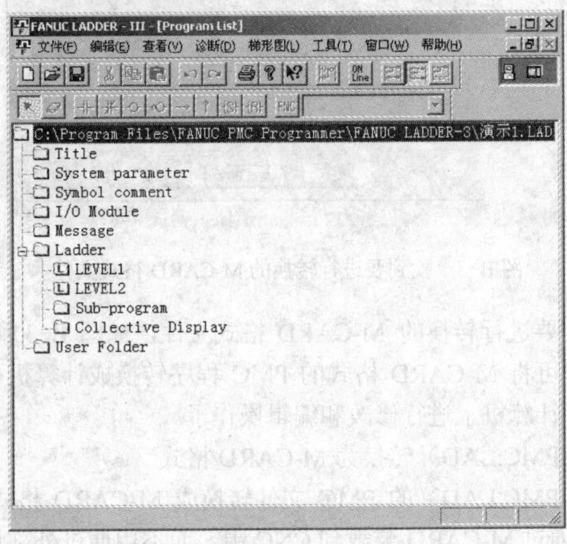

图 B-1　新建与 PMC 程序类型相同的文件

2）选择“文件”→“导入”选项，即导入 M-CARD 格式文件，系统会提示导入的源文件格式，选择 M-CARD 格式，然后再选择需要导入的文件名（找到相应的路径），如图 B-2 所示。

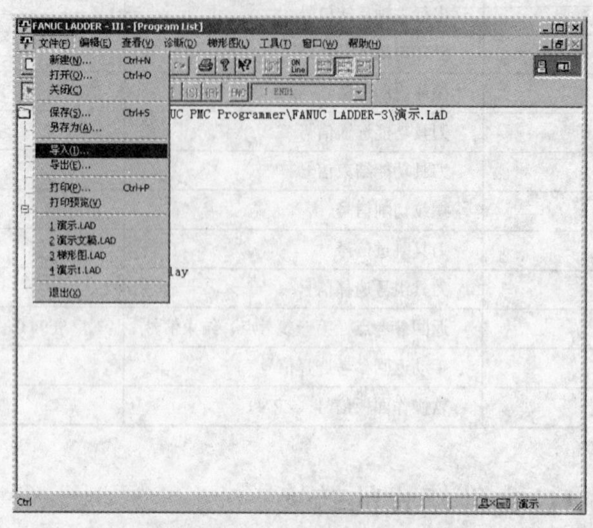

图 B-2　导入 M-CARD 格式文件

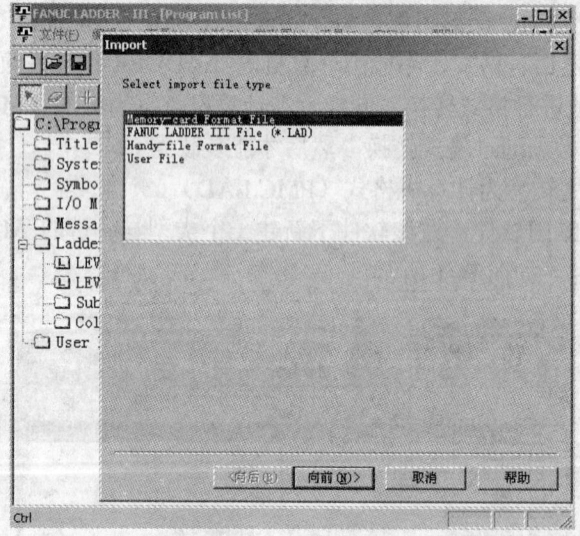

图 B-3　找到要进行转换的 M-CARD 格式文件

执行下一步，找到要进行转换的 M-CARD 格式文件，如图 B-3 所示。按照系统提示的默认操作一步步执行即可将 M-CARD 格式的 PMC 程序转换成计算机可直接识别的.LAD 格式文件，这样就可以在计算机上进行修改和编辑操作了。

（2）计算机格式（PMC.LAD）转换为 M-CARD 格式

当把计算机格式（PMC.LAD）的 PMC 文件转换成 M-CARD 格式的文件后，可以将其存储到 M-CARD 上，通过 M-CARD 装载到 CNC 中，而不用通过外部通信工具（如 RS-232-C 或网线）进行传输。

1）在 LADDER-Ⅲ软件中打开要转换的 PMC 程序。选择“工具”→“编译”选项，将该程序编译成机器语言，如图 B-4 所示。如果没有提示错误，则编译成功，如果提示有错误，则要退出修改后重新编译，然后保存，再选择“文件”→“导出”选项。

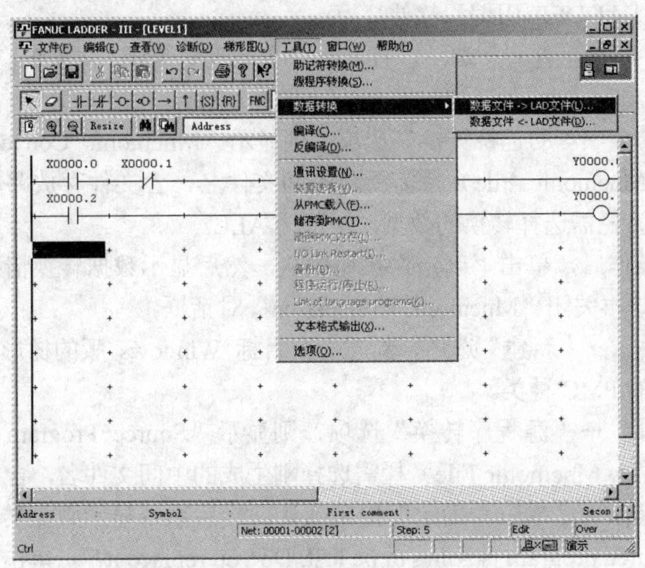

图 B-4　将 PMC 程序编译成机器语言

注意：如果要在梯形图中加密码，则在编译的选项中单击，再输入两遍密码即可。

2）在选择“导出”选项后，系统提示选择输出的文件类型，选择 M-CARD 格式，如图 B-5 所示。

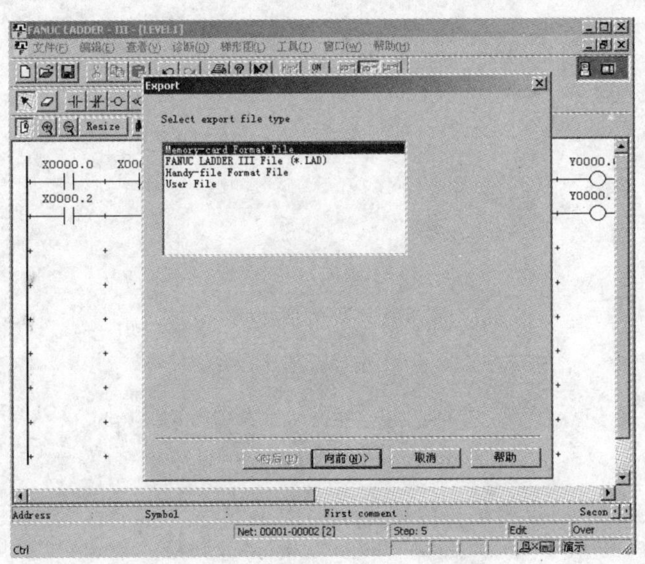

图 B-5　选择输出的文件类型

确定 M-CARD 格式后，选择下一步指定文件名，按照系统提示的默认操作即可得到转换了格式的 PMC 程序，注意该程序的图标是一个 Windows 图标（即操作系统不能识别的文件格式，只有 FANUC 系统才能识别)。转换好的 PMC 程序即可通过存储卡直接装载到 CNC 中。

(3) 不同类型的 PMC 文件之间的转换

1) 运行 FAPT LADDER-Ⅲ编程软件。

2) 选择"文件"→"打开"选项，打开一个希望改变 PMC 种类的 Windows 版梯形图的文件。

3) 选择"工具"→"助记符转换"选项，则显示"Mnemonic Conversion"对话框。其中，助记符文件 (Mnemonic File) 栏需新建中间文件名，含文件存放路径；转换数据种类 (Convert Data Kind) 栏需选择转换的数据，一般为 ALL。

4) 完成以上操作后，单击"确定"按钮确认，然后显示数据转换情况信息，无其他错误后关闭此信息页，再关闭"Mnemonic Conversion"对话框。

5) 选择"文件"→"新建"选项，新建一个目标 Windows 版的梯形图，同时选择目标 Windows 版梯形图的 PMC 种类。

6) 选择"工具"→"源程序转换"选项，则显示"Source Program Conversion"对话框。其中，中间文件 (Mnemonic File) 栏需选择刚生成的中间文件名，含文件存放路径。

7) 完成以上操作后，单击"确定"按钮确认，然后系统显示数据转换情况信息："All the content of the source program is going to be lost. Do you replace it?"，单击"是"按钮确认，无错误后关闭此信息界面，再关闭"Source Program Conversion"对话框。

这样便完成了 Windows 版下同一梯形图不同 PMC 种类之间的转换，例如将 PMC_SA1 的 KT13.LAD 梯形图转换为 PMC_SA3 的 MM.LAD 梯形图，并且转换完后的 MM.LAD 梯形图与 KT13.LAD 梯形图的逻辑关系相同。

参 考 文 献

[1] 汤彩萍．数控系统安装与调试[M]．北京：电子工业出版社，2009.

[2] 胡旭兰．数控机床电气装调（广数系统）[M]．北京：中国劳动社会保障出版社，2010.

[3] 戴裕崴．数控机床电气控制[M]．大连：大连理工大学出版社，2008.

[4] 王浩．数控机床电气控制[M]．北京：清华大学出版社，2005.

[5] 敖荣庆．伺服系统[M]．北京：航空工业出版社，2006.

[6] 吕汀．变频技术原理与应用[M]．北京：机械工业出版社，2007.

[7] 徐衡．FANUC 系统数控机床维修[M]．沈阳：辽宁科学技术出版社，2004.

[8] 王志平．机床数控技术应用[M]．北京：高等教育出版社，2002.

[9] 张燕宾．SPWM 变频调速技术应用[M]．北京：机械工业出版社，2005.

[10] 庄严．数控机床 PMC 调试[M]．北京：机械工业出版社，2010.

精品教材推荐

机械设计基础

书号：ISBN 978-7-111-30909-3

作者：闵小琪　　定价：28.00 元

推荐简言：

本书是编者结合多年从事教学、生产的经验编写而成，突出了高等职业教育的特点。本书配有多媒体教学光盘，内容包括教学用 PPT 及动画演示，把教学内容与动画演示完全融合为一体。

本书配有《机械设计基础课程设计》（ISBN 978-7-111-32065-4）。

机械制造基础（第 2 版）

书号：ISBN 978-7-111-08293-1

作者：苏建修　　定价：34.00 元

获奖情况：

普通高等教育"十一五"国家级规划教材

推荐简言：本书内容全面，在第 2 版中介绍了很多新工艺、新技术，编写质量高，非常受读者欢迎。电子教案配有习题答案、测试题等，方便教师选用。

机械制图

书号：ISBN 978-7-111-29611-9

作者：于景福　　定价：21.00 元

推荐简言：

本书采用我国最新颁布的有关制图标准，主要培养学生的读图和绘图能力。学完本课程后，学生能够绘制和阅读机械零件图和装配图。

本书配有《机械制图习题集》（ISBN 978-7-111-30549-1）。

工程制图（非机械类）

书号：ISBN 978-7-111-33003-5

作者：于梅　　定价：29.00 元

推荐简言：

本书采用我国最新颁布的有关制图标准，主要培养学生的读图和绘图能力。本书主要供非机械类专业学生使用。

本书配有《工程制图习题集（非机械类）》（ISBN 978-7-111-32548-2）。

冷冲压工艺与模具设计（第 2 版）

书号：ISBN 978-7-111-25604-

作者：陈剑鹤　　定价：32.00 元

获奖情况：

2009 年度普通高等教育精品教材

普通高等教育"十一五"国家级规划教材

推荐简言：内容上兼顾理论基础和设计实践两个方面，用较大篇幅介绍了各种模具的设计案例，体现了项目导向、任务驱动的教学理念。

模具设计基础（第 2 版）

书号：ISBN 978-7-111-11507-

作者：陈剑鹤　　定价：32.00 元

推荐简言：

作者陈剑鹤教授是一位具有丰富教学经验和模具设计经验的优秀教师，善于将先进的教学理念和生产实践中的经验总结融入教材当中。

本书通过典型案例讲解了冷冲模和塑料模的工艺与设计，年调拨量近万册。